教材+教案+授课资源+考试系统+题库+教学辅助案例
一站式IT就业应用系列教程

# 网页制作与网站建设实战教程

黑马程序员　编著

中国铁道出版社有限公司
CHINA RAILWAY PUBLISHING HOUSE CO., LTD.

# 内 容 简 介

在当今以互联网产业为基础的时代，网站建设已经成为很多企业重视的问题。我们认为有必要出一本知识覆盖面较广的网页制作教材，帮助网站建设人员快速、全面地掌握网站建设的技巧和规范。

在内容的安排上，本书涉及网页设计基础（网站布局配色）、Dreamweaver 工具使用、静态页面搭建（HTML5+CSS3）、网页动效制作（JavaScript）、动态网站开发（PHP+MySQL）以及网站推广和维护等知识。其中，第 1~3 章介绍了网站建设的基础知识，包括网络概念、网站设计和建设流程等；第 4、5 章介绍了 Dreamweaver 工具使用方法，例如文件操作、设置站点等；第 6~13 章介绍了静态页面的搭建，例如盒子模型、div 布局、HTML5、CSS3 等；第 14、15 章介绍了 JavaScript 基础知识，包括 JavaScript 语法、数据类型、变量、表达式、事件、对象等；第 16、17 章介绍了 PHP 和 MySQL 的基础知识，并通过一个综合项目"手绘日记"网站建设，对前面的知识进行了回顾；第 18、19 章介绍了网站推广、优化和维护的相关内容。

本书附有源代码、习题、教学课件等资源；为了帮助初学者更好地学习，还提供了在线答疑，希望得到更多读者的关注。

本书适合作为高等院校相关专业网页设计与制作课程的教材，也可作为网页平面设计的培训教材，还可供网页制作、美工设计、网站开发、网页编程等行业人员阅读与参考。

**图书在版编目（CIP）数据**

网页制作与网站建设实战教程 / 黑马程序员编著 . —北京：中国铁道出版社，2018.10（2024.1 重印）
国家软件与集成电路公共服务平台信息技术紧缺人才培养工程指定教材
ISBN 978-7-113-24771-3

Ⅰ. ①网… Ⅱ. ①黑… Ⅲ. ①网页制作工具－高等学校－教材 ②网站－建设－高等学校－教材 Ⅳ. ① TP393.092

中国版本图书馆 CIP 数据核字（2018）第 194111 号

书　　名：网页制作与网站建设实战教程
作　　者：黑马程序员

| | | |
|---|---|---|
| 策　　划：秦绪好　翟玉峰 | | 编辑部电话：（010）51873135 |
| 责任编辑：翟玉峰　徐盼欣 | | |
| 封面设计：徐文海 | | |
| 封面制作：刘　颖 | | |
| 责任校对：张玉华 | | |
| 责任印制：樊启鹏 | | |

出版发行：中国铁道出版社有限公司（100054，北京市西城区右安门西街 8 号）
网　　址：http://www.tdpress.com/51eds/
印　　刷：天津嘉恒印务有限公司
版　　次：2018 年 10 月第 1 版　2024 年 1 月第 4 次印刷
开　　本：787 mm×1 092 mm　1/16　印张：22.5　字数：516 千
印　　数：7 001～8 500 册
书　　号：ISBN 978-7-113-24771-3
定　　价：59.80 元

# 序

本书的创作公司——江苏传智播客教育科技股份有限公司（简称"传智教育"）作为我国第一个实现 A 股 IPO 上市的教育企业，是一家培养高精尖数字化专业人才的公司，主要培养人工智能、大数据、智能制造、软件开发、区块链、数据分析、网络营销、新媒体等领域的人才。传智教育自成立以来贯彻国家科技发展战略，讲授的内容涵盖了各种前沿技术，已向我国高科技企业输送数十万名技术人员，为企业数字化转型、升级提供了强有力的人才支撑。

传智教育的教师团队由一批来自互联网企业或研究机构，且拥有 10 年以上开发经验的 IT 从业人员组成，他们负责研究、开发教学模式和课程内容。传智教育具有完善的课程研发体系，一直走在整个行业的前列，在行业内树立了良好的口碑。传智教育在教育领域有两个子品牌：黑马程序员和院校邦。

## 一、黑马程序员——高端 IT 教育品牌

黑马程序员的学员多为大学毕业后想从事 IT 行业，但各方面的条件还达不到岗位要求的年轻人。黑马程序员的学员筛选制度非常严格，包括了严格的品德测试、技术测试、自学能力测试、性格测试、压力测试等。严格的筛选制度确保了学员质量，可在一定程度上降低企业的用人风险。

自黑马程序员成立以来，教学研发团队一直致力于打造精品课程资源，不断在产、学、研三个层面创新自己的执教理念与教学方针，并集中黑马程序员的优势力量，有针对性地出版了计算机系列教材百余种，制作教学视频数百套，发表各类技术文章数千篇。

## 二、院校邦——院校服务品牌

院校邦以"协万千院校育人、助天下英才圆梦"为核心理念，立足于中国职业教育改革，为高校提供健全的校企合作解决方案，通过原创教材、高校教辅平台、师资培训、院校公开课、实习实训、协同育人、专业共建、"传智杯"大赛等，形成了系统的高

校合作模式。院校邦旨在帮助高校深化教学改革，实现高校人才培养与企业发展的合作共赢。

**1．为学生提供的配套服务**

（1）请同学们登录"传智高校学习平台"，免费获取海量学习资源。该平台可以帮助同学们解决各类学习问题。

（2）针对学习过程中存在的压力过大等问题，院校邦为同学们量身打造了IT学习小助手——邦小苑，可为同学们提供教材配套学习资源。同学们快来关注"邦小苑"微信公众号。

**2．为教师提供的配套服务**

（1）院校邦为其所有教材精心设计了"教案＋授课资源＋考试系统＋题库＋教学辅助案例"的系列教学资源。教师可登录"传智高校教辅平台"免费使用。

（2）针对教学过程中存在的授课压力过大等问题，教师可添加"码大牛"QQ（2770814393），或者添加"码大牛"微信（18910502673），获取最新的教学辅助资源。

黑马程序员

# 前　言

在互联网飞速发展的今天，网站建设已经成为企业越来越重视的问题。一个设计精良的网站不仅代表了企业的形象，而且能吸引更多的访问者，为企业带来潜在的客户。网站建设涉及的技术繁多，包括交互设计、界面设计、前端开发、程序设计、测试、推广、更新、维护等诸多工作。这些工作虽然可以由开发团队协作完成，但各项工作之间联系紧密，如果网站建设人员只关注某一知识模块，在建站过程中往往会缺乏全局意识，不具备综合建站的能力。

## 为什么学习本书

目前关于网站建设的技术类书籍较多，但大多偏向于某一块的知识，例如界面设计、HTML5、JavaScript等，使得网站建设人员缺乏对完整项目实现过程的深入了解。网站建设是什么？我们学习的这些技术应用在网站建设的哪个环节？许多初学者学完之后，依然会有这样的疑问。因此，系统全面地学习网站建设的相关知识，是当下网站建设人员急需的。

本书以网站建设流程为主线，详细讲解了界面设计、前端开发、程序设计、测试、推广、维护等网站项目建设的基本知识。同时以一个综合项目贯穿全书，力求让不同层次的读者，全面系统地掌握网站建设的基础知识，具备真正的网站建设实战能力。

## 如何使用本书

本书涵盖了网站建设过程中所有需要重点掌握的技术，针对零基础或具备一定网站建设能力的人群。本书以既定的编写体例（理论+案例）规划所学知识点。全书以网站建设的基本流程为主线，从需求规划、页面设计、静态页面搭建、动态网站开发、后期推广维护等几个部分详细讲解网站建设的相关知识，力求让不同层次的读者尽快全面掌握网站建设过程。

在内容的编排上，本书涉及网页设计基础(网站布局配色)、Dreamweaver工具使用、静态页面搭建（HTML5+CSS3）、网页动效制作（JavaScript）、动态网站开发（PHP+MySQL）以及网站推广和维护。各知识模块之间既存在一定的联系，又具有独立性。全书分为19章，具体介绍如下。

➢**网页设计基础（网站布局配色）。** 第1章介绍了网站的基础知识，包括网络基本概念、术语、认识网页网站、常用浏览器概述等内容。第2章介绍了网页设计的基础知识，包括设计原则、色彩搭配、设计流程、页面布局、设计软件等内容。第3章介绍了网站建设的基础知识，包括建设流程、域名和服务器空间的申请、网站的上传等内容。

➢**Dreamweaver工具使用。** 第4章介绍了Dreamweaver工具基本操作，包括界面介绍、软件初始化设置、工具基本操作等内容。第5章介绍了站点、库、模板的基础知识，包括使用Dreamweaver工具创建站点、库、模板等内容。

➢**静态页面搭建（HTML5+CSS3）。** 第6、7章介绍了HTML和CSS基础知识，包括常用HTML基础标记、HTML5新增标记、CSS基础样式、CSS3新增选择器等内容。第8~13章，介绍了静态网页搭建的应用知识，包括盒子模型、列表、表格、表单、div布局、多媒体嵌入等内容。

➢**网页动效制作（JavaScript）。** 第14、15章介绍了JavaScript基础知识，包括JavaScript语法、数据类型、变量、表达式、事件、对象等内容。

➢**动态网站开发（PHP+MySQL）。** 第16章介绍了PHP和MySQL基础知识，包括开发环境的搭建、PHP访问MySQL、MySQLi扩展的使用等内容。第17章是一个综合项目，包括网站规划、界面设计、静态页面搭建、网页动效实现、动态网站开发一系列完整的网站建设过程，是对前面知识的总结和回顾。

➢**网站推广和维护。** 第18、19章介绍了网站推广和维护的基础知识，包括网站推广、优化、维护等内容。

全书以网站建设流程为主线，语言通俗易懂，内容丰富，知识涵盖面广，非常适合网站开发的初学者、网站建设人员以及大学艺术设计系或自学网页设计的学生阅读。

## 致谢

本书的编写和整理工作由传智播客教育科技股份有限公司完成，主要参与人员有吕春林、高美云、王哲、姜婷等，全体人员在这近一年的编写过程中付出了很多辛勤的汗水，在此一并表示衷心的感谢。

## 意见反馈

尽管我们尽了最大的努力，但书中难免会有不妥之处，欢迎各界专家和读者朋友们来信提出宝贵意见，我们将不胜感激。您在阅读本书时，如发现任何问题或有不认同之处，可以通过电子邮件与我们取得联系。

请发送电子邮件至：itcast_book@vip.sina.com

黑马程序员

2018年8月

# 目 录

# 第①章 初识网络、网页和网站

学习目标：

◎ 熟悉网络相关术语，知道术语代表的含义。

◎ 认识网页和网站，能够了解二者之间的联系。

◎ 了解不同类型网站的特点。

自互联网技术传入我国，给人们的工作、学习和生活带来了巨大的变化。人们越来越习惯于运用网络获取各类信息，网络直播、网络购物、电子银行、网络理财等给人们带来一种前所未有的、全新的生活体验。面对着每天不绝于眼、耳的各类网络资讯，我们有没有建立一个自己的主题网站的想法呢？要实现这个想法需要储备什么知识与技能呢？从本章开始，将逐步深入讲解网络、网页、网站的相关知识和技能。

## 1.1 网络基本概念

网络的兴起给人们的生活带来了翻天覆地的变化，网络上海量的资料、全方位的资讯和便利的信息传输方式，使得人们在网上办公、学习、娱乐等方方面面如鱼得水，然而关于网络的相关知识，许多读者却不太了解。本节将详细介绍网络的相关知识。

### 1.1.1 认识网络

计算机网络（computer network）通常简称"网络"，是利用通信设备和线路将地理位置不同的、功能独立的多个计算机系统连接起来，以功能完善的网络软件实现网络的硬件、软件及资源共享和信息传递的系统。简单地说，网络就是连接两台或多台计算机进行通信的系统，并且该通信系统一般具有以下功能。

**1. 资源共享**

资源是指网络中的所有数据资源和软硬件资源，共享是指网络用户能全部或部分地使用网络内的共享资源（如网络游戏）。资源共享包括数据资源共享、软件资源共享和硬件资源共享。

（1）数据资源：包括数据库文件、办公文档资料、企业生产报表等。

（2）软件资源：包括各种应用软件、工具软件、系统开发所用的支撑软件、语言处理程序、数据库管理系统等。

（3）硬件资源：包括各种类型的计算机、大容量存储设备、计算机外围设备等。

### 2．数据通信

数据通信是网络的基本功能之一。通过计算机网络可以将分布在世界各地的计算机用户连接，再利用计算机网络在计算机之间快速可靠地传送文件、程序和数据（如新闻报导、体育赛事信息、交通信息等）以及多媒体信息（如影视、声音、动画等）。

### 3．综合信息服务

综合信息服务是指各行各业根据自身需求搭建的业务功能强大并且内容丰富的信息服务平台，该平台能够为社会公众、政府机关、企事业单位、科研院所等提供全面的数据查询和信息咨询服务。

### 4．分布处理

分布处理是指组成网络的多台计算机协同工作，并且协同工作的计算机之间按照协作的方式实现资源共享和进行信息交流。

## 1.1.2　网络的分类

网络的分类有多种形式。从网络的地理覆盖范围可以将网络分为三类，即局域网、城域网、广域网。

### 1．局域网

局域网（LAN）是指在某一区域内由多台计算机相互连接形成的计算机网络，其覆盖范围为几百米到几千米之间。局域网常被用于连接公司办公室或工厂中的个人计算机（见图1-1），以便共享资源（例如打印机资源的共享）和交换信息。

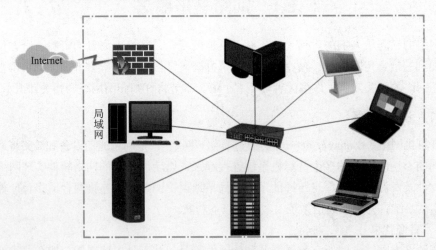

图1-1　局域网

### 2．城域网

城域网（MAN），是一种大型的局域网，采用和局域网类似的技术。城域网覆盖面积比局域网略广，可以达到几十千米（见图1-2），其传输速率也高于局域网。

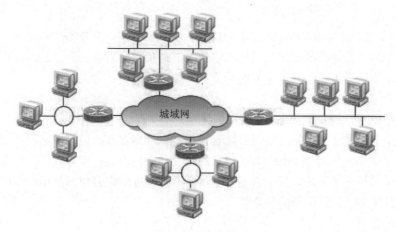

图1-2 城域网

### 3．广域网

广域网（WAN）也叫远程网，是一种地理范围巨大的网络，它将分布在不同地区的局域网或计算机系统互连起来，达到资源共享的目的。图1-3所示即为广域网的关系图。通常广域网的覆盖范围可达到几万千米，一般由通信公司建立和维护。例如，国家之间建立的网络都是广域网。

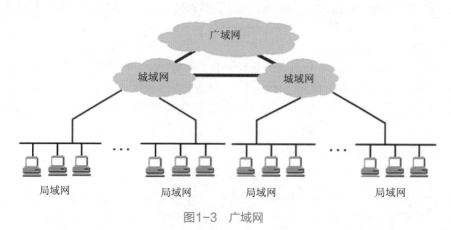

图1-3 广域网

## 1.2 网络相关术语

对于互联网从业人员来说，了解常用的网络术语是必需的。只有了解基本的相关术语，才便于专业领域内部交流，下面介绍常见的术语。

### 1．HTTP

HTTP是Hypertext Transfer Protocol的缩写，中文译为"超文本传输协议"，是浏览器和服务器端的网页传输数据的约束和规范，属于常用的网络通信协议。WWW文件必须遵守HTTP协议。只有遵守HTTP协议，浏览器才能正确地解析网页效果。

### 2．WWW

WWW是World Wide Web的缩写，中文译为"万维网"。WWW是Internet上的多媒体信息查询工具，也是目前发展最快和使用最广泛的互联网服务之一。正因为有了WWW，才使Internet迅速发展，用户数量飞速增长。

### 3．W3C

W3C是World Wide Web Consortium的缩写，中文译为"万维网联盟"，是Web技术领域最具权威和影响力的国际中立性技术标准机构。为解决Web应用中不同平台、技术和开发者带来的不兼容问题，保障Web信息的顺利和完整流通，W3C制定了一系列标准并督促Web应用开发者和内容提供者遵循这些标准。标准的内容包括使用语言的规范、开发中使用的导则和解释引擎的行为等。

### 4．Web

Web的本意是蜘蛛网和网的意思。Web是一个多义词。对于大多数用户来讲，Web是一种互联网技术领域的使用环境；对于网页设计者来说，Web是一系列技术的复合总称，通常将其称为网页。

### 5．DNS

DNS是Domain Name System的缩写，中文译为"域名系统"。在Internet上域名和IP地址是一一对应的，例如百度的域名是baidu.com，IP地址是202.108.22.5。人们很容易记忆域名，但是计算机只认可IP地址，这样二者之间就会有一个转换关系，我们将域名转换为IP地址的过程称为域名解析，而DNS就是进行域名解析的系统。

### 6．URL

URL是Uniform Resource Locator的缩写，中文译为"统一资源定位器"。URL就是Web地址，俗称"网址"。在万维网上的所有文件（HTML、CSS、图片、音乐、视频等）都有唯一的URL，只要知道资源的URL，就能对其进行访问。URL可以是"本地磁盘"，也可以是局域网上的某一台计算机，更多的是Internet上的站点。例如，http://www.zcool.com.cn/就是站酷的URL网址，如图1-4所示。

图1-4　站酷网址

### 7．Internet

Internet中文译为"因特网"，是由使用公用语言互相通信的计算机连接而成的全球网络。Internet以相互交流信息资源为目的，基于一些共同的协议，由许多路由器和公共互联网组成，它是一个信息资源和资源共享的集合。

## 1.3　认识网页和网站

说到网页、网站，其实大家并不陌生，浏览新闻、查询信息、查看图片等都是在浏览网页。但是对于学习网页制作的初学者来说，还是有必要了解网页和网站的相关知识。本节将对网页和网站的相关知识做具体讲解。

### 1.3.1 网页和网站基本概念

相信上过网、浏览过网页的人很多，但并不是所有人都知道什么是网页，什么是网站。下面对网页和网站的概念做具体介绍。

#### 1．认识网页

网页是一种可以在互联网传输、能被浏览器识别和翻译成页面并显示出来的文件，是网站的基本构成元素。只要是经常上网的用户，都浏览过网页。例如，打开浏览器在地址栏输入站酷的网址"http://www.zcool.com.cn/"，按【Enter】键，这时浏览器界面就会转换为站酷首页，如图1-5所示。

图1-5 站酷首页

通常网页的扩展名为htm和html。htm和html二者在本质上并没有区别，都是静态网页文件的扩展名。我们可以使用记事本更改扩展名的方式创建一个网页。例如，将记事本的扩展名txt更改为html，即可得到一个网页文件，如图1-6所示。

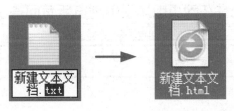

图1-6 更改扩展名创建网页

#### 2．认识网站

网站由多个网页组成，各网页之间并不是杂乱无章的，而是有序链接在一起的。例如，当用户单击站酷首页导航栏上的"活动"时，就会跳转到"活动"页面，如图1-7所示。网站和网页属于包含关系，网站包含的网页分别负责不同的职能与任务。

图1-7　"活动"页面

## 1.3.2　网页基本构成要素

虽然网页的表现形式千变万化，但网页的基本构成要素是相同的，主要包含文字、图像、超链接和多媒体四大要素。下面详细介绍网页基本构成的相关知识。

### 1. 文字

文字作为信息传达的重要载体，也是网页构成的基础要素。网页中文字主要包括标题、信息、文字链接等几种形式，如图1-8所示。字体、大小、颜色和排列对整体版面设计影响极大，应该多花心思编排设计。

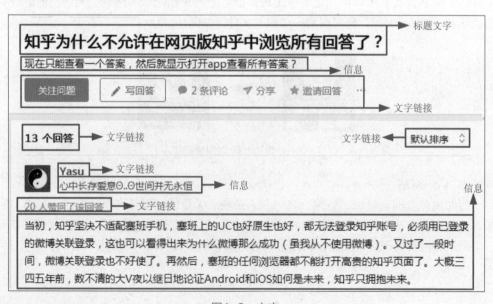

图1-8　文字

### 2．图像

图像具有比文字更加直观、强烈的视觉表现效果，在网页中主要承担提供信息、展示作品、装饰网页、表现风格和超链接的功能。在网页中，图像往往是创意的集中体现，需要与传达的信息含义和理念相符。网页中使用的图像主要包括GIF、JPG和PNG等格式。图1-9所示为某网站页面中的图像。

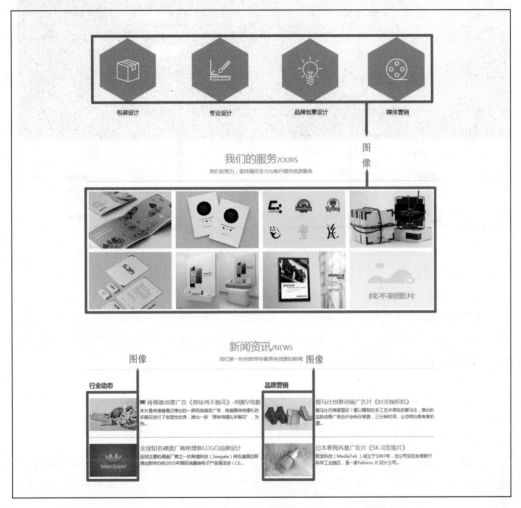

图1-9　图像

### 3．超链接

一个网站通常由多个页面构成，进入网站时首先看到的是其首页，如果想从首页跳转到其子页面，就需要在首页相应的位置设置链接。超链接是指从一个网页指向一个目标的连接关系，所指向的目标可以是另一个网页，也可以是相同网页上的不同位置，还可以是图片、电子邮件地址、文件甚至是应用程序。在网页中的超链接分为文字链接和图形链接，用户单击带有链接的文字或者图像，就可以自动链接到对应的其他文件。可以通过添加超链接的方式让网页成为一个整体。图1-10红框标识所示为文字链接和图像链接。

图1-10 超链接

#### 4. 多媒体

多媒体主要包括动画、音频和视频，这些是网页构成元素中最吸引人的地方，能够使网页更时尚、更炫酷。但是，在设计网站时不应一味追求视觉效果而忽略信息的传达，任何技术和应用都是为了更好地传达信息。

1）动画

在网页中使用动画可以有效地吸引用户的注意。由于动态的图像比静态的图像更能吸引用户注意，因而在网页上通常有大量的动画。

2）音频

音频的格式有WAV、MP3和OGG等，不同的浏览器对于音频文件的处理方法不同，彼此间有可能不兼容。一般不建议使用音频作为网页的背景音乐，会影响网页的下载速度。

3）视频

在网页中视频文件也很多见，常见的有FLV、MP4等格式。视频文件的采用让网页变得更加精彩，具有动感。

### 1.3.3 网站页面构成

根据网站内容，可将网页页面构成划分为首页、列表页和详情页三类，具体介绍如下。

#### 1. 首页

进入网站首先看到的是首页，首页承载了一个网站中最重要的内容展示功能。首页作为网站的门面，是给予用户第一印象的核心页面，也是品牌形象呈现的窗口。首页应该直观地展示企业的产品和服务，在设计时需要贴近企业文化，有鲜明的自身特色。由于行业特性的差别，网站需要根据自身行业来选择适当的表现形式。图1-11所示为某化妆品网站的首页。

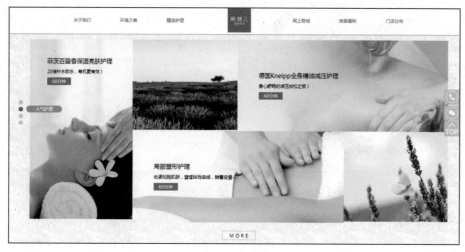

图1-11 首页

### 2. 列表页

列表页主要用于展示产品的相关信息。例如，图1-12所示的化妆品网站列表页。该页面展示了比首页更多的产品信息，还可以对产品信息进行初步的筛选。列表页应该使用户快速了解该页面产品信息并能诱惑用户点击，设计时要注意在有限的页面空间中合理安排页面的文字，传达的信息量多一些，并使产品内容信息突出。

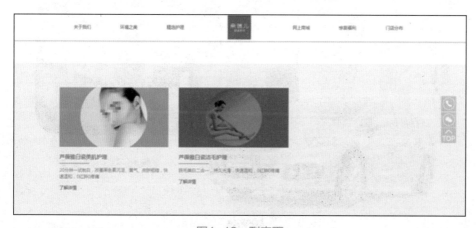

图1-12 列表页

### 3. 详情页

详情页主要是对网站公司简介、服务等方面进行宣传。作为子级页面。详情页要与首页的色彩风格一致，页面中装饰元素也要与其他页面保持一致，以使整个网站具有整体性。图1-13所示为某化妆品网站中的一个详情页。

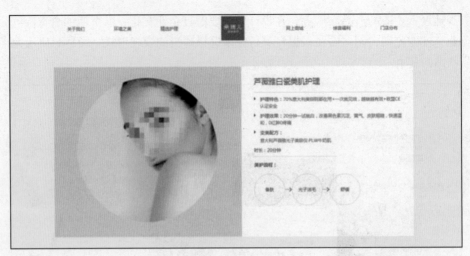

图1-13　详情页

### 1.3.4　网站类型

根据网站性质，可以将网站大致划分为企业类网站、资讯门户类网站、购物类网站、个人类网站四类，具体介绍如下。

#### 1.企业类网站

企业类网站是互联网上数量最多的网站类型，几乎每个企业都有专属的企业网站。例如，图1-14所示为某汽车企业的网站。

图1-14　企业类网站

企业类网站是企业在互联网上进行网络建设和形象宣传的平台，相当于企业的网络名片，主要作用是展现公司形象。此类网站需要将企业的新闻动态、企业案例、产品信息、文化理念、联系方式等内容传达给用户。在设计时应抓住企业自身的特点作为切入点。

### 2. 资讯门户类网站

资讯门户类网站是一种综合性网站。例如，图1-15所示为腾讯门户网站。

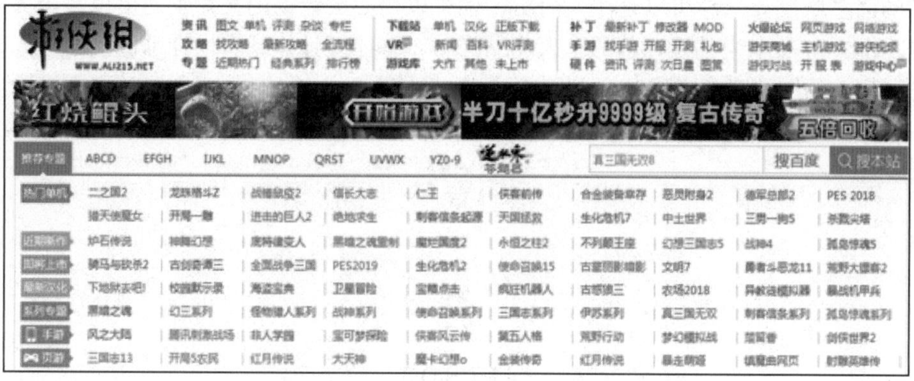

图1-15　资讯门户类网站

门户类网站的特点是信息量大，并且包含很多分支信息，如娱乐、财经、体育等信息。由于此类网站信息量过大，在设计时通常会划分很多模块和栏目，所以版面篇幅也比较长。在国内比较知名的资讯门户类网站有新浪、搜狐、网易、腾讯等。资讯门户类网站将无数信息整合分类并通过巨大的访问量获得商机。

### 3. 购物类网站

购物类网站是实现网上买卖商品的商城平台型网站，购买的对象可以是企业（B2B），也可以是消费者（B2C）。例如，图1-16所示为典型购物类网站淘宝网的首页截图。

图1-16　购物类网站

购物类网站主要以实现交易为目的。为了确保采购成功，该类网站建设需要有产品管理、订购管理、订单管理、产品推荐、支付管理、收费管理、送发货管理、会员管理等基本系统功能。在设计时，这类网站着重强调视觉冲击力，在配色时通常会选用暖色调营造活泼的氛围。内容上则以商品展示图片为主，文字为辅，整体的设计风格偏向时尚。

### 4．个人网站

个人网站是以个人名义开发创建的具有较强个性化的网站。个人网站没有其他类型网站的诸多限制要求，可以是个人简历，也可以是心灵鸡汤的文章，还可以是个人作品集等。图1-17所示为某设计师的个人作品网站，整体设计体现着设计师极简的理念，吸引志同道合的朋友互相交流。

图1-17　个人网站

## 1.4　浏览器概述

浏览器是网页运行的平台，常用的浏览器有IE浏览器、火狐浏览器、谷歌浏览器、Safari浏览器和欧朋浏览器等，其中IE、火狐和谷歌是目前互联网上的三大浏览器，图1-18所示为其图标。对于一般的网站，只要兼容IE浏览器、火狐浏览器和谷歌浏览器，即可满足绝大多数用户的需求。本节将对这三种常用的浏览器进行详细讲解。

图1-18　常用浏览器

### 1. IE浏览器

IE浏览器的全称为Internet Explorer，是微软公司推出的一款网页浏览器。IE浏览器一般直接绑定在Windows操作系统中，无须下载安装。IE有6.0、7.0、8.0、9.0、10.0、11.0等版本。由于各种原因，一些用户仍然在使用低版本的浏览器如（IE7、IE8）等，所以在制作网页时，一般需要兼容低版本IE浏览器。

浏览器最重要或者说核心的部分是Rendering Engine，翻译为中文是"渲染引擎"，不过人们一般习惯将其称为"浏览器内核"。IE浏览器使用Trident作为内核，俗称"IE内核"。国内的大多数浏览器都使用IE内核，例如360浏览器、搜狗浏览器等。

### 2. 火狐浏览器

火狐浏览器的英文名称为Mozilla Firefox（简称Firefox），是一个自由及开源的网页浏览器。Firefox使用Gecko内核，该内核可以在多种操作系统（如Windows、Mac以及Linux）上运行。

说到火狐浏览器，就不得不提到它的开发插件Firebug，其图标如图1-19所示。Firebug一直是火狐浏览器中一款必不可少的开发插件，主要用来调试浏览器的兼容性。它集HTML查看和编辑、JavaScript控制台、网络状况监视器于一体，是开发HTML、CSS、JavaScript等的得力助手。

图1-19 Firebug图标

在低版本的火狐浏览器中，使用者可以通过选择菜单栏中的"工具→附加组件"命令下载Firebug插件，安装完成后使用按【F12】键可以直接调出Firebug界面，如图1-20所示。

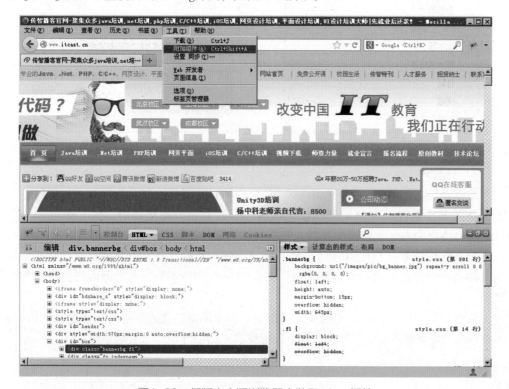

图1-20 低版本火狐浏览器安装Firebug插件

在新版本的火狐浏览器中（例如57.0.2.6549版本），Firebug已经结束了其作为火狐浏览器插件的身份，被整合到火狐浏览器内置的"Web开发者"工具中。使用者可以在菜单栏中选择"打开菜单→Web开发者"命令，如图1-21所示。此时下拉菜单会切换到图1-22所示菜单面板，选择"查看器"选项，即可查看页面各个模块，如图1-23所示。

图1-21　Web开发者工具

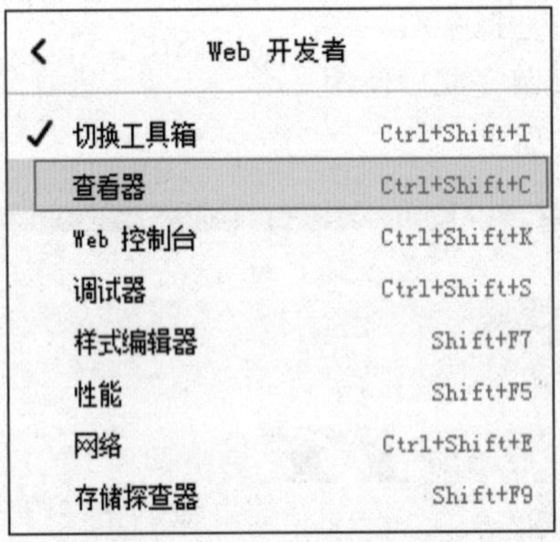

图1-22　选择"查看器"选项

图1-23　查看网页模块

### 3．谷歌浏览器

谷歌浏览器的英文名称为Chrome，是由Google公司开发的原始码网页浏览器。谷歌浏览器基于其他开放原始码软件所编写，目标是提升浏览器稳定性、速度和安全性，并创造出简单有效的使用界面。早期谷歌浏览器使用WebKit内核，2013年4月之后版本的谷歌浏览器开始使用Blink内核。在目前的浏览器市场，谷歌浏览器依靠其卓越的性能占据着浏览器市场的半壁江山。图1-24所为2017年第四季度国内浏览器市场份额图。

从图1-24可以看出，即使是在国内市场，谷歌浏览器也占据很大市场份额。因此，本书涉及的案例将全部在谷歌浏览器中运行演示。

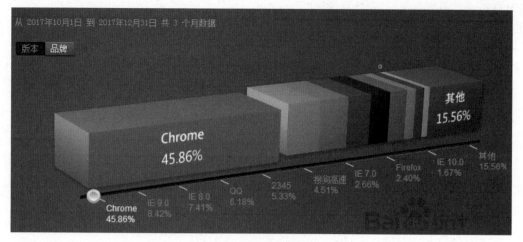

图1-24 浏览器市场份额图

### 多学一招：什么是浏览器内核

在1.4节中，我们频繁地提到了浏览器的内核。什么是浏览器的内核呢？浏览器内核是浏览器最核心的部分，负责对网页语法的解释并渲染网页（也就是显示网页效果）。渲染引擎决定了浏览器如何显示网页的内容以及页面的格式信息。不同的浏览器内核对网页编写语法的解释不同，因此同一网页在不同内核浏览器中的渲染（显示）效果也可能不同。目前常见的浏览器内核有Trident、Gecko、Webkit、Presto、Blink五种，具体介绍如下。

● Trident内核：代表浏览器是IE浏览器，因此Trident内核又称IE内核，此内核只能用于Windows平台，并且不是开源的。
● Gecko内核：代表浏览器是Firefox浏览器。Gecko内核是开源的，最大优势是可以跨平台。
● Webkit内核：代表浏览器是Safari（苹果的浏览器）以及低版本的谷歌浏览器，是开源的项目。
● Presto内核：代表浏览器是Opera浏览器（中文译为"欧朋浏览器"），Presto内核是世界公认最快的渲染速度的引擎，但是在2013年之后，Opera宣布加入谷歌阵营，弃用了该内核。
● Blink内核：由谷歌和Opera开发，2013年4月发布，现在Chrome内核是Blink。

## 习 题

一、判断题

1. DNS是进行域名解析的系统。　　　　　　　　　　　　　　　　（　　）
2. WWW是指万维网。　　　　　　　　　　　　　　　　　　　　（　　）
3. 城域网的覆盖面积比广域网大，可达几万千米。　　　　　　　　（　　）
4. HTTP是浏览器和服务器端的网页传输数据的约束和规范，是一种最常用的网络

通信协议。　　　　　　　　　　　　　　　　　　　　　　　　　　（　　　）

 5. 网页是网站的基本构成元素，而网站是由多个网页组成的。（　　　）

二、选择题

1. （多选）下列选项中，属于网络功能的是（　　　）。

 A. 综合信息服务　　　B. 资源共享　　　C. 分布式处理　　　D. 数据通信

2. （多选）下列选项中，属于网络分类的是（　　　）。

 A. 区域网　　　　　B. 城域网　　　　C. 广域网　　　　D. 局域网

3. （多选）下列选项中，属于网页基本构成要素的是（　　　）。

 A. 文字　　　　　　B. 图像　　　　　C. 超链接　　　　D. 多媒体

4. （多选）下列选项中，属于网页扩展名的是（　　　）。

 A. htm　　　　　　B. html　　　　　C. doc　　　　　D. txt

5. （多选）下列选项中，关于W3C描述正确的是（　　　）。

 A. W3C英文全称为World Wide Web Consortium

 B. W3C是指"万维网联盟"

 C. W3C制定了一系列关于网页和内容的标准

 D. W3C是一个属于中国的联盟机构

三、简答题

1. 简要描述网页和网站概念。

2. 简要列举常见网站类型。

# 第②章 网页设计基础

学习目标：

◎ 了解网页的设计流程和设计原则。

◎ 掌握网页内容元素的设计方法，能够合理设计网页元素。

◎ 掌握网页配色方法，能够为页面合理搭配颜色。

◎ 了解常用的网页设计软件。

大量文字堆积的网页，虽然能够让访问者获取信息，但是不利于浏览阅读，页面的美观度也大打折扣。想要制作一个优秀的网页，需要设计师精心的设计，这样才能给访问者提供一个视觉效果突出、便于阅读的页面。然而该如何进行网页设计呢？本章将从网页设计原则、流程、内容元素设计以及配色方案等几个方面介绍网页设计的相关技巧。

## 2.1　网页设计原则

网页是传播信息的载体，也是吸引访问者的主要入口。在进行网页设计时，遵循相应的设计原则，能够让网页设计师明确设计目标，准确、高效地完成设计任务。网页设计原则包括以用户为中心、视觉美观、主题明确、内容与形式统一四个方面，具体介绍如下。

### 1．以用户为中心

以用户为中心的原则要求设计师站在用户的角度进行思考，主要体现在下面几点。

1）用户优先

网页设计的目的是吸引用户浏览使用，无论何时都应该以用户优先。用户需求什么，设计师就设计什么。即使网页设计的再具有美感，如果不是用户所需，也是失败的设计。

2）考虑用户带宽

设计网页时需要考虑用户的带宽。针对当前网络高度发达的时代，可以考虑在网页中添加动画、音频、视频等多媒体元素，打造内容丰富的网页效果。

## 2．视觉美观

视觉美观是网页设计基本的原则。由于网页内容包罗万象，形式千变万化，往往容易使人产生视觉疲劳。这时赏心悦目、富有创意的网页往往更能够抓住访问者的眼球。设计师在设计网站页面时应该灵活运用对比与调和、对称与平衡、节奏与韵律以及留白等技巧，使空间、文字和图形之间建立联系实现页面的协调美观。例如，图2-1所示为某健身网站首页。

图2-1　健身网站

在图2-1所示页面中，将人物置于整个页面的中线位置，页面被一分为二，使页面对称平衡。同时，人物的肤色和整个页面的白色形成鲜明对比，成为整个页面的第一视觉焦点，而人物的影子和烟雾又很好地融入背景中，使人物显得不那么突兀。页面中大面积的留白则增强了网站的品质感。

## 3．主题明确

鲜明的主题可以使网站轻松转化一些高质量有直接需求的用户，还可以增加搜索引擎的友好性。这就要求设计师在设计页面时不仅要注意页面美观，还要有主有次，在凸显艺术性的同时，通过强烈的视觉冲击力体现主题。例如，图2-2所示为某数码产品网站首页部分截图。

在图2-2所示页面中，摒弃了全部辅助元素，只专注于产品的展示。同时通过对产品的颜色修饰，增强视觉冲击力，第一时间吸引访问者注意。

## 4．内容与形式统一

任何设计都有一定的内容和形式。设计的内容是指主题、内容元素等，形式是指结构、设计风格等表现方式。一个优秀的网页是内容与形式统一的完美体现，在主题、形象、风格等方面都是统一的。例如，图2-3所示为某风景旅游网站首页。

图2-2 数码产品网站

图2-3 某风景旅游网站首页

在图2-3所示页面中，整体采用中国风的设计风格，配合古体字，采用具有中国风特色的水墨画为背景元素，通过祥云、阁楼、香炉、中式雕刻等凸显了这一悠久具有中国特色的旅游胜地。

## 2.2 网页配色基础

色彩是影响人眼视觉最重要的因素，色彩不同的网页给人的感觉会有很大差异。网页的色彩处理得好，可以锦上添花，达到事半功倍的效果。本节将对网页配色进行详细讲解。

### 2.2.1 认识色彩

色彩在网页配色中通常分为主题色、辅助色、点睛色三类，下面对色彩的三种分类进行详解介绍。

#### 1. 主题色

主题色是网页中最主要的颜色，网页中占面积较大的颜色、装饰图形颜色或者主要模块使用的颜色一般都是主题色。在网页配色中，主题色是配色的中心色，主要是由页面中整体栏目或中心图像所形成的中等面积的色块为主。例如，图2-4所示为选用青色作为主题色的网站。

图2-4　选用青色作为主题色的网站

## 2．辅助色

一个网站页面通常存在不止一种颜色，除了具有视觉中心作用的主题色之外，还有作为呼应主题色而产生的辅助色。辅助色的作用是使页面配色更完美更丰富。辅助色的视觉重要性和体积仅次于主题色，常常用于陪衬主题色，以使主题色更突出。图2-5所示为选用浅蓝色作为辅助色的网站。

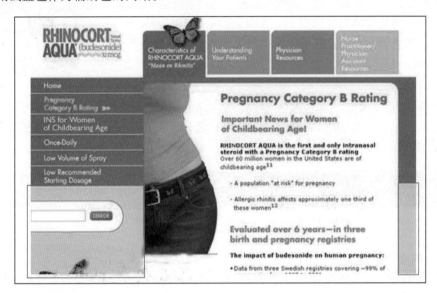

图2-5　选用浅蓝色作为辅助色的网站

## 3．点睛色

点睛色通常用来打破单调的网页整体效果，营造生动的网页空间氛围。所以在网页设计中通常采用对比强烈或较为鲜艳的颜色。通常在网页设计中，点睛色的应用面积越小，色彩越强，效果越突出。图2-6所示为选用红色作为点睛色的网站。

图2-6　选用红色作为点睛色的网站

### 2.2.2　色彩三属性

色彩三属性是指色相、饱和度、明度，任何一种颜色具备这三种属性，下面进行具体介绍。

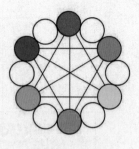

图2-7　色相

#### 1. 色相

色相是色彩的首要特征，是区别各种不同色彩的最准确的标准。在不同波长的光的照射下，人眼会感觉到不同的颜色，如蓝色、红色等。我们把这些色彩的外在表现特征称为色相，如图2-7所示。

#### 2. 饱和度

饱和度也称"纯度"，是指色彩的鲜艳度。饱和度越最高，颜色越纯，色彩越鲜明。一旦与其他颜色进行混合，颜色的饱和度就会下降，色彩就会变暗、变淡。当颜色饱和度降到最低时就会失去色相，变为无彩色（黑、白、灰），如图2-8所示。

图2-8　饱和度

#### 3. 明度

明度是指色彩光亮的程度，所有颜色都有不同程度的光亮。图2-9所示最左侧的红色明度高，最右侧的红色明度低。在无色彩中，明度最高的为白色，中间是灰色，最暗为黑色。需要注意的是，色彩明度的变化往往会影响纯度，例如红色加入白色后，明度提高了，纯度却会降低。

图2-9　明度

### 2.2.3　色彩象征意义

在色彩心理学中，色彩不仅仅是一种颜色，其还包含着象征意义。不同的色彩会带给人不同的心理感受。

#### 1. 红色

红色是热烈、冲动、强有力的色彩。红色代表热情、活泼、热闹，容易引起人的注意，也容易使人兴奋、激动、冲动。此外，红色也代表警告、危险等含义。如果在设计中添加红色，可以带给人兴奋和激情的感觉。图2-10所示的网站在双十二期间为引起消费者的购买欲，就选用了红色作为背景底色。

#### 2. 橙色

橙色是一种充满生机和活力的颜色，象征着收获、富足和快乐。橙色虽然不像红色那样强烈，但也能获取消费者的注意力。橙色常用于食物、促销等网站。图2-11所示为选用橙色作为主题色的网站。

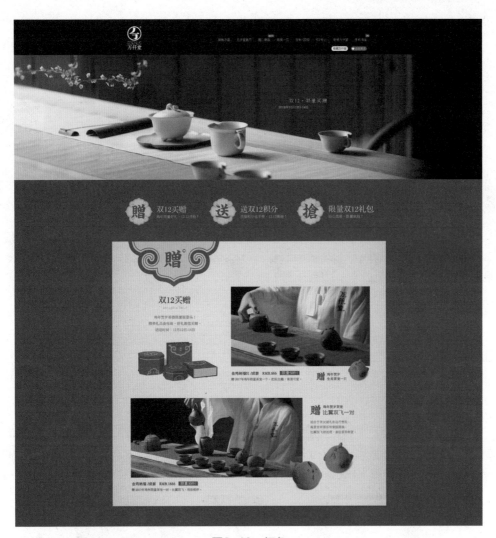

图2-10 红色

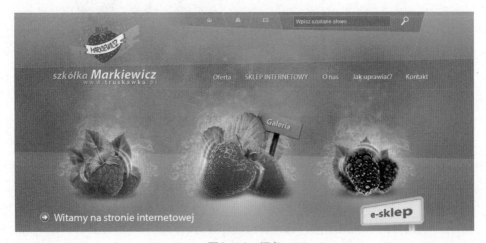

图2-11 橙色

### 3．黄色

黄色是一种明朗愉快的颜色，饱和度较高，象征着光明、温暖和希望。通常儿童更喜欢明快的色彩，在设计中加入黄色更能营造出活力感。图2-12所示的儿童类网站在配色中就选用了明朗的黄色。

图2-12　黄色

### 4．绿色

绿色是一种清爽、平和、安稳的颜色，象征着和平、新鲜和健康。在设计中添加绿色可以带给人健康的感觉。图2-13所示的食物网站为提倡健康无污染的企业理念，在网站配色上选用绿色作为主题色。

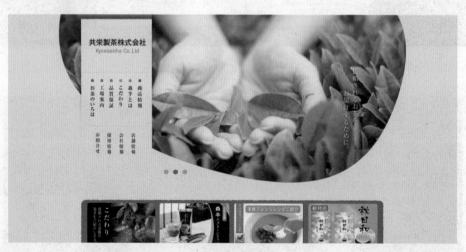

图2-13　绿色

### 5．蓝色

蓝色一种安静的冷色调颜色，象征着沉稳和智慧，因此一些科技类的企业网站通常会使用蓝色作为主题色。图2-14所示的科技类网站选用蓝色作为主题色。

图2-14 蓝色

## 6．紫色

紫色是一种高贵的色彩，象征着高贵、优雅、奢华。中国一直用"紫气东来"比喻吉祥的征兆。图2-15所示的网站选用紫色来营造优雅奢华的氛围，来吸引消费者。

图2-15 紫色

## 7．黑色

黑色作为设计中使用最广泛的颜色之一，象征着权威、高雅、低调和创意，此外也象征着执着、冷漠和防御，是设计中的百搭颜色。图2-16所示的网站以黑色为背景，通过黑白两色进行对比，更加生动地突出了主体。

图2-16 黑色

## 8. 白色

白色同样是设计中使用最广泛的颜色之一，象征着纯洁、神圣、善良。此外，白色还象征着恐怖和死亡。在设计中，通常用白色作为主题色，配合大范围的留白彰显网站格调。图2-17所示的网站使用了大面积的白色。

图2-17　白色

### 2.2.4　网页配色原则

网站配色除了要考虑网页自身特点外，还要遵循相应的配色原则，避免盲目地使用色彩造成网页配色过于杂乱。网页配色原则包括使用网页安全色和遵循配色方案，具体介绍如下。

#### 1. 使用网页安全色

网页安全色是指在不同的硬件环境、不同的操作系统、不同的浏览器中都能正常显示的颜色集合。使用网页安全色进行配色，可以避免原有的色彩失真。网页安全色是指颜色十六进制值的组合内部含有ff、cc、99、66、33、00，只有含有这样值的组合才是网页安全色，如图2-18所示红框标识所示。

需要注意的是，随着显示设备精度的提高，许多网站设计已经不再拘泥于选择安全色，它们利用其他非网页安全色展现了新颖独特的设计风格，所以我们并不需要刻意地追求使用局限在216种网页安全色范围内的颜色，而是应该更好地搭配使用安全色和非安全色。

#### 2. 遵循配色方案

1）使用同类色

同类色是指色相一致，但是饱和度和明度不同的颜色。尽管在网页设计时要避免采用单一的色彩，以免产生单调的感觉，但通过调整色彩的饱和度和明度也可以产生丰富的色彩变化，可使网页色彩避免单调。图2-19所示的网站选用了不同明度的蓝色，不仅整体性很强，而且符合科技类公司自身的特色。

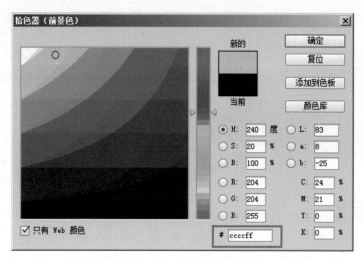

图2-18　网页安全色

图2-19　使用不同明度蓝色的网站

2）使用邻近色

邻近色是12色相环上间隔30°左右的颜色，色相彼此近似、冷暖性质一致。邻近色之间往往是你中有我、我中有你。例如朱红色与橘黄色，朱红色以红色为主，里面含有少量黄色；而橘黄色以黄色为主，里面含有少量红色。朱红色和橘黄色在色相上分别属于红色系和橙色系，但是二者在人眼视觉上却很接近。采用邻近色设计网页可以使网页达到和谐统一，避免色彩杂乱，如图2-20所示。

图2-20 使用橘黄和橘红邻近色的网站

3）使用对比色

对比色是24色相环上间隔120°~180°的颜色。对比色包含色相对比、明度对比、饱和度对比等，例如黑色与白色、深色与浅色均为对比色。对比色可以突出重点，产生强烈的视觉效果。在设计时以一种颜色为主题色，对比色作为点睛色或辅助色，可以起到画龙点睛的作用，如图2-21所示。

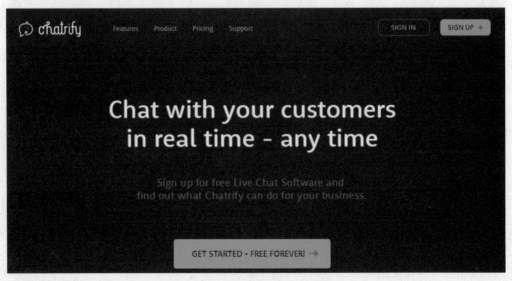

图2-21 使用对比色的网站

# 2.3 网页设计流程

设计网页就像一个工程，有着一定的工作流程。设计师在设计网页时，只有遵循设计流程才能有条不紊地完成网页设计，让网页的结构更加规范合理。网页设计流程主要包括确定网站主题、网站整体规划、收集素材、设计网页效果图四个步骤。

## 2.3.1 确定网站主题

网站主题是网站的核心部分。一个网站只有在确定主题之后，才能有针对性地选取内容。确定主题的方法十分简单，可以通过前期的调查和分析来确定该网站的主题。

（1）调查：调查的目的是了解各类网站的发展状况，总结出当前主流网站的特点、优势、竞争力，为网站的定位确定一个方向。在调查时主要考虑以下问题。

● 网站建设的目标。

● 网站面向人群。

● 企业的产品。

● 企业的服务。

（2）分析：分析是指根据调查的结果，对企业自身进行特点、优势、竞争力的分析，初步确定网站的主题。在确定主题时要遵循以下原则。

● 主题要小而精，定位不宜过大过高。

● 主题要能体现企业自身的特点。

## 2.3.2 网站整体规划

对网站进行整体规划能够帮设计师快速理清网站结构，让网页之间的关联更加紧密。通常规划一个网站时，可以先用思维导图（推荐使用XMind软件）把每个页面的名称列出来，如图2-22所示。

图2-22 网站框架思维导图

规划完整体的网站框架思维导图，就可以规划网站的其他内容了，主要包括网站的功能、网站的结构、版面布局等。如果是一些功能需求较多的网站，还需要产品经理设计原型线框图。图2-23所示即为某电商网站原型线框图首屏截图。

只有在设计网页之前把这些方面都考虑到了，才能够保证网站制作有条不紊地进行，避免页面或重要功能模块缺失。

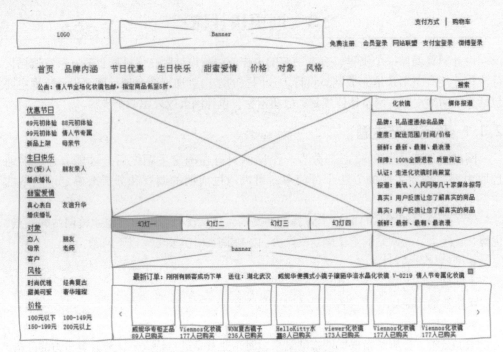

图2-23　原型线框图首屏截图

### 2.3.3　收集素材

在网站整体规划完成之后，就可以收集网页设计需要的素材了。丰富的素材不仅能够让设计师更轻松地完成网站的设计，还能极大地节约设计成本。在网页设计中，收集素材主要包括两种，一种为文本素材，一种为图片素材，具体介绍如下。

#### 1. 文本素材

设计师可以从书刊、网络上收集需要的文本，然后将这些文本加工、整理，制作成Word文档保存。需要注意的是，在使用搜集的文本素材时要去伪存真、去粗取精，加工成自己的素材，避免版权纠纷。

#### 2. 图片素材

只有文字内容的网站对于访问者来说是枯燥无味的，因此在网页设计中，往往会加入一些图片素材，使页面的内容更加充实，更具有可读性。设计师可以从网上的一些图片素材库获取图片（例如千图网、站酷、百度图片等）或者自己拍摄一些图片作为素材。同时在使用图片素材时也需要注意版权问题。

值得一提的是，在收集素材时，为了将素材类别划分清楚，一般都会将其存放在相应的文件夹中。例如，文本素材通常存放在名为text的文件夹中，图片素材通常存放在名为images的文件夹中，如图2-24所示。

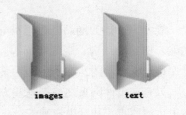

图2-24　文件夹

### 2.3.4 设计网页效果图

设计网页效果图就是根据设计需求，对收集的素材进行排版和美化，给用户提供一个布局合理、视觉效果突出的界面。在设计网页效果图时，设计师应该根据网站的内容确定网站的风格、色彩以及表现形式等要素，完成页面的设计部分。在设计效果图时往往要遵循一些相应的规范。

**1．适配主流屏幕分辨率**

屏幕分辨率是指屏幕显示的分辨率，通常以水平和垂直像素来衡量。在设计网页时，页面的宽度尽量不要超过屏幕的分辨率，否则页面将不能完全显示（响应式布局页面除外）。例如，图2-25所示的某网站页面，在较小的屏幕分辨率下就不能完全显示。

图2-25 站酷页面

设计师在设计网站时应尽量适配主流的屏幕分辨率。当下比较流行的屏幕分辨率包括1024×768px、1366×768px、1440×900px和1920×1080px等。

**2．考虑页面尺寸和版心**

页面尺寸就是网页的宽度和高度。版心是指页面的有效使用面积，是主要元素以及内容所在的区域。在设计网页时，页面尺寸宽度一般为1200~1920px，高度可根据内容调整设定。为了适配不同分辨率的显示器，一般设计版心宽度为1000~1200px。图2-26所示为某甜点网站页面的尺寸和版心。

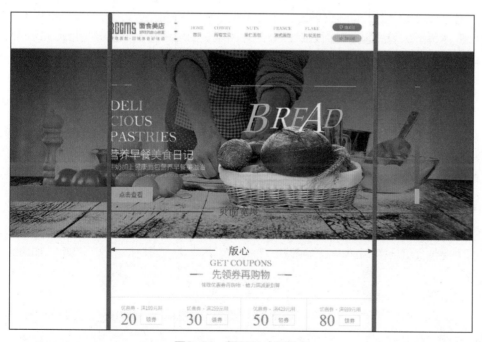

图2-26 页面尺寸和版心

**3．页面中特殊元素的设计**

特殊元素是指网页中包含的非系统默认字体、动态图、视频等。这些元素在制作效果图时都会以静态图片的形式展现。图2-27所示即为静态图片化的视频界面。

图2-27　静态图片化的视频界面

在图2-27所示的视频界面中，通过视频的截图和播放图标（红框标识位置）组合成静态图片表现视频画面。

## 2.4　网页布局设计

网页布局设计是影响网页界面设计美观性的重要因素。合理美观的布局不仅能够给用户群体留下深刻的印象，而且是提升网站浏览量的因素。本节从最基础的知识入手，详细讲解网页布局设计。

### 2.4.1　什么是网页布局

网页布局就是对网页内容的布局进行规划，将主次内容进行归纳和区分。通过布局以最适合浏览的方式，将图片、文字等内容遵循一定的原则，放置到页面不同的位置，给用户良好的浏览阅读体验。网页布局是网页页面优化的重要环节，在一定程度上影响网站的整体美观。

### 2.4.2　基本结构分析

虽然网页的表现形式千变万化，但大部分网页的基本结构都是相同的。页面的基本结构主要包含引导栏、header、导航栏、banner、内容区、版权信息这几模块，如图2-28所示。

根据图2-28所示的基本结构分析图，具体介绍如下。

（1）引导栏位于界面的顶部，通常用来放置客服电话、帮助中心、注册和登录等信息，高度一般为35~50px。

（2）header位于引导栏正下方，主要放置企业logo等内容信息。高度一般为80~100px。但是目前的流行趋势是将header和导航合并放置在一起，高度一般为85~130px。

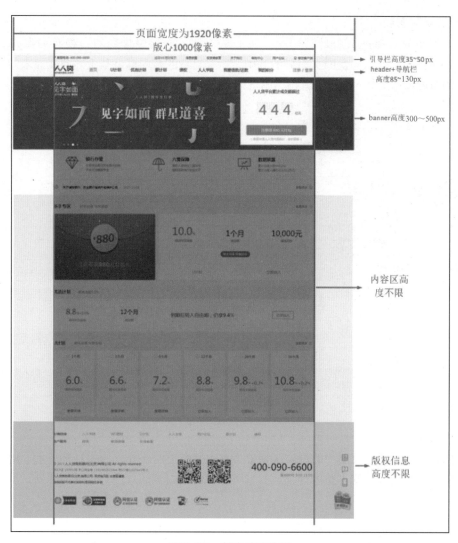

图2-28　基本结构分析

（3）导航栏是网站子级页面入口的集合区域，相当于网站的菜单。导航栏高度一般为内容字体的2倍或2.5倍，一般为40~60px。

（4）网站banner是网站中最主要的广告形式。banner将文字信息图片化，以直观的方式进行展示，从而提高页面转化率。banner高度通常为300~500px。

（5）内容区和版权信息高度不限，可根据内容信息的进行调整。内容区通过单列布局、两列布局等布局方式将内容合理展示，版权信息主要放置一些公司信息或者制作者信息。

## 2.4.3　网页布局分类

网页布局可以根据设计的样式进行分类，也可以从代码实现角度进行分类。本节从代码实现角度介绍一些常见的网页布局方式。

## 1．单列布局

单列布局是指网页各部分模块，按照从上到下的顺序排列的一种布局形式，如图2-29所示。单列布局是网页布局的基础，所有复杂的布局都是基于此演变而来的。此类型的布局优点是页面阅读更流畅、浏览更清晰；缺点是布局呆板。

图2-29　单列布局

## 2．两列布局

两列布局主要将页面中的内容区划分为左边和右边两部分，如图2-30所示。此类型的布局优点是内容丰富、整体性强，并且可以将产品内容信息进行直观的陈列，从而提高产品转化率。

图2-30　两列布局

### 3．三列布局

三列布局是指将内容区划分为左、中、右三部分，如图2-31所示。三列布局常见于购物类网站。此类型的布局优点是页面充实、内容丰富和信息量大；缺点是页面拥挤、不够灵活。

图2-31　三列布局

### 4．通栏布局

为了追求版面上的美观，通常将引导栏、header、导航栏、banner、版权信息进行通栏设计，如图2-32所示。

图2-32　通栏布局

### 2.4.4 网页布局原则

了解网页的布局原则,有助于设计出美观有序的页面。在网页设计中布局原则主要有整体性、对比性和均衡性三方面,具体介绍如下。

#### 1. 整体性

整体性是指设计元素的整体与统一。整体统一的布局指页面上不同元素相互影响,如同一个整体,页面中所有按钮等控件元素都应该保持一致。对于网页重复出现的形状、尺寸、色彩都是一个有机联系的整体。把页面元素组织起来形成组块,让页面更加整体,有利于统一版面布局的风格。图2-33所示的网站采用了大量圆形的元素,将页面中的圆形元素进行串联使得网站更具整体性。而且文字图片都以区块进行对齐,保持了视觉上的干净清晰。

图2-33 整体性

#### 2. 对比性

网页是由很多元素构成的,这些元素的重要性各不相同。有些内容元素需要重点突出,此时就需要通过对比,创造出视觉趣味性,同时引导用户的注意力。对比包含色彩对比、字体字号对比、区块面积大小对比等。图2-34所示的网站大胆选择以橙蓝两色作为对比,由于白色的介入,橙蓝两色并没有给网站带来视觉冲击的激进感,反而营造出一种轻松活泼的氛围。

图2-34 对比性

### 3. 均衡性

网页中的均衡是指页面上文字、形状、色彩等因素在视觉上的平衡。视觉平衡分为对称平衡和不对称平衡。网页中各个元素是有重量的，如果达到对称平衡，页面则显得宁静稳重。为了在页面中添加趣味性，可以选择不对称平衡。图2-35所示的网站选择了对称平衡，界面元素虽多但不凌乱，沿着中轴线可将页面一分为二。图2-36所示的网站选择了不对称平衡，左侧元素相对右侧元素所占的比例更大，不对称平衡添加了页面趣味性，但是页面整体本身还是很均衡。

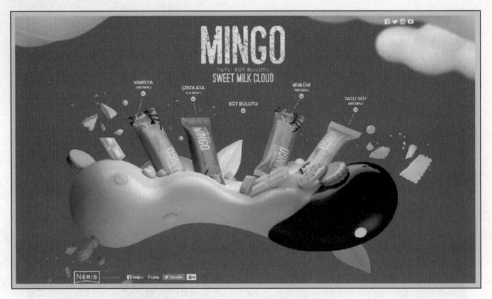

图2-35　对称平衡

图2-36　不对称平衡

# 2.5　网页内容元素设计

在网页设计中，设计师不仅要熟悉设计原则和设计流程，而且要对网页内容元素设计进行整体把控，才能设计出优秀的页面效果。网页内容元素的设计主要包括文字编排设计、图像设计和超链接设计，具体介绍如下。

### 2.5.1 文字编排设计

在网页界面中，文字编排设计可以提高页面的易读性。文字编排设计主要包括字体变形和内容编排。下面将对字体变形和内容编排规律进行讲解。

#### 1. 字体变形

文字本身就是一种图形符号，具有传达信息的功能，设计师还可选择不同的字体来表达设计情感。文字与设计主题信息需要互相配合，这时就需要对文字形态进行创意性变形，如图2-37所示。在网页设计中，字体变形通常用于网站logo设计、banner图以及创意标题。

图2-37　字体变形

#### 2. 内容编排

内容编排就是选择什么类型的字体、多大的字号、文字内容怎么对齐等，以加强页面的易读性。考虑到大多数用户计算机中的基本字体类型，正文内容中最好采用基本字体，如"宋体""微软雅黑"，数字和字母可选择Arial字体。在网页界面设计中，字体选择和常用颜色应用如表2-1和表2-2所示。

表2-1　字体选择

| 字体 | 字号 | 字体样式 | 具 体 应 用 |
|---|---|---|---|
| 宋体 | 12px | 无 | 用于正文中和菜单栏及版权信息栏中；加粗时，用于正文显示不全时出现的"查看详情"上或登录/注册上 |
| 微软雅黑 |  | 其他 |  |
| 宋体 | 14px | 无 | 用于正文中和菜单栏及版权信息栏中；加粗时，用于栏目标题中或导航栏中 |
| 微软雅黑 |  | 其他 |  |
| 宋体 | 16px | 无 | 用于正文中和菜单栏及版权信息栏中；加粗时，用于导航栏中或栏目的标题中或详情页的标题中 |
| 微软雅黑 |  | 其他 |  |

表2-2　常用颜色应用

| 颜 色 应 用 | 色 值 |
|---|---|
| 标题颜色 | #333333 |
| 正文颜色 | #666666 |
| 辅助说明颜色 | #999999 |

### 2.5.2 图像设计

图像具有比文字更加直观、强烈的视觉表现效果，网页设计中图像往往是网页创意的集中体现。图像设计最重要的特点是醒目，信息可以通过图像进行视觉传递。在网页设计中图像设计主要集中在网站logo、banner图、内容区辅助图这几部分。下面对网页的图像设计进行详细讲解。

### 1. 网站logo

网站logo是网站特色和内涵的集中体现，是一个添加网站首页链接的图形标志。网站logo所占面积较小，因此要求设计简单直观，同时也要兼顾美观。网站logo的表现形式分为特定图案、特定文字、字图结合三种类型，如图2-38所示。目前，市面上比较流行的是字图结合的形式，通常在左侧放置图案，右侧放置文字。

特定图案　　　　　　特定文字　　　　　　　　　　字图结合

图2-38　网站logo

### 2. banner图

banner图是网站广告中最常见的广告形式，在整个页面中所占面积较大，所占权重也较高。通过banner图将文字信息图片化，可以直观的方式展示信息。在设计时，可采用左右构图、正三角构图、倒三角构图、对角线构图、扩散式构图等样式（见图2-39），以恰当的构图方式直观展示文案信息。

左右构图

正三角构图　　　　　　　　　　倒三角构图

对角线构图　　　　　　　　　　扩散式构图

图2-39　banner图构图方式

### 3. 辅助图

辅助图相对于banner图而言尺寸小了很多，但是在设计中并不容小觑。在设计时需要强调辅助图和主题设计的共性，以及保持整体风格的一致性。辅助图传达的信息要具备诱惑力，能够引起消费者的共鸣。图2-40所示为某网站的辅助图，采用和banner图一样的白色背景；辅助图以统一的角度进行摆拍，均采用局部放大的效果进行展示。

图2-40　辅助图

### 2.5.3　超链接设计

在网页界面中，超链接主要用于内容链接，用户只需单击带有链接的文字或者图像，就可跳转到到对应的其他文件。在网页中的超链接设计可分为文字超链接设计和图像超链接设计，具体介绍如下。

#### 1. 文字超链接设计

关于文字超链接的设计，要确保文字的可识别性，如深色背景选用浅色文字，浅色背景选用深色文字。需要突出强调的超链接文字可选用其他颜色，如图2-41所示。

图2-41　文字超链接设计

#### 2. 图像超链接设计

图像超链接的设计需要设计鼠标滑过的状态。通常在设计时有几种常见的样式，比如在图像上方添加一层半透明的黑色、边框线颜色的变化以及添加淡淡投影，如图2-42所示。

图2-42　图像超链接设计的常见样式

## 2.6　常用的网页设计软件

"工欲善其事，必先利其器"。网页设计时离不开一些功能强大的设计软件，本节将对常用的网页设计软件做具体介绍。

### 2.6.1　Photoshop

Photoshop是Adobe公司旗下最为出名的图像处理软件之一。Photoshop提供了灵活便捷的图像制作工具、强大的像素编辑功能，被广泛运用于数码照片后期处理、平面设计、网页设计以及UI设计等领域。图2-43和图2-44所示为该软件的启动界面和工作界面。

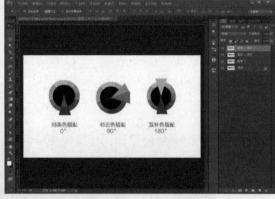

图2-43　启动界面　　　　　　　　　　　图2-44　工作界面

### 2.6.2　Illustrator

Illustrator是由Adobe公司开发的一款矢量图形制作软件。一经推出，便以强大的功能和人性化的界面深受用户的欢迎，被广泛应用于出版、多媒体等领域。通过Illustrator可以轻松地制作出各种形状复杂的矢量图形和文字效果，其应用也相当广泛。图2-45和图2-46所示为该软件的启动界面和工作界面。

图2-45　启动界面

图2-46　工作界面

### 2.6.3　Flash

Flash是Adobe公司旗下出品的一款集动画创作与应用程序开发于一身的创作软件。Flash操作简单，能够轻松输出各种各样的网页动画，而且做出的效果十分出色。Flash通常配合Dreamweaver和Photoshop使用。图2-47和图2-48所示为该软件的启动界面和工作界面。

图2-47　启动界面

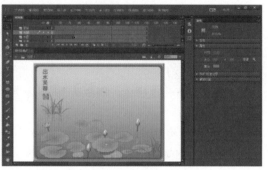
图2-48　工作界面

### 2.6.4　Fireworks

Fireworks是Adobe公司推出的一款网页作图软件，是快速构建网站与Web界面原型的理想工具。Fireworks不仅具备编辑矢量图形与位图图像的灵活性，而且提供了一个预先构建资源的公用库，提供了丰富的资源。该软件能够与 Photoshop、Dreamweaver和 Flash软件一起结合使用。图2-49和图2-50所示为该软件的启动界面和工作界面。

图2-49　启动界面

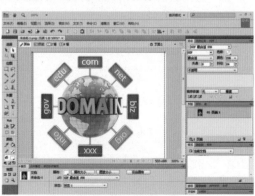
图2-50　工作界面

# 习 题

一、判断题

1. 文字编排设计是指字体的变形设计。 （    ）
2. 网站logo在表现形式分为特定图形、特定图案、字图结合三种类型。 （    ）
3. 色彩三种属性是指色相、纯度、明度。 （    ）
4. 在设计软件中能够使用的颜色都属于网页安全色。 （    ）
5. 邻近色是指色相一致但是饱和度和明度却不同的颜色。 （    ）

二、选择题

1. （多选）下列选项中，属于网页设计原则的是（    ）。
   A. 以用户为中心            B. 视觉美观
   C. 主题明确               D. 内容与形式统一

2. （多选）确定网页主题时，要遵循以下（    ）原则。
   A. 网页主题要小而精        B. 网页主题要能体现企业自身特点
   C. 网页主题的定位要高端、大气  D. 网页主题要大而广

3. （多选）下列选项中，属于网页布局分类的是（    ）。
   A. 单列布局               B. 两列布局
   C. 三列布局               D. 通栏布局

4. （多选）下列选项中，哪些属于banner常用构图形式的是（    ）。
   A. 左右构图               B. 正三角构图
   C. 对角线构图             D. 扩散式构图

5. （多选）网页中的颜色主要包括（    ）。
   A. 主题色                 B. 标志色
   C. 辅助色                 D. 点睛色

三、简答题

1. 简要描述页面尺寸和版心的差别。
2. 简要描述网页安全色，并举例说明。

# 第 ③ 章 网站建设基础

**学习目标：**

◎了解网站建设的基本流程。

◎熟悉常用的网站开发工具，能够使用它们搭建网页。

◎掌握网站上传方法，能够将制作的页面上传到服务器空间。

一个优秀的网站不仅包括前期的设计，还包括后期的建设。网站建设包括静态页面搭建、动态模块开发以及后期的发布、维护、推广等诸多事宜，因此在进行网站建设之前，我们有必要掌握一些网站建设的基本知识，为后面的学习夯实基础。本章将从网站建设流程、工具的使用以及网站上传等几个方面对网站建设的基础知识做详细讲解。

## 3.1 网站建设流程

同网页设计一样，网站建设也需要一个完整而严谨的流程，以便提高网站建设的效率，达到事半功倍的效果。网站建设流程主要包括搭建静态页面、开发动态网站模块以及后期的上传、发布、推广、维护。接下来，我们将对网站的建设流程做具体介绍。

### 3.1.1 页面观察和搭建

搭建静态页面是指将设计的网页效果图转换为能够在浏览器浏览的页面。这就需要对页面设计规范有一个整体的认识并掌握一些基本的网页脚本语言，例如HTML、CSS等。需要注意的是，在拿到网页设计效果图后，切忌直接切图、搭建结构。应该先仔细观察效果图，对页面的配色和布局有一个整体的认识，主要包括颜色、尺寸、辅助图片等，具体介绍如下。

（1）颜色：观察网页效果图的主题色、辅助色、点睛色，了解页面的配色方案。

（2）尺寸：观察网页效果图的尺寸，确定页面的宽度和模块的分布。

（3）辅助图片：观察网页效果图，看哪些地方使用了素材图片。确定需要单独保留的图片。例如，重复的背景图、小图标、文本内容配图等。

对页面效果图有了一个基本的分析之后，就能够"切图"了。"切图"就是对效果图进行分割，将无法用代码实现的部分保存为图片。当切完图之后，就可以使用HTML、CSS搭建静态页面。搭建静态页面就是将效果图转换为浏览器能够识别的标记语言的过程。图3-1所示为某食品网站的效果图，图3-2所示为网站效果图对应的代码。

图3-1　网站效果

```
body == $0
▼<form name="form1" method="post" action="index.aspx" id="form1">
 ▶ <div>…</div>
 ▶ <div class="cont">…</div>
   <!--
     <div id="potatowish">
       <a class="close" href="javascript:close('potatowish');"></a>
       <a href="http://style.potatowish.com" target="_blank"><img src="images/potatowish_con.jpg" /></a>
     </div>
   -->
   <!--<div id="orioncup">
       <a href="http://orioncup.orion.cn/" target="_blank"><img src="images/orion_cup.jpg" /></a>
     </div>-->
   <!--
     <div id="orionStatement" style="position: absolute; top: 360px; right: 10px;" >
       <img src="images/orion_statement.jpg" /></a>
     </div> -->
 ▶ <div id="exp_survey">…</div>
 ▶ <div id="judge">…</div>
 ▶ <div id="list">…</div>
 ▶ <div id="survey">…</div>
 ▶ <div id="submit">…</div>
 ▶ <div>…</div>
   <script type="text/javascript" src="/js/jquery-1.3.2.js"></script>
   <script type="text/javascript" src="/js/jquery.validate.js"></script>
   <script type="text/javascript" src="/js/alt.js"></script>
   <script src="/js/SNS_share.js" type="text/javascript"></script>
   <!-- 登录 -->
 ▶ <div id="login" style="display: none">…</div>
   <!-- 忘记密码-->
 ▶ <div id="forget" style="display: none">…</div>
   <!-- 注册成功 -->
 ▶ <div id="succeed">…</div>
   <!-- 注册 -->
 ▶ <div id="reg">…</div>
```

图3-2　网页代码

## 3.1.2　开发动态网站模块

静态页面建设完成后，如果网站还需要具备一些动态功能（例如搜索功能、留言板、注册登录系统、新闻信息发布等），就需要开发动态功能模块。目前广泛应用的动态网站技术主要有PHP、ASP、JSP三种，具体介绍如下。

### 1．PHP

PHP即Hypertext Preprocessor（超文本预处理器），是一种通用的开源脚本语言。PHP语法吸收了C语言、Java（C语言和Java均是编程语言）的特点，利于学习，使用广泛，主要适用于Web开发领域。PHP提供了标准的数据库接口，数据库连接方便，兼容性和扩展性非常强，是目前使用较广泛的技术。

**2. ASP**

ASP即Active Server Pages（动态服务器页面），是一种局限于微软的操作系统平台之上的动态网站开发技术，主要工作环境为微软的IIS应用程序结构。ASP入门比较简单，但是安全性较低，而且不宜构架大中型站点，其升级版ASP.NET虽然解决了这一问题，但开放程度低，操作麻烦。

**3. JSP**

JSP即Java Server Pages（Java服务器页面），是基于Java Servlet以及整个Java体系的Web开发技术，它与ASP有一定的相似之处。JSP被认为是网站建设技术中安全性最好的，虽然学习和操作均较为复杂，但目前被认为是三种动态网站技术中有前途的技术。

### 3.1.3 网站建设后期事宜

网站建设后期事宜主要包括网站的测试、上传、推广、维护等，具体介绍如下。

**1. 网站测试**

网站测试主要包括本地测试和上传到服务器之后的网络测试，具体介绍如下。

（1）本地测试：是指在网站搭建完成之后的一系列测试。例如，链接是否错乱，是否兼容不同的浏览器，页面功能逻辑是否正常等，以确保网站发布到服务器上不会出现一些基本错误。

（2）网络测试：是指网站上传到服务器之后针对网站的各项性能情况的一项检测工作。例如，网页打开速度的测试，网站安全的测试（服务器安全、脚本安全）等。

**2. 网站上传**

网页制作完成后，最终要上传到Web服务器上，网页才具备访问功能。在网页上传之前首先要申请域名和购买空间（免费空间不用购买），然后使用相应的工具上传即可。上传网站的工具有很多，可以运用FTP软件上传（例如Flash FXP），也可运用Dreamweaver自带的站点管理上传文件。

**3. 网站推广**

当网站上传发布后，还要不断对其进行推广宣传，以提高网站的访问率和知名度。推广网站的方法有很多，例如，到搜索引擎上注册、与其他网站交换链接、加入广告链接等。

**4. 网站维护**

网站只有经常注意更新与维护保持内容的新鲜感，才能持续吸引访问者。网站维护阶段的主要工作是更新网站内容、确保网站的正常运行以及历史文件的归类等。

## 3.2 常用的网站建设工具

在建设网页时，为了快速、高效地完成任务，通常会使用一些具有代码高亮显示、语法提示等便捷功能的网站建设工具。常见的网站建设工具有Dreamweaver、Sublime、Hbuilder等，具体介绍如下。

### 1. Dreamweaver

Dreamweaver简称DW（中文译为"梦想编织者"），是美国MACROMEDIA公司开发的集网页制作和网站管理于一身的"所见即所得"（具体解释参见"多学一招：什么是所见即所得"）网页编辑器，2005年被Adobe公司收购。DW是第一套针对非专业网站建设人员的视觉化网页开发工具，利用它可以轻而易举地制作网页。图3-3和图3-4分别为软件的启动界面和工作界面。

图3-3　启动界面

图3-4　工作界面

### 2. Sublime

Sublime全称为Sublime Text，是一个代码编辑器，最早由程序员Jon Skinner于2008年1月开发出来。Sublime Text具有漂亮的用户界面和强大的功能，例如代码缩略图、功能插件等。Sublime Text还是一个跨平台的编辑器，支持Windows、Linux、Mac等操作系统。图3-5展示的是Sublime的启动图标和工作界面。

图3-5　Sublime启动图标和工作界面

### 3．HBuilder

HBuilder是DCloud推出的一款支持HTML5的Web开发软件。"快"是HBuilder的最大优势，通过完整的语法提示、代码输入法以及代码块等，HBuilder可以大幅提升HTML、JavaScript的开发效率。图3-6和图3-7分别为HBuilder的启动界面和工作界面。

图3-6　HBuilder启动界面

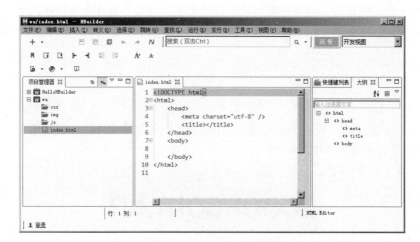

图3-7　HBuilder工作界面

多学一招：什么是"所见即所得"

"所见即所得"是一种网页编辑中常见的术语，采用该模式用户在编辑时所见到的外观样式与最终生成的网页样式是一致的。"所见即所得"模式屏蔽了网站建设的技术细节，使对网页相关技术不了解的用户也能轻易地搭建网页，达到一定的感观效果。图3-8所示的Dreamweaver视图界面。通过拖拽图形，即会生成相应的代码，这就是"所见即所得"的具体体现。

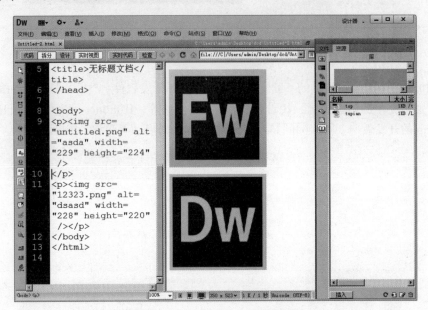

图3-8　Dreamweaver视图界面

## 3.3　域名和服务器空间

想要建设一个网站，必然少不了域名和服务器空间。这就好比开设商店，服务器空间就相当于商店的房间，用于存放和展示各种产品；而域名就相当于商店的地址，顾客只有知道地址，才能准确地找到店铺位置。本节将对域名和服务器空间的相关知识做具体讲解。

### 3.3.1　域名概述

域名是互联网中出现频率比较高的一个词汇。什么是域名呢？域名（Domain Name）是人们为了便于记忆，按照一定的规则给Internet上的计算机起的名字，通常由一串用"."分隔的字符组成，如图3-9所示。

zcool.com.cn

图3-9　域名

仔细观察图3-9会发现，域名通常由两个或两个以上的词构成，中间由小点进行分隔。通俗来讲，域名的作用相当于一个家庭的门牌号码（见图3-10所示），别人通过这个号码可以很容易地找到你的位置，这也意味着在全世界没有重复的域名，域名具有唯一性。

图3-10 门牌号和域名

**多学一招：域名和URL的区别**

虽然域名和URL相似，但是二者仍有区别。域名只是一个网站的标识，不可以直接访问网站，只有当域名经过解析之后，这个域名才能成为一个URL（网址）。URL（网址）包含域名，是Internet上的地址簿，通过URL可以到达任何一个网站页面。

### 3.3.2 域名的级别

互联网采用了层次树状结构的命名方法，如图3-11所示。"域"是名字空间中一个可被管理的划分。域可以被分为子域，子域还可继续划分为子域的子域，这样就形成了顶级域名、二级域名、三级域名等。级别最高的顶级域名写在最右边，级别最低的写在最左边，下面对域名的级别做详细讲解。

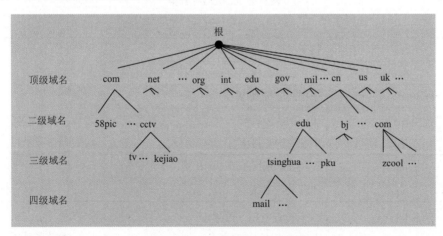

图3-11 互联网的域名空间

#### 1. 顶级域名

顶级域名通常分为两类，一类是国际顶级域名，另一类是国家或地区顶级域名。域名后缀为 ".com" 属于国际顶级域名，但是国际顶级域名不仅仅只有 ".com"，还有 ".gov" ".net" ".edu" ".org" 等形式，分别代表着不同的行业机构。而域名后缀为 ".cn" ".us" ".uk" 等则属于国家或地区顶级域名，分别代表着中国、美国和英国。表3-1所示为顶级域名的分类。

表3-1  顶级域名分类

| 顶级域名分类 | | |
|---|---|---|
| com | 公司企业 | 国际顶级域名 |
| net | 网络服务机构 | |
| org | 非营利性组织 | |
| int | 国际组织 | |
| edu | 教育机构 | |
| gov | 政府部门 | |
| mil | 军事部门 | |
| cn | 中国 | 国家或地区顶级域名 |
| us | 美国 | |
| uk | 英国 | |

### 2．二级域名

二级域名是指顶级域名之下的域名，通常分为两类。一类是指域名注册的网站名称，如zcool.com中的zcool；另一类是指国家或地区顶级域名之下，表示注册企业类别的符号，如zcool.com.cn中的.com。我国将二级域名划分为"类别域名"和"行政区域名"两大类，如表3-2所示。

表3-2  二级域名分类

| 二级域名分类 | | |
|---|---|---|
| ac | 科研机构 | 类别域名 |
| com | 工、商、金融等企业 | |
| edu | 中国的教育机构 | |
| gov | 中国的政府机构 | |
| mil | 中国的国防机构 | |
| net | 提供互联网网络服务的机构 | |
| org | 非营利性组织 | |
| bj | 北京 | 行政区域名 |
| sh | 上海 | |
| js | 江苏 | |

表3-2列举了相关的类别域名和行政区域名，其中行政区域名按照我国的各省、自治区、直辖市、特别行政区进行划分，共有34个。

### 3．三级域名

三级域名是位于顶级域名和二级域名左边的域名。如中央电视台拥有了专属的域名cctv.com，它就可以决定是否进一步划分其下属的子域。图3-12所示为中央电视台划分的下一级域名tv和kejiao。

图3-12  三级域名

> **注意**：DNS规定，域名中的标号通常是由英文和数字组成，每一个标号不超过63个字符，也不区分大小写。由多个标号组成的完整域名总共不超过255个字符。

### 3.3.3  域名的意义

域名的设计初衷是方便用户记忆，方便更好地到达这个域名所指向的"网络地址"。然而在21世纪的当代，域名被赋予了更多意义，具体介绍如下。

**1．无形资产**

域名具有唯一性，所谓物以稀为贵，越是简单易记忆的域名越具备价值。例如，京东最原始的域名是"360buy.com"，后来为了优化域名，花费3000万元高价收购了"jd.com"这个域名。并且随着京东的日益强大"jd.com"这个域名的价值也愈发无法估量。图3-13所示即为京东现有域名。

图3-13  京东域名

**2．品牌竞争力**

随着信息飞速发展，域名已成为企业在网络上的品牌形象。一个好的域名，能够便于用户记忆、便于用户传播、便于用户输入，会在无形中增强企业在市场上的差异化竞争，获取更多的用户。

### 3.3.4  选取域名

域名对于企业来说具有重要的意义，因此企业选取域名时往往会遵循一些原则，同时在域名的选取上也会有一些技巧，具体介绍如下。

**1．域名选取原则**

（1）域名应该简短易记忆。这是选取域名的一个重要原则，一个好的域名应该短而顺口，便于用户记忆。

（2）域名要有一定的内涵和意义。网站建设用有一定意义和内涵的词或词组作域名，不但能反映站点的性质，体现可记忆性，而且有助于实现企业的营销目标。

**2．域名选取技巧**

（1）用单位名称的汉语拼音或谐音作为域名。这是为企业选取域名的一种较好方式，一般大部分国内企业都是这样选取域名。例如，华为技术有限公司的域名为"huawei.com"。

（2）用企业名称相应的英文名作为域名。这也是国内许多企业选取域名的一种方式，网站建设这样的域名特别适合与计算机、网络和通信相关的一些行业。例如，新浪的域名为"sina.com"。

（3）用企业名称的拼音或英文缩写作为域名。有些企业的名称比较长，如果用汉语拼音或者用相应的英文名作为域名就显得过于烦琐，不便于记忆。因此，用企业名称的缩写作为域名不失为一种好方法。例如，京东的域名为"jd.com"。通常情况下，我们指的缩写包括两种形式：一种是汉语拼音缩写，另一种是英文缩写。

## 3.3.5　注册域名

选取的域名只有经过注册之后，选取注册人对该域名具有真正的所有权。注册域名时，主要包含以下几个步骤。

**1．准备申请资料**

对于注册域名的个人或企业，需要提供电子版的身份证或企业的营业执照。

**2．寻找域名注册商**

目前国内有很多的代理域名注册公司，可以直接通过这些公司注册域名。需要注意的是，注册域名时，尽量找一些服务较为稳定的代理商。例如，新网（www.xinnet.com）、万网（wanwang.aliyun.com），但这些代理商会收取相应的域名费用。此外，为了满足个人展示网站的需求，也可以找一些赠送免费域名的网站。例如，三维主机（free.3v.do）、主机屋（www.zhujiwu.com）等，但这些域名通常层级较低，而且稳定性较差。

**3．查询域名**

登录域名注册的代理网站可以在相应的界面查询域名是否被注册，如果未被注册，就可以进行后续的域名注册缴费流程。图3-14所示为万网域名查询模块。

图3-14　万网域名查询模块

在图3-14所示的文本框中输入想要注册的域名，例如618jd.com，只需要输入618jd，然后单击后面的"查域名"按钮，即可查询已被注册和未备注册的域名，如图3-15所示。

**4．申请域名**

查到想要注册的域名，并且确认域名为可申请的状态后，就可以注册域名并缴纳年费。正式申请成功后，即可开始进行DNS解析管理、设置解析记录以及后续的域名备案等操作。

图3-15　域名查询结果

> **注意**：域名注册是租用的概念，因此会存在一定的使用期限（一般至少为一年），在有效期过后，需要再次续费，否则域名将会被收回。

### 3.3.6　认识服务器空间

在计算机中通过硬盘可以存储需要保存的文件和资料，同样在互联网中也需要一个类似于硬盘的存储器，这个存储器就是服务器空间。服务器空间也称"网站空间"，是存放网站文件和资料的地方。服务器空间的分类有多种形式，按照空间形式进行划分可分为虚拟空间、独立主机、合租空间、VPS主机和云主机这五类，具体介绍如下。

#### 1．虚拟空间

虚拟主机是把一台真实的物理服务器主机分割成多个逻辑存储单元，每个单元都没有物理实体，但是每一个逻辑存储单元都能像真实的物理主机一样在网络上工作。目前90%以上的企业网站采取这种形式，由空间提供商提供专业的技术支持和空间维护。

虚拟空间的优点在于租用成本低廉，一般的企业网站空间成本可以控制在100~1000元/年之间。虚拟主机的缺点是安全性较差，由于与多个企业和个人共用一台服务器，安全性较差，同台服务器上若有网站遭到屏蔽可能会影响此服务器上所有的网站。

#### 2．独立主机

独立主机是指客户独享一台物理主机来展示自己的网站或提供的服务。独立主机相比虚拟主机空间更大，速度更快。对于安全性能要求高和网站访问速度要求高的企业，可以考虑单独建设或租用整台服务器，但成本高昂。

#### 3．合租空间

合租空间是指几个或者几十个客户合租一台物理服务器，一般中型网站会采用这种形式。从费用上来说，由于合租客户可以均摊费用，会比独立主机低一些。从安全性上来说，合租客户应该彼此之间互相了解，与虚拟空间相比相对安全。

#### 4．VPS主机

VPS是虚拟专用服务器，其原理是将一部物理服务器分割为多个虚拟专享服务器的优质服务。每个VPS都可分配独立的公网IP、操作系统、空间、内存、CPU资源。VPS主机的优点是能够确保所有资源为用户独享，让用户以接近虚拟主机的价格享受到类似独立主机的服务品质。但是VPS主机并不适合新手站长。如果没有建站方面的经验，还是建议选择虚拟主机。

**5．云主机**

云主机运用了类似却不同于VPS主机的虚拟化技术，在一组集群主机上虚拟出多个类似独立主机的部分，集群中每个主机上都有云主机的一个镜像，从而大大提高了虚拟主机的安全稳定性，除非所有的集群内主机全部出现问题，云主机才会无法访问。云主机的价格接近虚拟主机，已经逐渐兴起，成为新一代的服务器空间。

### 3.3.7　购买服务器空间的注意事项

由于服务器空间种类较多，运营的服务商数量十分庞大，造成服务器空间的质量良莠不齐。在购买服务器空间时，需要注意下列事项。

**1．选择大小合适的空间**

空间购买者要根据所做的网站大小及类型选择合适的空间，如果做的网站是关于下载、媒体类、商城类、论坛类等网站，那就需要选择较大的网站空间，以免日后出现空间不够用的问题。如果是个人简介、产品展示等网站，可以选择稍小的空间。

**2．确定支持功能**

购买服务器空间时，还要确定服务器空间支持哪些功能。通常服务器空间会有多种不同的配置，如操作系统、支持的脚本语言及数据库配置等，使用者要根据配置需求进行购买。例如，网站的程序是以PHP语言编写，然而购买的服务器空间不支持此语言，网站就没有办法使用这个服务器空间。图3-16中红框标识即为某服务器空间的功能说明截图。

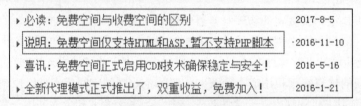

图3-16　功能说明截图

**3．确保速度和稳定性**

速度和稳定性是衡量服务器空间质量的重要标准。如果网站打开速度慢或者网站稳定性差，隔三差五地出现问题，网站的浏览量就会降低，从而影响网站的访问量、转化率以及排名。在购买服务器空间时选择知名的服务器空间运营商，是保证速度和稳定性最简单的办法。

**4．服务器空间的价格**

好的空间不一定是最贵的，但一定是最适合自己网站的。由于现在的虚拟主机提供商越来越多，鱼龙混杂在所难免，有些服务器本身很差，即使价格低廉，也不建议用户购买，因为这样的服务器会影响网站的稳定性。通常选择空间的时候，不要追求过低价格，也不要追求过高价格，应该合情合理地选择适合自己网站空间的价格。

**5．空间安全性**

网站有时难免会遇到各种攻击、入侵或者服务器故障，如网络故障、机房断电等，这些意外会导致网站的数据丢失。这就要求虚拟主机有备份能力，在意外发生后能够及时恢复网站的数据。

### 6．售后服务

购买服务器空间时，售后服务十分重要。一旦服务器出现问题，是需要由技术人员进行解决的，而这时就体现出网站空间的售后服务质量了。一般较好的服务器空间运营商非常重视售后服务，能够及时解决空间出现的问题，保证网站的正常运转。

## 3.4  网站的上传

上传网站是网站建设中的重要步骤，只有将网站上传到远程服务器，访问者才能够通过网址浏览。我们可以利用专门的支持FTP的软件上传网页。FTP是英文File Transfer Protocol的缩写，中文译为"文件传输协议"。FTP和WWW类似，是Internet上的另一项主要服务，这项服务让使用者能通过Internet来传输各式各样的文件。

本书统一使用FlashFXP软件上传网站。利用FlashFXP软件上传网站包含以下几个步骤。

（1）安装并运行FlashFXP软件，运行界面如图3-17所示。

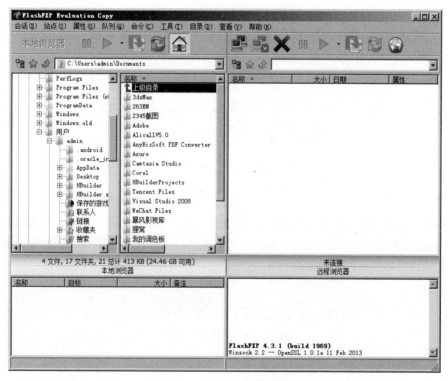

图3-17　FlashFXP软件界面

（2）单击"▦"连接按钮，在下拉列表中选择"快速连接"选项（或按【F8】快捷键），如图3-18所示，即可弹出图3-19所示的对话框。

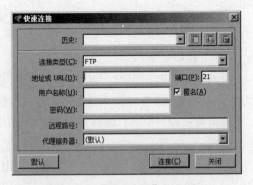

图3-18　"快速连接"选项　　　　　图3-19　"快速连接"对话框

在图3-19中需要输入内容的区域有"地址或URL""用户名称""密码"，其他部分保持默认即可。

● 地址或URL：填写FTP服务地址。

● 用户名称：用于连接到FTP服务器的登录名。

● 密码：用于连接到FTP服务器的密码。

（3）单击"连接"按钮，在右下角的视图出现图3-20所示列表完成提示，即表示连接成功。

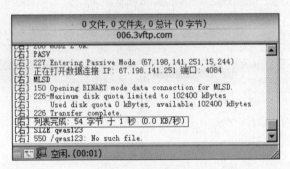

图3-20　连接成功

（4）从左侧视图模块找到需要上传的本地文件（也就是制作的网站）。选中后单击"　"传输选定按钮（或按【Ctrl+T】组合键），如图3-21所示，即可完成文件的上传。上传后的文件可以在右侧视图模块预览，如图3-22所示。

图3-21　传输选定按钮

（5）打开网址，即可浏览网站的内容。

值得一提的是，除了利用专门的FTP上传软件外，利用Dreamweaver自带的管理站点功能也可以完成网站的上传（关于站点的知识将会后面Dreamweaver工具的使用部分详细讲解，这里了解即可）。图3-23所示为Dreamweaver连接服务器的界面截图。

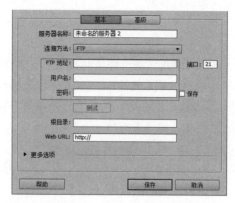

图3-22　上传后文件所在位置　　　图3-23　Dreamweaver连接服务器对话框

在图3-23所示的Dreamweaver连接服务器对话框中，需要填写"FTP地址""用户名"和"密码"，其他保持默认即可。

了解网站上传的基本方法之后，下面通过一个从域名申请到网站上传的完整案例来演示网站建设的基本过程，案例的最终效果如图3-24所示。

图3-24　网页效果

当访问者在地址栏中输入相应的网址，即可打开图3-24所示的网页。

**课堂体验：电子案例3-1**
域名申请和网站上传

扫码看案例

# 习　题

一、判断题

1. 在网站建设中，搭建完静态页面，也就意味着整个网站建设完成。　　　（　　）
2. "所见即所得"是指用户在编辑时所见到的外观样式与最终生成的网页样式是一致的。　　　（　　）
3. 域名就是浏览网页时的网址。　　　（　　）
4. 当域名注册成功后，该域名的注册者即拥有了永久使用的权利。　　　（　　）

5. 云主机是指客户独享一台物理主机来展示自己的网站或提供的服务。　　（　　）

二、选择题

1. （多选）下列选项中，属于动态网站开发技术的是（　　）。

　　A. PHP　　　　　　　　B. ASP　　　　　　　C. JavaScript　　　　　D. JSP

2. （多选）关于域名的描述，下列说法正确的是（　　）。

　　A. 域名是给Internet上的计算机起的名字

　　B. 通常由一串用"."分隔的字符组成

　　C. 域名具有唯一性

　　D. 域名的后缀为".com"

3. （多选）下面的域名，属于国际顶级域名的是（　　）。

　　A. com　　　　　　　　B. cn　　　　　　　　C. net　　　　　　　　D. edu

4. （多选）在选取网站域名时，需要遵循以下（　　）原则。

　　A. 域名应该简短易记忆　　　　　　B. 域名要有一定的内涵和意义

　　C. 域名的选择必须要用英文　　　　D. 域名的选择必须用数字

5. （多选）购买服务器空间时，需要注意以下（　　）事项。

　　A. 服务器空间越大越好　　　　　　B. 确保服务器空间的稳定

　　C. 确定服务器空间的支持功能　　　D. 确保服务器空间的安全性

三、简答题

1. 简要描述二级域名，并举例说明。

2. 简要描述选取域名的技巧。

# 第 4 章 Dreamweaver 工具基本操作

学习目标:

◎ 了解Dreamweaver工具的界面。

◎ 掌握Dreamweaver工具的基本操作。

在网页制作中，Dreamweaver工具依靠其可视化的网页建设模式，极大地降低了网站建设的难度，使得不同技术水平的设计师都能搭建出美观的页面。为了让初学者对该工具有基本的了解，本章将对Dreamweaver工具的界面和基本操作进行详细介绍。

## 4.1 界面介绍

本书将使用Dreamweaver CS6完成网站的建设。关于Dreamweaver这款软件，在前面的章节已经做过介绍，本节将对软件界面做详细介绍。双击运行桌面上的软件图标，进入软件界面。在界面布局时，建议大家选择菜单栏中的"窗口→工作区布局→经典"命令，如图4-1所示。

接下来，选择菜单栏中的"文件→新建"命令，会出现"新建文档"对话框。这时，在"文档类型"下拉列表框中选择"HTML 5"选项，单击"创建"按钮，如图4-2所示，即可创建一个空白的HTML5文档，如图4-3所示。

需要注意的是，如果是初次安装使用Dreamweaver工具，创建空白HTML文档时可能会出现图4-4所示的空白界面，这时单击"代码"选项即可出现图4-3所示的界面效果。

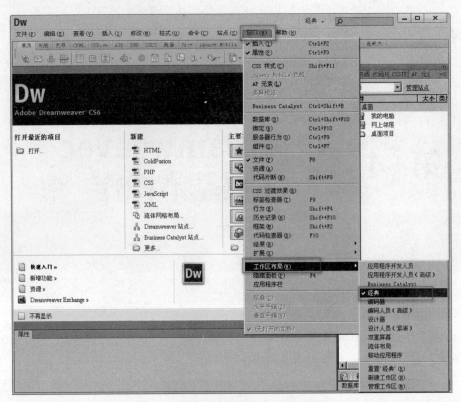

图4-1　设置Dreamweaver界面布局

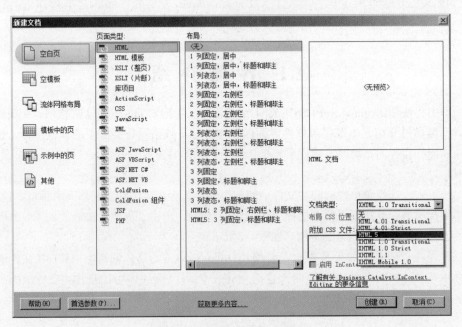

图4-2　"新建文档"对话框

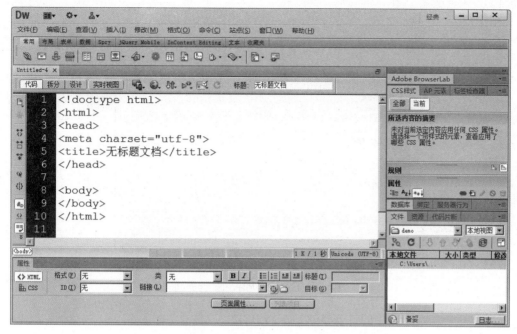

图4-3　空白的HTML5文档

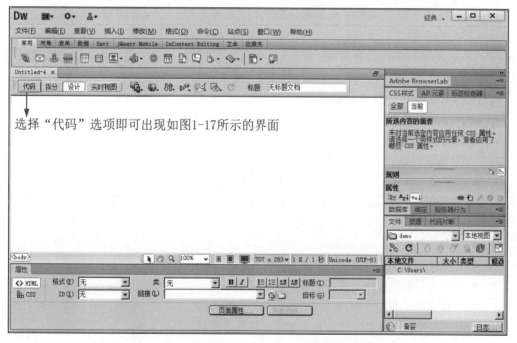

图4-4　初次使用Dreamweaver新建HTML文档

图4-5即为软件的操作界面，主要由六部分组成，包括菜单栏、插入栏、文档工具栏、文档窗口、属性面板及其他常用面板，每个部分的具体位置如图4-5所示。

图4-5　Dreamweaver操作界面

接下来将对图4-5中的每个部分进行详细讲解，具体介绍如下。

### 1. 菜单栏

菜单栏由各种菜单命令构成，包括文件、编辑、查看、插入、修改、格式、命令、站点、窗口、帮助10个菜单项，如图4-6所示。

| 文件(F) | 编辑(E) | 查看(V) | 插入(I) | 修改(M) | 格式(O) | 命令(C) | 站点(S) | 窗口(W) | 帮助(H) |

图4-6　菜单栏

图4-6中各个菜单选项介绍如下。

● "文件"菜单：包含文件操作的标准菜单项，如"新建""打开""保存"等。文件菜单还包其他选项，用于查看当前文档或对当前文档执行操作，如"在浏览器中预览""多屏预览"等。

● "编辑"菜单：包含文件编辑的标准菜单项，如"剪切""拷贝""粘贴"等。此外，"编辑"菜单还包括选择和查找选项，并且提供软件快捷键编辑器、标签库编辑器以及首选参数编辑器的访问。

● "查看"菜单：用于选择文档的视图方式（例如设计视图、代码视图等），并且可以用于显示或隐藏不同类型的页面元素和工具。

● "插入"菜单：用于将各个对象插入文档，例如插入图像、Flash等。

● "修改"菜单：用于更改选定页面元素的属性。使用此菜单，可以编辑标签属性，更改表格和表格元素，并且为库和模板执行不同的操作。

● "格式"菜单：用于设置文本的各种格式和样式。

● "命令"菜单：提供对各种命令的访问，包括根据格式参数选择设置代码格式、优化图像、排序表格等命令。

● "站点"菜单：包括站点操作菜单项，这些菜单项可用于创建、打开和编辑站点，以及管理当前站点中的文件。

● "窗口"菜单：提供对Dreamweaver中所有面板、检查器和窗口的访问。

● "帮助"菜单：提供对Dreamweaver帮助文档的访问，包括Dreamweaver使用帮助、支持系统、扩展管理以及包括各种语言的参考材料等。

**2. 插入栏**

在使用Dreamweaver建设网站时，对于一些经常使用的标记，可以直接选择插入栏中的相关按钮，这些按钮一般都和菜单中的命令相对应。插入栏集成了多种网页元素，包括超链接、图像、表格、多媒体等，如图4-7所示。

图4-7 插入栏

单击插入栏上方相应的选项，如"布局""表单"等，插入栏下方会出现不同的工具组。单击工具组中不同的按钮，可以创建不同的网页元素。

**3. 文档工具栏**

文档工具栏提供了各种"文档"视图窗口，如代码、拆分、设计实时视图，还提供了各种查看选项和一些常用操作，如图4-8所示。

图4-8 文档工具栏

接下来介绍其中几个常用的功能按钮，具体介绍如下。

● 代码 "显示代码视图"：单击该按钮，文档窗口中将只留下代码视图，收起设计视图。

● 拆分 "显示代码和设计视图"：单击该按钮，文档窗口中将同时显示代码视图和设计视图，以一条间隔线分开，拖动间隔线可以改变两者所占屏幕的比例。

● 设计 "显示设计视图"：单击该按钮，文档窗口中收起代码视图只留下设计视图。

● 标题: 无标题文档 "标题"：此处可以修改文档的标题，它将修改源代码头部<title>标记中的内容，默认情况下为"无标题文档"。

● "在浏览器中预览/调试"：单击可选择浏览器对网页进行预览或调试。

● "刷新"：在"代码"视图中进行更改后，单击该按钮可刷新文档的设计视图。

需要注意的是，在Dreamweaver工具中，文档工具栏是可以隐藏的，选择"查看→工具栏→文档"命令，当"文档"为选中状态时（见图4-9），显示文档工具栏，取消选中状态则会隐藏文档工具栏。

图4-9 "文档"命令

#### 4．文档窗口

文档窗口是Dreamweaver最常用到的区域之一，此处会显示所有打开的文档。单击文档工具栏中的"代码""拆分""设计"三个选择按钮可变换区域的显示状态。图4-10所示为"拆分"状态下的结构，左方是代码区，右方是视图区。

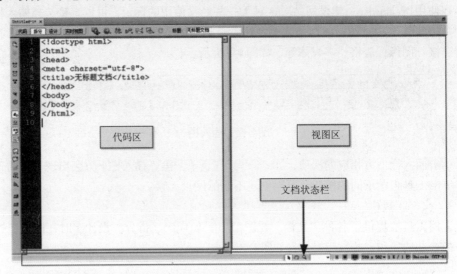

图4-10　文档窗口

#### 5．属性面板

属性面板主要用于设置文档窗口中所选中元素的属性。在Dreamweaver中允许用户在属性面板中直接对元素的属性进行修改。选中的元素不同，属性面板中的内容也不一样。图4-11和图4-12所示分别为表格和图像的属性面板。

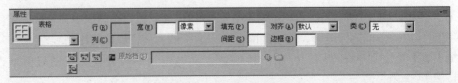

图4-11　表格属性面板

图4-12　图像属性面板

单击属性面板右上角的" ▾☰ "图标，可以打开选项菜单。如果不小心关闭了属性面板，可以从菜单栏选择"窗口→属性"命令将其重新打开，或者按【Ctrl+F3】组合键直接调出。

#### 6．其他常用面板

其他常用面板中集合了网站编辑与建设过程中一些常用工具。用户可以根据需要自定义该区域的功能面板，通过这样的方式既能够很容易地使用所需面板，也不会使工作区域变得混乱。用户可以通过"窗口"菜单选择打开需要的面板,并且将光标置于面板名称栏上(红框标示位置),拖拽这些面板,可使它们浮动在界面上。图4-13所示为文件面板浮动在代码区域上面。

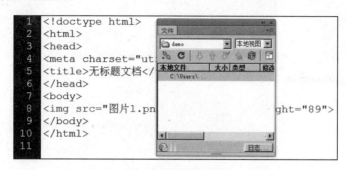

图4-13　常用面板

## 4.2　软件初始化设置

在使用Dreamweaver时,为了操作得心应手,通常都会做一些初始化设置。Dreamweaver工具的初始化设置通常包含以下几个方面。

### 1. 设置工作区布局

打开Dreamweaver工具界面,选择菜单栏中的"窗口→工作区布局→经典"命令。

### 2. 添加必备面板

设置为"经典"模式后,需要调出常用的三个面板,分别为"插入菜单""文件面板""属性面板"。这些面板均可以通过"窗口"菜单打开,如图4-14所示。

### 3. 设置新建文档

选择"编辑→首选参数"命令(或按【Ctrl+U】组合键),即可打开"首选参数"对话框,如图4-15所示。选中左侧分类中的"新建文档"选项,右侧就会出现对应的设置。选取目前最常用的HTML文档类型和编码类型(只需设置红框标识选项即可)。

图4-14　必备面板

设置好新建文档的首选参数后,新建HTML文档时,Dreamweaver就会按照默认设置直接生成所需要的代码。

> 注意:在"默认文档类型"选项中,Dreamweaver CS6默认文档类型为XHTML1.0,使用者可根据实际需要将其更改为HTML5文档类型。

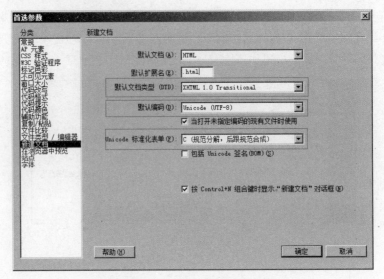

图4-15 "首选参数"对话框

### 4．设置代码提示

Dreamweaver拥有强大的代码提示功能，可以提高书写代码的速度。在"首选参数"对话框中可设置代码提示，选择"代码提示"选项，然后选中"结束标签"选项中的第二项，单击"确定"按钮，如图4-16所示。

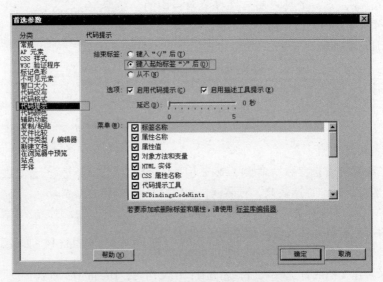

图4-16 Dreamweaver代码提示设置

### 5．浏览器设置

Dreamweaver可以关联浏览器，对编辑的网站页面进行预览。在"首选参数"对话框左侧区域选择"在浏览器中预览"选项，在右侧区域单击"➕"按钮，即可打开图4-17所示的"添加浏览器"对话框。

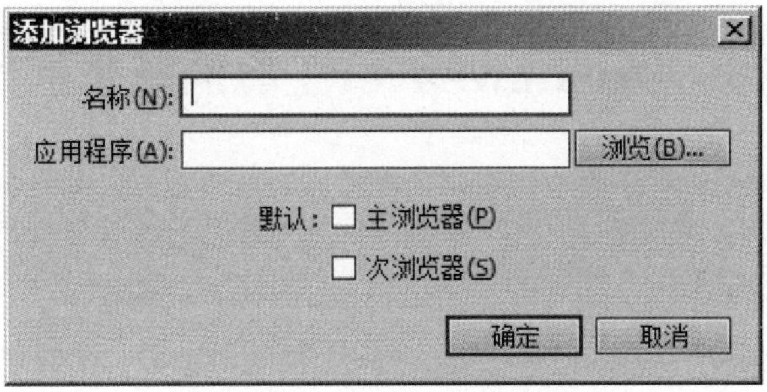

图4-17 "添加浏览器"对话框

单击"浏览"按钮，即可打开"选择浏览器"对话框，选中需要添加的浏览器，单击"打开"按钮，Dreamweaver会自动添加"名称""应用程序"，如图4-18所示。

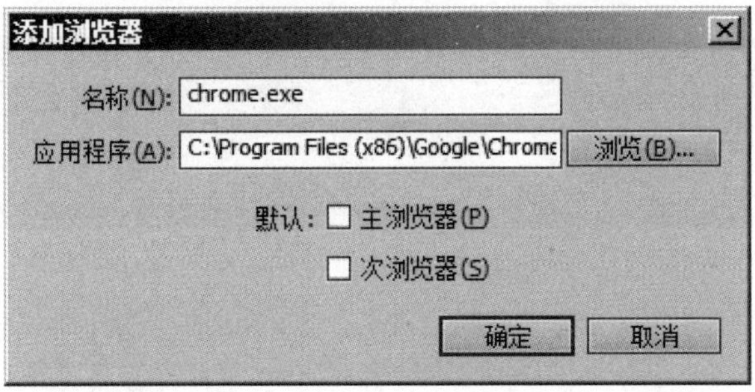

图4-18 添加浏览器后的"添加浏览器"对话框

单击图4-18中的"确定"按钮，完成添加，此时在"浏览器"显示区域会出现添加的浏览器，如图4-19所示，如果选中"主浏览器"选项，按快捷键【F12】即可进行快速预览。

图4-19 设置主浏览器

本书建议将Dreamweaver主浏览器设置为"谷歌浏览器"，把火狐浏览器设置设为次浏览器，按【Ctrl+F12】组合键可使用次浏览器预览网页。

注意：Dreamweaver"设计"视图中的显示效果只能作为参考，最终以浏览器中的显示效果为准。

## 4.3　Dreamweaver工具的基本操作

完成Dreamweaver工具界面的初始化设置之后，就可以使用Dreamweaver工具搭建网页。在使用Dreamweaver工具时，必须掌握一些基本操作要求。本节将针对Dreamweaver工具的基础操作进行讲解。

### 4.3.1　文档的操作

在使用Dreamweaver建设网站之前，首先要熟悉一下文档的基本操作。文档的基本操作主要包括新建文档、保存文档、打开文档、关闭文档，具体介绍如下。

#### 1．新建文档

在启动Dreamweaver工具时，软件界面会弹出一个欢迎页面，如图4-20所示。

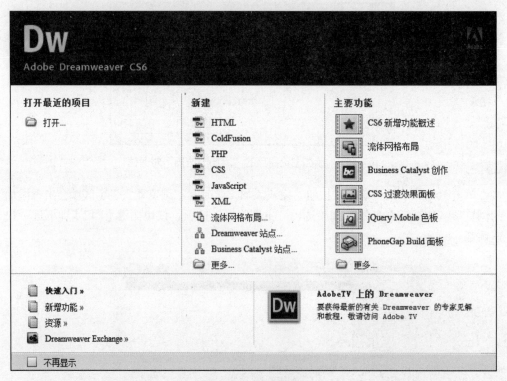

图4-20　欢迎页面

选择"新建"下面的HTML选项即可创建一个新的页面，也可以选择"新建"下面的"更多"选项，打开"新建文档"对话框，如图4-21所示。我们可以从"新建文档"对话框设置页面类型、布局、文档类型等，然后单击"创建"按钮，即可完成文档的创建。

值得一提的是，我们还可以从菜单栏中选择"文件→新建"命令（或按【Ctrl+N】组合键），打开"新建文档"对话框。

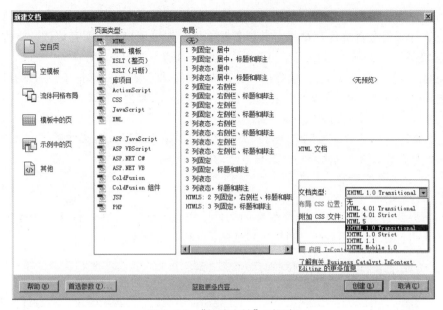

图4-21 "新建文档"对话框

## 2. 保存文档

编辑或修改的网页文档，在预览之前需要先将其保存起来。保存文档的方法十分简单，选择"文件→保存"命令（或按【Ctrl+S】组合键），如果是第一次保存，会打开"另存为"对话框，如图4-22所示。设置相应的文档名称和类型，单击"保存"按钮即可完成文档的保存。

图4-22 "另存为"对话框

当用户完成第一次保存文档，再次执行"保存"命令时，将不会弹出"另存为"对话框，计算机会直接保存结果，并覆盖源文件。如果用户既想保存修改的文件，又不想覆盖源文件，则可以使用"另存为"命令。执行"文件→另存为"命令（或按【Ctrl+Shift+S】组合键），会再次弹出"另存为"对话框，在该对话框中设置保存路径、文件名和保存类型，单击"确定"按钮，即可将该文件另存为一个新的文件。

> 注意：执行"另存为"命令时，文件名称不能和之前的文件名相同。如果名称相同，那么后面保存的文档会覆盖原来的文件。

### 3．打开文档

如果想要打开计算机中已经存在的文件，可以选择"文件→打开"命令（或按【Ctrl+O】组合键），即可弹出"打开"对话框，如图4-23所示。

图4-23 "打开"对话框

选中需要打开的文档，单击"打开"按钮，即可打开被选中的文件。除此之外，用户还可以将选中的文档直接拖拽到Dreamweaver主界面除文档窗口外的其他区域，快速打开文档。

### 4．关闭文档

对于已经编辑保存的文档，可以使用Dreamweaver工具的关闭文档功能将其关闭。通常可以使用以下几种方法关闭文档。

（1）选择"文件→关闭"命令（或按【Ctrl+W】组合键）可关闭选中的文档。

（2）单击需要关闭的"×"文档窗口标签栏按钮（见图4-24红框标识位置），可关闭该文档。

## 4.3.2 添加文本

文本是构成网页的基本元素，使用Dream-weaver工具制作网页时，首先要掌握文本的添加方法。使用Dreamweaver工具添加文本和平时在Word中输入文本没什么差别，既可以直接输入文本，也可以通过复制、粘贴复制文本，还可以直接从Word或Excel文档中导入文本。接下来，将详细介绍添加文本的具体方法。

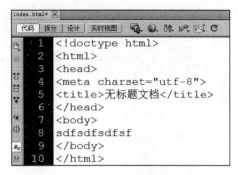

图4-24 关闭文档

### 1．直接输入文本

打开一个HTML文档，然后在文档工具栏中选择设计视图，将光标放置到文档窗口中需要输入文本的位置，可以直接输入文本。例如，图4-25所示为直接在表格中输入文本。

### 2．复制文本

从Word、记事本或其他地方复制文本后，将光标放置到Dreamweaver文档窗口中需要输入文本的位置，选择"编辑→粘贴"命令（或按【Ctrl+V】组合键）即可将外部文档复制到Dreamweaver文档中。

### 3．导入文档

使用Dreamweaver工具，可以将外部的Word文档或Excel文档直接导入Dreamweaver文档中。选择"文档→导入"命令，会弹出图4-26所示的菜单。

图4-25 直接输入文本

图4-26 导入文档

选择图4-26中任何一种文本格式，都可打开导入对话框。例如，选择"Word文档"命令，打开的对话框如图4-27所示。

在图4-27所示的导入对话框中，通过"格式化"下拉列表中的选项可以导入带有格式的文本。"格式化"下拉列表包含4个选项，具体介绍如下。

● 仅文本：在导入文本时，会删除原有的文本格式，导入无格式的文本。

● 带结构的文本：导入的文本会保留段落、列表和表格等格式，但不会保留粗体、斜体等其他格式。

● 文本、结构、基本格式：导入的文本具有结构，并具有简单的样式，如粗体、下画线等文本样式，该选项是Dreamweaver导入文本的默认选项。

● 文本、结构、全部格式：导入的文本具有全部的结构和样式。

图4-27 "导入Word文档"对话框

值得一提的是，添加文本后，在"属性"面板会出现两个界面，一个为默认显示的HTML属性界面，如图4-28所示，通过该界面可以设置粗体、斜体等字体样式。单击"🔒 CSS"按钮，"属性"面板会切换为CSS属性界面，如图4-29所示，通过该界面可以设置文本的字体、字号、颜色、对齐方式等样式。

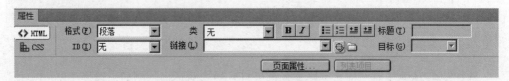

图4-28 HTML属性界面

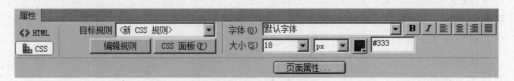

图4-29 CSS属性界面

如果单击图4-29下方的"页面属性"按钮，会弹出"页面属性"对话框，如图4-30所示。通过"页面属性"对话框可以对整个页面文本的字体、字号、文本颜色、背景等进行设置。

图4-30 "页面属性"对话框

**课堂体验：电子案例4-1**
添加文本和设置文本属性

扫码看案例

### 4.3.3 添加图像

图像是网页设计不可或缺的元素，巧妙地在网页中插入图像可以让网页内容更加丰富美观。在Dreamweaver中插入图像的方法十分简单，选择"插入→图像"命令（或按【Ctrl+Alt+I】组合键）即可打开图4-31所示的对话框，完成图片的插入。

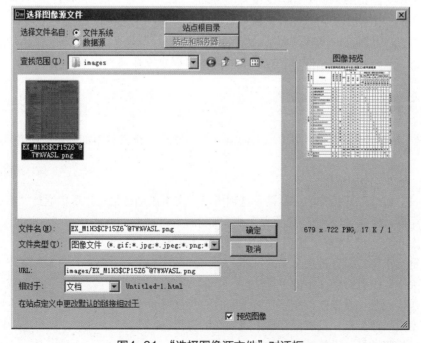

图4-31 "选择图像源文件"对话框

插入网页的图像文件格式有很多种，其中GIF、PNG、JPEG三种格式最为常用。需要注意的是，在将图像插入Dreamweaver文档时，网页文档会查找图片的位置，因此，为了保证图像路径的正确性，通常会将图像复制到网页文件所在目录的images文件夹下，如图4-32所示。

图4-32　images文件夹

同文本一样，在插入图像后，通过属性面板，可以对图像的大小、链接位置等进行调整。图4-33所为插入图像后的属性面板，对其中常用的属性介绍如下。

图4-33　图像属性面板

● 源文件：在"源文件"文本框中，可以查看图像源文件的位置，也可以在此处手动更改源文件的位置。

● 链接：主要用于指定页面的跳转地址。

● 目标：设置好链接地址后，该选项将被激活。"目标"用于设置链接文件的打开方式，主要包括图4-34所示的5种方式，通常选择"_blank"（在新窗口中打开链接）。关于链接文件的打开方式将会在后面的章节中详细讲解，这里直接设置为"_blank"即可。

图4-34　目标

● 替换：主要用于输入图片的替换说明文字。在浏览网页的过程中，当图片不能正常显示时，在其对应的区域就会显示替换说明文字。

● 宽、高：用于显示图像的宽度和高度，可以直接在文本框中输入数值，直接对图像进行调整。

### 4.3.4　添加链接

在网页设计中，可以使用Dreamweaver工具为文本和图像添加链接，具体添加方法如下。

#### 1．为文本添加链接

通过"属性"面板中的"链接"选项可以为文本添加链接，还可以通过"页面属性"对话框中的"链接（CSS）"选项为文本添加链接，如图4-35所示。

对图4-35链接（CSS）选项的各项属性介绍如下。

● 链接字体：设置链接文字的字体。

● 大小：设置链接文字的字号。

● 链接颜色：设置链接文字未被访问时的颜色。

● 变换图像链接：设置鼠标移上链接文字的颜色。

● 已访问链接：设置访问过的链接文字颜色。

- 活动链接：设置鼠标单击按下不放时链接文本的颜色。
- 下画线样式：设置链接文本是否包含下画线样式。

图4-35 链接（CSS）选项

**课堂体验：电子案例4-2**

为文本添加链接

扫码看案例

### 2. 为图片添加链接

为图片添加链接的方法和文本类似。首先选中需要添加链接的图片，然后在属性面板的"链接"选项中输入链接地址，设置目标为"_blank"，即可完成为图片添加链接。图4-36和图4-37即为添加链接的图片和跳转后的页面效果。

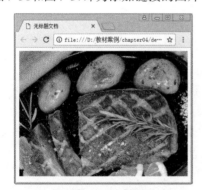

图4-36 图片链接

图4-37 跳转后的页面

**多学一招：设置鼠标经过图像链接效果**

和文本一样，图像也可以设置鼠标经过效果。选择设计视图，在菜单栏中选择"插入→图像对象→鼠标经过图像"命令，在弹出图4-38所示的对话框中添加"原始图像""鼠标经过图像"以及"按下时，前往的URL"，即可完成设置鼠标上移和页面跳转效果。

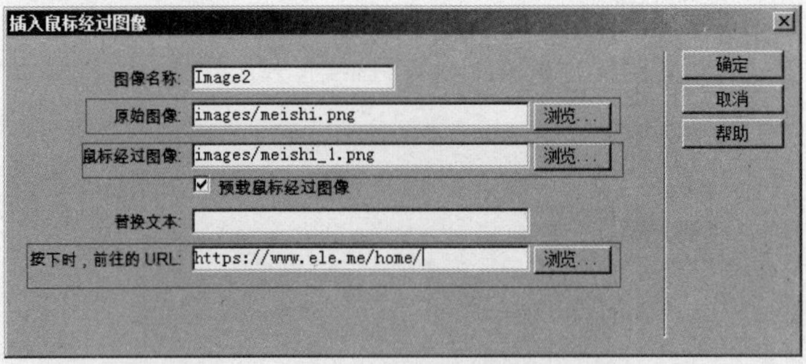

图4-38 "插入鼠标经过图像"对话框

# 习　题

一、判断题

1. 在网站建设中，Dreamweaver的工作区布局只能设置为经典。（　　）

2. 在Dreamweaver设计视图下，会显示视图和一部分代码。（　　）

3. 在Dreamweaver工具中，文档工具栏会始终显示在界面中，无法隐藏。（　　）

4. Dreamweaver既可以关联浏览器预览网页，也可以通过设计视图预览网页。（　　）

5. Dreamweaver只能添加两个浏览器，一个为主浏览器，另一个为次浏览器。（　　）

二、选择题

1. （多选）下列选项中，属于文档工具栏的是（　　）。

　　A. 代码　　　　　　B. 拆分　　　　　　C. 设计　　　　　　D. 实时视图

2. （多选）关于属性面板的打开方式，下列说法正确的是（　　）。

　　A. 从菜单栏选择"窗口→属性"命令打开

　　B. 按【Ctrl+F3】组合键打开

　　C. 从首选参数中打开

　　D. 从视图中打开

3. （单选）下列选项中，属于打开主浏览器快捷键的是（　　）。

　　A.【F12】　　　　　B.【F5】　　　　　C.【Ctrl+F12】　　　D.【Ctrl+F5】

4. （多选）下列选项中，属于导入文本选项的是（　　）。

　　A. 仅文本　　　　　　　　　　　　B. 带结构的文本

　　C. 文本、结构、基本格式　　　　　D. 文本、结构、全部格式

5. （多选）关于导入文本的描述，下列说法正确的是（　　）。

　　A. 可以通过设置保留文本的段落和列表

　　B. 可以通过设置保留简单的粗体字样式

　　C. 可以通过设置导入无格式的文本

　　D. 可以通过设置导入文本的全部格式和样式

三、简答题

1. 简述Dreamweaver代码视图、拆分视图、设计视图的差异。

2. 简单介绍Dreamweaver的基本界面模块。

# 第 ⑤ 章　站点、模板和库

**学习目标:**

◎ 了解站点、模板和库的作用。

◎ 掌握站点、模板和库的创建方法，能够在实际工作中熟练运用。

除了上一章的基本操作外，Dreamweaver还自带了站点、模板和库的功能。利用站点、模板和库不仅能够迅速创建一个结构清晰、风格统一的网站，而且可以简化网站后期的更新和维护成本。本章将对站点、库和模板的相关知识进行详细讲解。

## 5.1　站　　点

很多初学者在使用Dreamweaver工具搭建网页时，都会习惯性新建一个HTML文档直接搭建页面，但是随着网页的增多，页面之间的结构也越发复杂，采用这样的方式很容易造成页面链接关系混乱。因此，在建设网站之前，建议在Dreamweaver中建立一个站点，将复杂的页面进行梳理，从而使网站的结构变得条理化。本节将对站点的相关知识进行详细讲解。

### 5.1.1　认识站点

在网站建设中，站点相当于网站的目录结构，是存放不同功能的页面或模块的地方。图5-1所示就是一个站点，在该站点中包含一个images文件夹和一个HTML文件。

单击文件夹图标前面的"+"或者"-"图标，即可打开或收缩网站的结构目录。可以选择目录上的网页文件，双击即可直接打开。

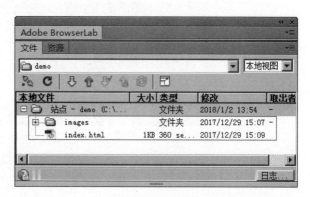

图5-1　站点

### 5.1.2 建立站点

建立站点相当于定义一个存放网站中零散文件的文件夹。通过建立站点可以形成清晰的网站组织结构图，便于对站内的文件和模块进行增删查改。在Dreamweaver工具中通过站点相关命令，能够快速创建站点，具体操作步骤如下。

#### 1．创建网站根目录

在本地磁盘任意盘符下创建网站根目录。例如，在D盘新建一个文件夹作为网站根目录，将文件夹命名为demo，如图5-2所示。

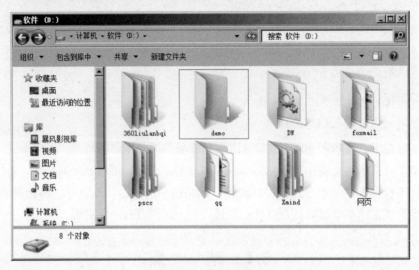

图5-2　建立根目录

#### 2．在根目录下新建文件

打开网站根目录demo，在根目录下新建css文件夹和images文件夹，分别用于存放网站建设中的CSS样式文件和图像素材，如图5-3所示。

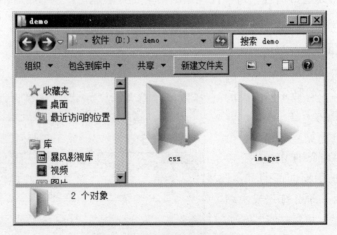

图5-3　图片和样式表文件夹

#### 3．新建站点

打开Dreamweaver工具，在菜单栏中选择"站点→新建站点"命令，在弹出的对话框

中输入站点名称（站点名称要和根目录名称一致）。然后，浏览并选择站点根目录的存储
位置，如图5-4所示。

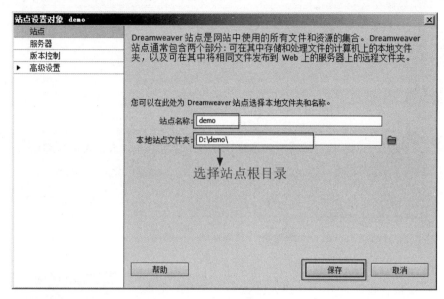

图5-4　新建站点

单击图5-4所示对话框中的"保存"按钮，如果在Dreamweaver工具面板组中可查看
到站点的信息，则表示站点创建成功，如图5-5所示。需要注意的是，站点名称既可以使
用中文也可以使用英文，但名称一定要有较高的辨识度。

图5-5　站点建立完成

### 5.1.3　管理站点

站点建立完成后，还需要对站点进行管理。管理站点主要包含两部分：一部分是管
理站点整体，另一部分是管理站点内的文件和文件夹，具体介绍如下。

#### 1．管理站点整体

通过Dreamweaver工具的"管理站点"命令，可以对站点进行新建、删除、编辑、导
入、导出等操作。选择"站点→管理站点"命令，会弹出图5-6所示的"管理站点"对
话框。

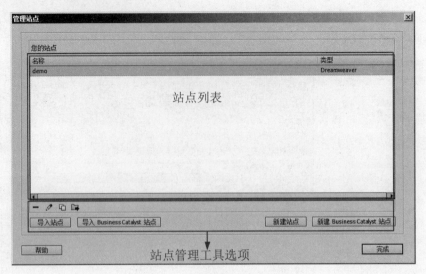

图5-6　"管理站点"对话框

对图5-6中常用站点管理工具选项介绍如下。

**－**：该按钮用于删除站点列表区域中已选中的站点，单击此按钮会弹出图5-7所示的对话框，用于确认是否删除站点。

**✎**：该按钮用于编辑当前选定的站点，单击此按钮会弹出新建站点时出现的对话框，可以对站点进行编辑修改。

图5-7　确认删除对话框

**⎘**：该按钮用于复制选中的站点。

**➯**：该按钮用于导出站点。导出站点主要用于对网站进行备份。导出的站点是一个扩展名为ste的文件。

**导入站点**：该按钮用于导入扩展名为ste的站点文件。

**2. 管理站点内的文件和文件夹**

管理站点内的文件和文件夹主要包括创建、移动、复制、删除等一系列的操作，具体介绍如下。

1）创建文件和文件夹

在"文件"面板的站点框中右击，弹出图5-8所示的快捷菜单，可以选择创建文件或者文件夹。

当文件或文件夹刚被创建时，文件名称会处于可编辑状态，此时可以输入名称。选中需要改名的文件，将光标放置在文件夹名称上再次单击，即可对文件进行

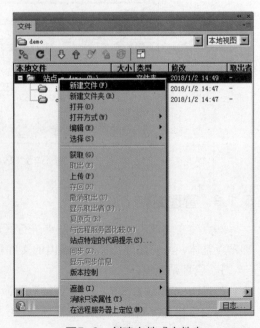

图5-8　创建文件或文件夹

重新命名。当输入名称之后，单击输入区域之外的任何一个位置，即可完成新建文件夹或文件的命名。

2）移动、复制文件和文件夹

同大多数文件管理一样，可以利用剪切（按【Ctrl+X】组合键）、复制（按【Ctrl+C】组合键）、粘贴（按【Ctrl+V】组合键）来实现对文件的移动和复制。

3）删除文件和文件夹

对于不需要的文件或文件夹，可以直接将其删除。选中需要删除的文件或文件夹，按【Delete】键，在弹出的确认删除对话框（见图5-9）中单击"是"按钮即可删除选中的文件或文件夹。

图5-9 确认删除对话框

**多学一招：利用Dreamweaver管理站点功能上传网页**

在前面的章节介绍了利用FTP工具上传网页，利用Dreamweaver管理站点功能也可以上传网页，具体操作步骤如下。

（1）选择"站点→管理站点"命令，打开"管理站点"对话框。

（2）单击" 🖋 "编辑当前选定站点按钮，打开"站点设置对象demo"对话框，选择"服务器"选项，如图5-10所示。

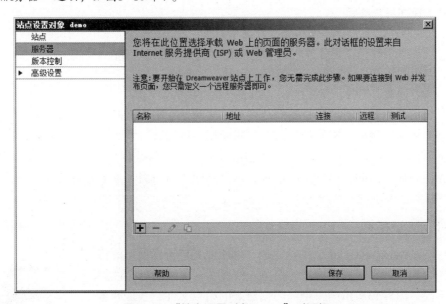

图5-10 "站点设置对象demo"对话框

（3）单击图5-10红框标识的" ➕ "按钮，弹出添加新服务器对话框，添加"FTP地址""用户名""密码""Web URL"，如图5-11所示。设置完成后单击"保存"按钮，完成设置。

（4）在"文件"面板中，单击" 🔌 "按钮，会自动连接到服务器。连接成功后，该按钮会显示为" 🔌 "状态。

图5-11　添加新服务器对话框

（5）在"本地文件"面板中选中需要上传的文件，单击上传按钮"⬆"上传网页文件，如图5-12所示。

（6）当上传完成后，在浏览器输入相应的网页地址，即可浏览网页。

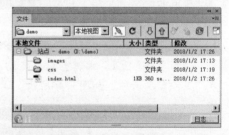

图5-12　上传文件

# 5.2　模　　板

在浏览一些大型网站时，我们会发现虽然网站有很多页面，但是这些页面会有很多相同的板块，例如，网站的标志、公司徽标、网站导航条等。在设计网站时，如果每个页面都重新布局会非常麻烦，为此Dreamweaver工具提供了模板功能，利用模板功能将相同版面结构的页面制作成模板，以供其他页面引用。本节将对模板的相关知识做具体讲解。

## 5.2.1　认识模板

在Dreamweaver工具中，模板是制作网页时能够重复使用的特殊文档，用于制作网页中重复的模块。模板和一般的网页文件扩展名不同。图5-13所示为一个已经创建好的模板文件，其扩展名为dwt。

在设计网页时，可以基于模板创建网页文档，从而使创建的文档具有模板的布局样式。制作模板和制作普通网页基本类似，区别在于模板只需要制作出网页之间相同的部分。Dreamweaver工具中的模板通常具有以下作用。

图5-13　模板文件

（1）使网站的风格保持一致。使用模板创建的网页，某些模块是完全相同的，可以使页面看起来风格一致。

（2）便于后期修改和维护。在修改共同的页面元素时，不必每个页面进行修改，只需修改应用的模板，然后更新即可。

（3）极大地提高了网站制作的效率。使用模板能够节省许多重复的工作，节约了网站的制作时间，让网站建设变得更加高效。

### 5.2.2 创建模板

想要使用模板，就要学会创建模板。在Dreamweaver工具中，创建模板的方法有两种：一种是直接创建模板，另一种是从现有文档创建模板。下面将对两种创建模板的方法做具体讲解。

**1．直接创建模板**

可以使用Dreamweaver工具在新建文档中直接创建模板，具体包含以下几个步骤。

1）选择资源面板

打开Dreamweaver工具，在常用面板中选择"资源"面板，单击"模板"图标，如图5-14所示。

2）新建模板

在空白处右击，选择"新建模板"命令，界面中会出现一个未命名的空模板文件，如图5-15所示。

图5-14 资源面板

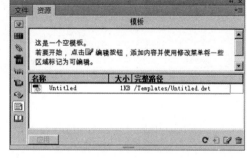

图5-15 新建模板

值得一提的是，在Dreamweaver中，模板一般保存在本地站点一个名为Templates的文件夹中。如果Templates文件夹在站点中不存在，则会在新建模板时在站点中自动创建该文件夹。将光标悬浮在新建模板的名称上并单击，可以重新编辑模板的名称。

3）打开模板

双击模板文件，即可在Dreamweaver中打开该文件，如图5-16所示。

通过图5-16可以看出，模板文件是由一些代码语句组成的。当我们学习了网页代码之后，即可在该区域编辑网页模板。

**2．从现有文档创建模板**

也可以将现有文档直接创建成模板，具体包含以下几个步骤。

（1）打开Dreamweaver工具，新建一个文档，编辑内容。

（2）在菜单栏中选择"文件→另存为模板"命令，弹出"另存模板"对话框，如图5-17所示。

图5-16　打开模板文件

在图5-17中有一些模板的常用选项，关于这些选项的介绍如下。

● 站点：用于选择模板保存的位置，只要是导入Dreamweaver中的站点，都可以通过单击右侧的下拉三角按钮显示。

● 现存的模板：用于显示当前站点中已经存在的模板。

● 另存为：在文本框中可以对模板命名，Dreamweaver会将该文本框中的名称作为模板的名称。

设置完相应的选项后，单击"保存"按钮，弹出Dreamweaver提示框（见图5-18），单击"是"按钮，即可将文档转换为模板。

图5-17　"另存模板"对话框

图5-18　Dreamweaver 提示框

> 注意：当模块创建完成后，不要随意移动模块位置以及模块所在文件夹的位置，以免引用模块时出现问题。

### 5.2.3　编辑模板

在创建模板之后，模板的布局就锁定了，如果想要在网页中对模板的内容进行修改，就需要在模板中为该内容创建可编辑区域。在Dreamweaver中，创建可编辑区域的具体操作步骤如下。

（1）选中想要定义为可编辑区域的代码或内容，在菜单栏中选择"插入→模板对象→可编辑区域"命令（或按【Ctrl+Alt+V】组合键），弹出图5-19所示的"新建可编辑区域"对话框。

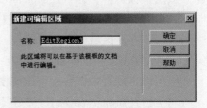

图5-19　"新建可编辑区域"对话框

（2）可以在图5-19中自定义区域名称（一般使用默认名称即可），单击"确定"按钮即可创建一个可编辑区域。图5-20所示为可编辑区域在不同视图的界面的表现形式。

图5-20 可编辑区域

在设计视图中，可编辑区域为一个方形线框，上面的选项卡是可编辑区域的名称。在代码视图中，红框标识代码中间的区域即为可编辑区域。

值得一提的是，在模板中除了可以插入"可编辑区域"外，还可以插入一些其他类型的区域，包括"可选区域""重复区域""可编辑的可选区域""重复表格"，如图5-21所示。由于这些类型在实际工作中并不经常使用，所以了解即可。

对于不需要的"可编辑区域"，可以将其删除。删除"可编辑区域"的方法有两种：一种是在设计视图中删除，另一种是在代码视图中删除，具体介绍如下。

图5-21 其他区域

● 在设计视图中删除：在模板中选择创建的"可编辑区域"，右击，在弹出的快捷菜单中选择"模板→删除模板标记"命令即可，如图5-22所示。

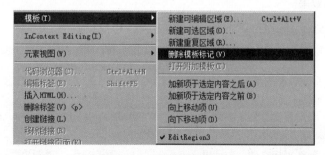

图5-22 删除模板标记

● 在代码视图中删除：在代码视图中，直接删除"可编辑区域"代码即可。

### 5.2.4 管理模板

管理模板是指对已经创建的模板进行引入模板、更新模板、从模板中分离等操作，具体介绍如下。

#### 1. 引入模板

当模板创建和编辑完成之后，就可以将其引入页面中。引入模板的方法十分简单，打开需要引入模板的文档，在资源面板中单击模板文件预览图并拖动至文档内部即可。例如，图5-23所示即为一个引入模板后的文档。

```
1  <!DOCTYPE html PUBLIC "-//W3C//DTD XHTML 1.0 Transitional//EN"
   "http://www.w3.org/TR/xhtml1/DTD/xhtml1-transitional.dtd">
2  <html xmlns="http://www.w3.org/1999/xhtml"><!-- #BeginTemplate
   "/Templates/Template.dwt" --><!-- DW6 -->
3  <head>
4  <meta http-equiv="Content-Type" content="text/html; charset=utf-8" />
5
6  <title>网站</title>
7
8  </head>
9  <body>
10 <!-- #BeginEditable "EditRegion1" -->
11 <p>我是模板文件</p>
12 <!-- #EndEditable -->
13 </body>
14 <!-- #EndTemplate -->
15 </html>
```

图5-23　引入模板后的文档

通过图5-23可以看出，引用模板后的网页文档由灰色和蓝色代码组成。其中，灰色代码是不可编辑区域，只能在模板文件中进行修改；蓝色的代码则为可编辑区域，可以写入不同的网页代码。可以通过可编辑区域为各个页面填充各自不同的内容。

### 2．更新模板

对于引用模板创建的文档，在后续修改文档时，都可以通过更新模板的方式统一进行修改。更新模板的方法十分简单，首先打开模板文件，修改模板文档中的内容，然后选择"文件→保存"命令，会弹出"更新模板文件"对话框，如图5-24所示。

在"更新模板文件"对话框，中间的空白区域用于显示应用此模板的所有文件，当单击"更新"按钮时，会弹出"更新页面"对话框，如图5-25所示，该对话框主要用于记录更新状态，当显示"完成"时，单击"关闭"按钮。最后打开利用模板创建的文档，检查文档的更新效果。

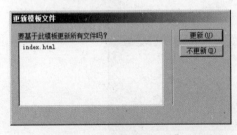

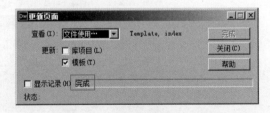

图5-24　"更新模板文件"对话框　　　　　　图5-25　"更新页面"对话框

### 3．从模板中分离

对于已经应用模板的文件，还可以通过"从模板分离"命令将其分离出模板。将文档分离后，整个文档都将能够进行编辑。打开应用模板的文档，选择"修改→模板→从模板中分离"命令（如图5-26所示），即可将文档从模板中分离。

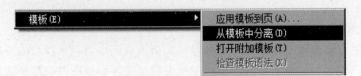

图5-26　从模板中分离

注意：由于模板关乎整个网站页面的布局，因此创建成功后，尽量遵循只改不删的原则。

# 5.3 库

在网页设计中，库是另一种保持网站风格和建设效率的方法，如果说模板是从整体上把控网站建设，库则是从细节元素对网站建设进行整体的把控。什么是"库"？库是如何从细节上把控网站的呢？本节将对库的相关知识做具体讲解。

## 5.3.1 认识库和库项目

在网站建设中，经常会重复使用一些文字、图标或者其他元素，如果把这些元素放在一起，让一个元素可以供多个页面重复使用，就能够极大地提高网页制作效率。为此，Dreamweaver专门提供了库的功能，让元素重复使用得以实现。

在Dreamweaver中，库用来存储网站中重复使用的元素，在库中的这些元素称为"库项目"，这些库项目可以重复使用到不同的页面中。库同模板类似，都位于"资源"面板中，选择"窗口→资源"命令，即可打开该面板。单击左侧最下方的"📖"按钮，可以切换到库操作面板，如图5-27所示。

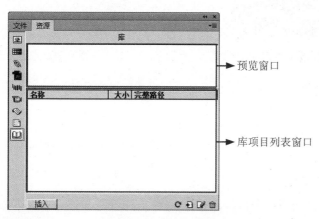

图5-27 库操作面板

在图5-27所示的操作面板中，"预览窗口"主要用于展示当前选中的库项目，"库项目列表窗口"用于显示所有建立的库项目。单击任意一个库项目，可以将其选中。并且，每当更改某个"库项目"时，都可以同时更新所有使用这个"库项目"的页面。库比模板更具有灵活性，可以随时插入在存储其中的库项目。

注意：使用库项目时，Dreamweaver只是插入一个指向库项目的链接，并不是在网页中直接插入库项目。

### 5.3.2 创建库项目

想要使用库元素，必须在库操作面板中插入相应的库元素。创建库元素的方法非常简单，主要包括以下几个步骤。

（1）在文档窗口中选中要作为库项目的元素（该元素可以是图像或者网页代码），如图5-28所示。

（2）打开"资源"面板，单击"▢▢"按钮，单击右下方"▣"按钮新建库项目按钮，即可创建一个未命名的库项目，如图5-29所示。

图5-28    选中文档中的元素

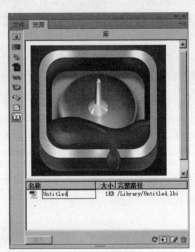

图5-29    创建库项目

（3）对库项目重新命名，库项目命名方式和模板文件相同，单击即可在文本框中编辑库项目的名称。

（4）在Dreamweaver工具中，按【Ctrl+S】组合键保存库项目时，Dreamweaver会自动在站点中新建一个名为Library的文件夹，里面存放着刚刚创建的扩展名为lbi的库项目。

### 5.3.3 管理库项目

管理库项目是指对库项目进行插入、修改、更新、删除等操作，下面将对各项操作做具体介绍。

#### 1. 插入库项目

在库中的每个库项目都可以通过插入的方式在网页文档中使用。插入库项目的具体步骤如下。

（1）打开需要插入库项目的网页文档，选择需要插入的位置。

（2）选中需要插入的库项目，在库操作面板左下角选择"插入"按钮，即可在指定位置插入库项目，如图5-30所示。

图5-30    插入库项目

当插入"库项目"后，在设计视图会显示插入的"库项目"样式（见图5-31），而在代码视图，会显示图5-32所示带有背景色的代码。

图5-31 库项目样式

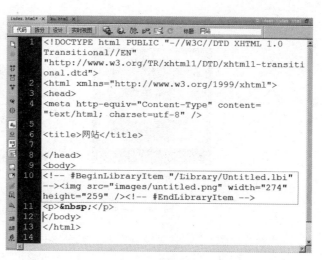

图5-32 代码视图

当在网页文档中插入库项目后，在页面中选择已创建为库项目的元素时，属性面板会自动切换到库项目的属性参数，如图5-33所示。

图5-33 库项目属性参数

对图5-33所示的库项目属性参数各选项介绍如下。

● 打开：单击该按钮，可以打开库项目的源文件。在打开的源文件中，可以对库项目进行编辑修改。

● 从源文件中分离：单击该按钮，会打开图5-34所示的对话框。单击"确定"按钮，可以将文档中引入的"库项目"和库中源文件分离。分离后的库项目将会变成普通的网页元素。

图5-34 提示对话框

● 重新创建：单击此按钮，可以创建一个新的库项目。

**2. 修改和更新库项目**

在Dreamweaver中，可以对已经创建的库项目进行修改，并通过"更新库项目"功能，将所有应用该库项目的文件按照修改自动更新。修改和更新库项目的具体步骤如下。

（1）在"资源"面板的"库项目列表窗口"中，双击打开需要修改的库项目（或者单击面板右下方的"📝"编辑按钮也可打开选中的库项目，修改内容元素。例如，修改库项目的图像，如图5-35所示。

修改前　　　　　　　　　　　　　修改后

图5-35　修改图像

（2）按【Ctrl+S】组合键保存修改，就会弹出图5-36所示的"更新库项目"对话框，单击"更新"按钮，当更新页面（见图5-37）进度显示完成时，单击"关闭"按钮即可。

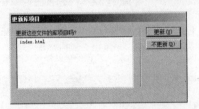

图5-36　"更新库项目"对话框

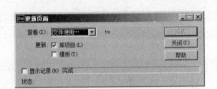

图5-37　更新页面

> 注意：在更新页面时，有时会更新失败，或者卡顿更新，此时只需关闭更新页面，在菜单中选择"修改→模板→再次更新"命令即可。

### 3．删除库项目

对于不需要的库项目可以将其删除。删除"库项目"的方法有两种，一种是使用快捷键删除，另一种是通过操作面板命令删除，具体介绍如下。

（1）使用快捷键删除：选中需要删除的库项目，按【Delete】键，弹出图5-38所示的"确认删除"对话框，单击"是"按钮，即可删除库项目。

（2）使用操作面板命令删除：选中需要删除的库项目，单击库操作面板右下角的"🗑"删除按钮，同样可

图5-38　确认删除对话框

以弹出图5-38所示的"确认删除"对话框，单击"是"按钮确认删除。

习　　题

一、判断题

1．在网站建设中，站点相当于网站的URL。　　　　　　　　　　　　　（　　）

2．在Dreamweaver中，必须在C盘创建站点。　　　　　　　　　　　　（　　）

3. 在Dreamweaver工具中，模板是制作网页时能够重复使用的特殊文档，扩展名为htm。                                                                    （     ）

4. 使用Dreamweaver工具制作模板和制作网页类似，也需要详细制作每个模块。                                                                       （     ）

5. 在模板中只能插入"可编辑区域"。                                      （     ）

二、选择题

1. （多选）关于站点的描述，下列说法正确的是（        ）。

   A. 站点相当于网站的目录结构

   B. 站点用于存放不同功能的页面或模块

   C. 站点用于存放相同功能的页面或模块

   D. 站点名称只能是英文

2. （多选）关于模板的描述，下列说法正确的是（        ）。

   A. 模板是制作网页时能够重复使用的特殊文档

   B. 模板只需要制作网页中重复的模块

   C. 模板的扩展名和HTML文件相同

   D. 模板的扩展名和CSS文件相同

3. （多选）模板中可以插入（        ）。

   A. 可编辑区域                      B. 可选区域

   C. 重复区域                        D. 可编辑的可选区域

4. （多选）关于库的描述，下列说法正确的是（        ）。

   A. 库用来存储网站中重复使用元素      B. 库位于"资源"面板中

   C. 库中的元素称为模板                D. 模板是库的一部分

5. （多选）下列选项中，可以作为库项目的是（        ）。

   A. 图片          B. 模板          C. 网页代码          D. 其他文件

三、简答题

1. 简要描述模板和库的异同。

2. 简要描述模板的作用。

# 第 ⑥ 章 网页制作入门——HTML

**学习目标:**

◎ 了解HTML基本结构。

◎ 掌握文本控制标记,能够通过文本控制标记调整文本结构。

◎ 掌握图像标记的使用技巧,能够为网页设置图片。

在网页设计中,设计图只有转化为HTML语言,才能在浏览器中正确显示。因此,要想学习网站的开发,必须了解HTML的基础知识。本章将详细介绍什么是HTML、HTML的相关标记等基础知识。

## 6.1 HTML概述

由于网页本身就是一种文本文件,通过添加标记符,可以告诉浏览器如何显示其中的内容。HTML是搭建网站的基础语言,本节将具体介绍HTML的相关知识。

### 6.1.1 什么是HTML

HTML英文全称为Hyper Text Markup Language,译为中文是"超文本标记语言"。超文本标记语言主要是通过不同的标记对网页中的文本、图片、声音等内容进行描述,再通过超链接将网站与网页以及各种网页元素链接起来构成丰富多彩的网页。图6-1所示为站酷首页轮播图与代码对比。

图6-1 站酷首页轮播图与代码对比

## 6.1.2　认识HTML标记

在HTML页面中，带有"< >"符号的元素称为HTML标记。所谓标记就是放在"< >"标记符中表示某个功能的编码命令，也称HTML标签或HTML元素，本书统一称为HTML标记。

### 1．双标记和单标记

为了方便学习和理解，通常将HTML标记分为两大类，分别是"双标记"与"单标记"。对它们的具体介绍如下。

1）双标记

双标记也称"体标记"，是指由开始和结束两个标记符组成的标记。如<html>和</html>、<body>和</body>等都属于双标记。其基本语法格式如下：

```
< 标记名 > 内容 </ 标记名 >
```

2）单标记

单标记也称"空标记"，是指用一个标记符号即可完整地描述某个功能的标记。其基本语法格式如下：

```
< 标记名 />
```

> 注意：HTML标记的作用原理就是选择网页内容，从而进行描述，也就是说需要描述谁，就选择谁，所以才会有双标记的出现，用于定义标记作用的开始与结束。而单标记本身就可以描述一个功能，不需要选择谁，例如水平线标记<hr />，按照双标记的语法，它应该写成"<hr></hr>"，但是水平线标记不需要选择谁，它本身就代表一条水平线，此时写成双标记就显得有点多余，但是又不能没有结束符号。所以单标记的语法格式就是在标记名称后面加一个关闭符，即为<标记名 />。

### 2．注释标记

在HTML中还有一种特殊的标记——注释标记。如果需要在HTML文档中添加一些便于阅读和理解但又不需要显示在页面中的注释文字，就需要使用注释标记。其基本语法格式如下：

```
<!-- 注释语句 -->
```

需要说明的是，注释内容不会显示在浏览器窗口中，但是作为HTML文档内容的一部分，可以被下载到用户的计算机上，查看源代码时可以看到。

## 6.1.3　HTML文档基本格式

学习任何 一门语言，都要首先掌握它的基本格式，就像写信需要符合书信的格式要求一样。HTML标记语言也不例外，同样需要遵从一定的规范。HTML文档基本格式主要包含<!doctype>文档类型声明、<html>根标记、<head>头部标记和<body>主体标记，如图6-2所示。具体介绍如下。

```
1   <!DOCTYPE html PUBLIC "-//W3C//DTD XHTML 1.0
    Transitional//EN"         文档类型声明
    "http://www.w3.org/TR/xhtml1/DTD/xhtml1-transitional.dtd">
2   <html xmlns="http://www.w3.org/1999/xhtml"> 根标记
3   <head>        头部标记
4   <meta http-equiv="Content-Type" content="text/html;
    charset=utf-8" />
5   <title>无标题文档</title>
6   </head>
7
8   <body>        主体标记
9   </body>
10  </html>
```

图6-2　HTML文档基本格式

### 1．<!DOCTYPE>标记

<!DOCTYPE>标记位于文档的最前面，用于向浏览器说明当前文档使用哪种HTML或XHTML标准规范。图6-2中使用的是Dreamweaver默认的XHTML1.0过渡型XHTML文档。

网页必须在开头处使用<!DOCTYPE>标记为所有的HTML文档指定HTML版本和类型，只有这样浏览器才能将该网页作为有效的HTML文档，并按指定的文档类型进行解析。

<!DOCTYPE>标记和浏览器的兼容性相关，删除<!DOCTYPE>标记会把展示HTML页面的权利交给浏览器。这时有多少种浏览器，页面便会有多少种显示效果，这在实际开发中是不被允许的。

### 2．<html>标记

<html>标记位于<!DOCTYPE>标记之后，也称根标记。根标记主要用于告知浏览器其自身是一个HTML文档。<html>标记标志着HTML文档的开始，</html>标记则标志着HTML文档的结束，在它们之间是文档的头部和主体内容。

### 3．<head>标记

<head>标记用于定义HTML文档的头部信息，也称头部标记，紧跟在<html>标记之后。头部标记主要用来封装其他位于文档头部的标记，例如<title>、<meta>、<link>及<style>等，用来描述文档的标题、作者以及与其他文档的关系。

需要注意的是，一个HTML文档只能含有一对<head>标记，绝大多数文档头部包含的数据都不会真正作为内容显示在页面中。

### 4．<body>标记

<body>标记用于定义HTML文档所要显示的内容，也称主体标记。浏览器中显示的所有文本、图像、音频和视频等信息都必须位于<body>标记内。<body>标记中的信息才能最终展示给用户看。

一个HTML文档只能含有一对<body>标记，且<body>标记必须在<html>标记内，位于<head>头部标记之后，与<head>标记是并列关系。

## 6.1.4　HTML标记属性

使用HTML制作网页时，如果想让HTML标记提供更多的信息，例如，希望标题文本的字体为"微软雅黑"且居中显示，段落文本中的某些名词显示为其他颜色加以突出。如果仅仅依靠HTML标记的默认显示样式已经不能满足需求了，这时可以通过为HTML标记设置属性的方式来实现，HTML标记设置属性的基本语法格式如下：

```
<标记名 属性1="属性值1" 属性2="属性值2" …>内容 </标记名>
```

在上面的语法中，标记可以拥有多个属性，属性必须写在开始标记中，位于标记名后面。属性之间不分先后顺序，标记名与属性、属性与属性之间均以空格分开。任何标记的属性都有默认值，省略该属性则取默认值。例如：

```
<h1 align="center"> 标题文本 </h1>
```

其中，align为属性名，center为属性值，表示标题文本居中对齐。对于标题标记还可以设置文本左对齐或右对齐，对应的属性值分别为left和right。如果省略align属性，标题文本则按默认值左对齐显示，也就是说<h1></h1>等价于<h1 align="left"></h1>。

**课堂体验：电子案例6-1**
使用标记的属性对网页进行修饰

扫码看案例

🎧 **多学一招：何为键值对**

在HTML开始标记中，可以通过"属性="属性值""的方式为标记添加属性，其中"属性"和"属性值"是以"键值对"的形式出现的。

所谓"键值对"，简单地说即为对"属性"设置"值"。它有多种表现形式，例如color="red"、width:200px等，其中color和width即为"键值对"中的"键"（英文key），red和200px为"键值对"中的"值"（英文value）。

"键值对"广泛地应用于编程中，HTML属性的定义形式"属性="属性值""只是"键值对"中的一种。

## 6.1.5 HTML文档头部相关标记

制作网页时，经常需要设置页面的基本信息，如页面的标题、作者以及和其他文档的关系等。为此HTML提供了一系列的标记，这些标记通常都写在head标记内，因此称为头部相关标记。接下来具体介绍常用的头部相关标记。

**1. 设置页面标题标记<title>**

<title>标记用于定义HTML页面的标题，即给网页取一个名字，必须位于<head>标记之内。一个HTML文档只能包含一对<title></title>标记，<title></title>之间的内容将显示在浏览器窗口的标题栏中。例如，将页面标题设置为"轻松学习HTML"，具体代码如下：

```
<title> 轻松学习 HTML</title>
```

上述代码对应的页面标题效果如图6-3所示。

**2. 定义页面元信息标记<meta />**

<meta />标记用于定义页面的元信息，可重复出现在<head>头部标记中，在HTML中是一个单标记。<meta />标记本身不包含任何内容，仅仅表

图6-3 设置页面标题标记<title>

示网页的相关信息。通过<meta />标记的两组属性，可以定义页面的相关参数。例如，为搜索引擎提供网页的关键字、作者姓名、内容描述，以及定义网页的刷新时间等。

下面介绍<meta />标记常用的几组设置，具体介绍如下。

1）<meta name="名称" content="值" />

在<meta />标记中使用name/content属性可以为搜索引擎提供信息，其中name属性提供搜索内容名称，content属性提供对应的搜索内容值。具体应用如下。

● 设置网页关键字。例如千图网的关键字设置：

```
<meta name="keywords" content="千图网，免费素材下载，千图网免费素材图库，
矢量图，矢量图库，图片素材，网页素材，免费素材，PS素材，网站素材，设计模板，设计素材，
www.58pic.com，网页模板免费下载，千图，素材中国，素材，免费设计，图片" />
```

其中，name属性的值为keywords，用于定义搜索内容名称为网页关键字；content属性的值用于定义关键字的具体内容，多个关键字内容之间可以用","分隔。

● 设置网页描述。例如千图网的描述信息设置：

```
<meta name="description" content="千图网 (www.58pic.com)，是专注免费
设计素材下载的网站，提供矢量图素材，矢量背景图片，矢量图库，还有psd素材，PS素材，
设计模板，设计素材，PPT素材，以及网页素材，网站素材，网页图标免费下载" />
```

其中，name属性的值为description，用于定义搜索内容名称为网页描述；content属性的值用于定义描述的具体内容。需要注意的是网页描述的文字不必过多。

● 设置网页作者。例如可以为千图网增加作者信息：

```
<meta name="author" content="千图网络部" />
```

其中，name属性的值为author，用于定义搜索内容名称为网页作者；content属性的值用于定义具体的作者信息。

2）<meta http-equiv="名称" content="值" />

在<meta />标记中使用http-equiv/content属性可以设置服务器发送给浏览器的HTTP头部信息，为浏览器显示该页面提供相关的参数。其中，http-equiv属性提供参数类型，content属性提供对应的参数值。默认会发送<meta http-equiv="Content-Type" content="text/html" />，通知浏览器发送的文件类型是HTML。具体应用如下。

● 设置字符集。例如千图网官网字符集的设置：

```
<meta http-equiv="Content-Type" content="text/html; charset=gbk" />
```

其中，http-equiv属性的值为Content-Type，content属性的值为text/html和charset=gbk，中间用";"隔开，用于说明当前文档类型为HTML，字符集为gbk（中文编码）。目前最常用的国际化字符集编码格式是utf-8，常用的中文字符集编码格式主要是gbk和gb2312。

值得一提的是，如果网页要面向全球，用gbk和gb2312作为网页编码，网页内容会出现乱码现象，因为有些计算机的浏览器没有这种编码。

● 设置页面自动刷新与跳转。例如定义某个页面10 s后跳转至百度：

```
<meta http-equiv="refresh" content="10; url= https: //www.baidu.
com/" />
```

其中，http-equiv属性的值为refresh；content属性的值为数值和url地址，中间用";"隔开，用于指定在特定的时间后跳转至目标页面，该时间默认以秒为单位。

## 6.2 文本控制标记

不管网页内容如何丰富，文字自始至终都是网页中最基本的元素。为了使文字排版整齐、结构清晰，HTML中提供了一系列文本控制标记，如<h1>~<h6>、段落标记<p>等。本节将对文本控制标记进行详细讲解。

### 6.2.1 标题和段落标记

一篇结构清晰的文章通常都有标题和段落，HTML网页也不例外。为了使网页中的文字有条理地显示出来，HTML提供了相应的标记，对它们的具体介绍如下。

**1. 标题标记<h1>~ <h6>**

为了使网页更具有语义化，经常会在页面中用到标题标记，HTML提供了6个等级的标题，即<h1>、<h2>、<h3>、<h4>、<h5>和<h6>，从<h1>到<h6>字号依次递减。其基本语法格式如下：

```
<hn align=" 对齐方式 "> 标题文本 </hn>
```

上述语法中n的取值为1~6，align属性为可选属性，用于指定标题的对齐方式，具体示例代码如下：

```
<h1>1 级标题 </h1>
<h2>2 级标题 </h2>
<h3>3 级标题 </h3>
<h4>4 级标题 </h4>
<h5>5 级标题 </h5>
<h6>6 级标题 </h6>
```

在上述代码中，使用<h1>到<h6>标记设置6种不同级别的标题。示例代码对应效果如图6-4所示。

从图6-4可以看出，默认情况下标题文字是加粗左对齐的，并且从<h1>到<h6>字号依次递减。如果想让标题文字右对齐或居中对齐，就需要使用align属性设置对齐方式，其取值如下。

● left：设置标题文字左对齐（默认值）。

● center：设置标题文字居中对齐。

● right：设置标题文字右对齐。

注意：

1. 一个页面中只能使用一个<h1>标记，常常被用在网站的logo部分。

2. 由于h标记拥有确切的语义，请慎重选择恰当的标记来构建文档结构。禁止仅仅使用h标记设置文字加粗或更改文字的大小。

图6-4　标题标记的使用

### 2．段落标记<p>

在网页中要把文字有条理地显示出来，离不开段落标记。就如同平常写文章一样，整个网页也可以分为若干段落，而段落的标记就是<p>。默认情况下，文本在段落中会根据浏览器窗口的大小自动换行。<p>是HTML文档中最常见的标记，其基本语法格式如下：

```
<p align=" 对齐方式 "> 段落文本 </p>
```

上述语法中align属性为<p>标记的可选属性，和标题标记<h1>~<h6>一样，同样可以使用align属性设置段落文本的对齐方式。

**课堂体验：电子案例6-2**

段落标记<p>的用法和<p>标记的align属性

### 3．水平线标记<hr />

在网页中常常看到一些水平线将段落与段落之间隔开，使得文档结构清晰，层次分明。水平线可以通过<hr />标记来完成，基本语法格式如下：

```
<hr 属性 =" 属性值 " />
```

<hr />是单标记，在网页中输入一个<hr />，就添加了一条默认样式的水平线。<hr />标记的常用属性如表6-1所示。

表6-1　<hr />标记的常用属性

| 属性名 | 含　义 | 属　性　值 |
| --- | --- | --- |
| align | 设置水平线的对齐方式 | 可选择left、right、center三种值，默认为center，居中对齐 |
| size | 设置水平线的粗细 | 以像素为单位，默认为2px |
| color | 设置水平线的颜色 | 可用颜色名称、十六进制#RGB、rgb(r,g,b) |
| width | 设置水平线的宽度 | 可以是确定的像素值，也可以是浏览器窗口的百分比，默认为100% |

**课堂体验：电子案例6-3**

使用水平线分隔段落文本

### 4．换行标记<br />

在HTML中，一个段落中的文字会从左到右依次排列，直到浏览器窗口的右端，然后自动换行。如果希望某段文本强制换行显示，就需要使用换行标记<br />。

> **课堂体验：电子案例6-4**
> 换行标记的用法和效果

### 6.2.2 文本样式标记

多种多样的文字效果可以使网页变得更加绚丽，为此HTML提供了文本样式标记<font>。<font>用来控制网页中文本的字体、字号和颜色，其基本语法格式如下：

```
<font 属性 =" 属性值 "> 文本内容 </font>
```

上述语法中<font>标记的常用属性有3个，如表6-2所示。

表6-2　<font>标记的常用属性

| 属　性　名 | 含　　义 |
| --- | --- |
| face | 设置文字的字体，例如微软雅黑、黑体、宋体等 |
| size | 设置文字的大小，可以取1~7的整数值 |
| color | 设置文字的颜色 |

> **课堂体验：电子案例6-5**
> <font>标记的用法和效果

### 6.2.3 文本格式化标记

在网页中，有时需要为文字设置粗体、斜体或下画线效果，为此HTML准备了专门的文本格式化标记，使文字以特殊的方式显示。常用文本格式化标记如表6-3所示。

表6-3　常用文本格式化标记

| 标　　记 | 显　示　效　果 |
| --- | --- |
| <b></b>和<strong></strong> | 文字以粗体方式显示（b定义文本粗体，strong定义强调文本） |
| <u></u>和<ins></ins> | 文字以加下画线方式显示（HTML5不赞成使用u） |
| <i></i>和<em></em> | 文字以斜体方式显示（i定义斜体字，em定义强调文本） |
| <del></del>和<s></s> | 文字以加删除线方式显示（HTML5不赞成使用s） |

> **课堂体验：电子案例6-6**
> <b>、<strong>、<ins>、<i>、<em>和<del>的效果

### 6.2.4 特殊字符标记

浏览网页时常常会看到一些包含特殊字符的文本，如数学公式、版权信息等。那么如何在网页上显示这些包含特殊字符的文本呢？HTML为这些特殊字符准备了专门的替代代码，如表6-4所示。

表6-4 常用特殊字符标记

| 特 殊 字 符 | 描 述 | 字符的代码 |
| --- | --- | --- |
| | 空格符 |   |
| < | 小于号 | &lt; |
| > | 大于号 | &gt; |
| & | 和号 | &amp; |
| ￥ | 人民币 | &yen; |
| © | 版权 | &copy; |
| ® | 注册商标 | &reg; |
| ° | 摄氏度 | &deg; |
| ± | 正负号 | &plusmn; |
| × | 乘号 | &times; |
| ÷ | 除号 | &divide; |
| $^2$ | 二次方（上标2） | &sup2; |
| $^3$ | 三次方（上标3） | &sup3; |

## 6.3 HTML图像标记

浏览网页时常常会被网页中的图像所吸引，巧妙地在网页中穿插图像可以为网页增色不少。本节将为大家介绍常用图像格式、如何在网页中插入图像以及如何设置图像的样式。

### 6.3.1 常用图像格式

网页中图像太大会造成载入速度缓慢，太小又会影响图像的质量，那么哪种图像格式能够让图像较小且拥有较好的质量呢？接下来为大家介绍几种常用的图像格式，以及如何选择合适的图像格式。

目前网页上常用的图像格式主要有GIF、PNG和JPG三种，具体区别如下。

#### 1．GIF格式

GIF最突出的地方就是它支持动画，同时GIF也是一种无损的图像格式，也就是说修改图片之后，图片质量几乎没有损失。再加上GIF支持透明（全透明或全不透明），因此很适合在互联网上使用。但GIF只能处理256种颜色。在网页制作中，GIF格式常常用于logo、小图标及其他色彩相对单一的图像。

#### 2．PNG格式

PNG包括PNG-8和真色彩PNG（PNG-24和PNG-32）。相对于GIF，PNG最大的优势

是体积更小，支持Alpha透明（全透明、半透明、全不透明），并且颜色过渡更平滑，但PNG不支持动画。其中，PNG-8和GIF类似，只能支持256种颜色，如果做静态图可以取代GIF，而真色彩PNG可以支持更多的颜色，同时真色彩PNG（PNG-32）支持半透明效果的处理。

### 3. JPG格式

JPG所能显示的颜色比GIF和PNG要多得多，可以用来保存超过256种颜色的图像，但是JPG是一种有损压缩的图像格式，这就意味着每修改一次图片都会造成一些图像数据的丢失。JPG是特别为照片图像设计的文件格式，网页制作过程中类似于照片的图像比如横幅广告（banner）、商品图片、较大的插图等都可以保存为JPG格式。

简而言之，在网页中小图片或网页基本元素如图标、按钮等考虑GIF或PNG-8，半透明图像考虑PNG-24，类似照片的图像则考虑JPG。

## 6.3.2 图像标记<img/>

想在网页中显示图像就需要使用图像标记，接下来将详细介绍图像标记<img />和它的相关属性。图像标记的基本语法格式如下：

```
<img src=" 图像URL" />
```

上述语法中src属性用于指定图像文件的路径和文件名，它是<img />标记的必需属性。

要想在网页中灵活地应用图像，仅仅依靠src属性是不能够实现全部需求的。HTML为<img />标记准备了很多其他属性，具体如表6-5所示。

表6-5 <img />标记的属性

| 属性 | 属性值/属性值类型 | 描 述 |
|---|---|---|
| src | URL | 图像的路径 |
| alt | 文本 | 图像不能显示时的替换文本 |
| title | 文本 | 鼠标悬停时显示的内容 |
| width | 像素（XHTML不支持%页面百分比） | 设置图像的宽度 |
| height | 像素（XHTML不支持%页面百分比） | 设置图像的高度 |
| border | 数字 | 设置图像边框的宽度 |
| vspace | 像素 | 设置图像顶部和底部的空白（垂直边距） |
| hspace | 像素 | 设置图像左侧和右侧的空白（水平边距） |
| align | left | 将图像对齐到左边 |
| | right | 将图像对齐到右边 |
| | top | 将图像的顶端和文本的第一行文字对齐，其他文字居图像下方 |
| | middle | 将图像的水平中线和文本的第一行文字对齐，其他文字居图像下方 |
| | bottom | 将图像的底部和文本的第一行文字对齐，其他文字居图像下方 |

表6-5对<img />标记的常用属性做了简要的描述。为了使初学者更好地理解和应用这

些属性，接下来对它们进行详细讲解，具体介绍如下。

### 1．图像的替换文本属性 alt

由于网速太慢或者浏览器版本过低时，图像可能无法正常显示，使用图像的alt属性是个很好的方法。图像的alt属性可以在图像无法显示时告诉用户该图片的内容。

**课堂体验：电子案例6-7**

<img />标记的alt属性

多学一招：使用title属性设置提示文字

图像标记<img / >有一个和alt属性十分类似的属性title，title属性用于设置鼠标悬停时图像的提示文字。

**课堂体验：电子案例6-8**

title属性的使用

### 2．图像的宽度和高度属性 width、height

通常情况下，如果不为<img />标记设置宽高属性，图片就会按照它的原始尺寸显示，可以设置图片的大小。width和height属性用来定义图片的宽度和高度，通常只设置其中的一个属性，另一个属性则会依据前一个设置的属性将原图等比例显示。如果同时设置两个属性，且其比例和原图大小的比例不一致，显示的图像就会变形或失真。

### 3．图像的表框属性 border

默认情况下图像是没有边框的，通过border属性可以为图像添加边框、设置边框的宽度。

**课堂体验：电子案例6-9**

border、width、height属性对图像进行的修饰

### 4．图像的边距属性 vspace、hspace

在网页中，由于排版需要，有时候还需要调整图像的边距。HTML中通过vspace和hspace属性分别调整图像的垂直边距和水平边距。

### 5．图像的对齐属性align

图文混排是网页中很常见的效果，默认情况下图像的底部会与文本的第一行文字对齐，如图6-5所示。

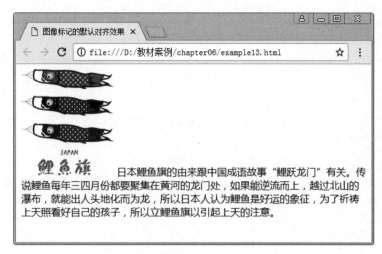

图6-5 图像标记的默认对齐效果

在制作网页时，经常需要实现图像和文字环绕效果，例如左图右文，这就需要使用图像的对齐属性align。

**课堂体验：电子案例6-10**
对齐属性align的应用

扫码看案例

## 6.3.3 绝对路径和相对路径

在计算机查找文件时，需要明确文件所在位置。网页中的路径通常分为绝对路径和相对路径两种，具体介绍如下。

**1．绝对路径**

绝对路径就是网页上的文件或目录在硬盘上的真正路径，例如"D:\网页制作与设计(HTML+CSS)\教材案例\chapter06\images\banner1.jpg"，或完整的网络地址如"http://www.zcool.com.cn/images/logo.gif"。

**2．相对路径**

相对路径就是相对于当前文件的路径。相对路径没有盘符，通常是以HTML网页文件为起点，通过层级关系描述目标图像的位置。

总结起来，相对路径的设置分为以下3种。

● 图像文件和html文件位于同一文件夹：只需输入图像文件的名称即可，如<img src="logo.gif" />。

● 图像文件位于html文件的下一级文件夹：输入文件夹名和文件名，之间用"/"隔开，如<img src="img/img01/logo.gif" />。

● 图像文件位于html文件的上一级文件夹：在文件名之前加入"../"，如果是上两级，则需要使用"../ ../"，以此类推，如<img src="../logo.gif" />。

值得一提的是，网页中并不推荐使用绝对路径，因为网页制作完成之后需要将所有的文件上传到服务器，这时图像文件可能在服务器的C盘，也有可能在D盘、E盘；可能在A文件夹中，也有可能在B文件夹中。也就是说，很有可能不存在"D:\网页制作与设计(HTML+CSS)\教材案例\chapter06\images\banner1.jpg"这样一个很精准的路径。

# 6.4 认识HTML5

由于各个浏览器之间的标准不统一，给网站开发人员带来了很大的麻烦。HTML5的出现即是为了解决这一问题，致力于将Web带入一个成熟的应用平台。本节将对什么是HTML5、HTML5文档格式的变化以及对HTML5新增标记进行讲解。

## 6.4.1 HTML5概述

很多人误以为HTML5是指用HTML5+CSS3+Javascript实现的综合网页效果，但实际上HTML5仅仅是一套新的HTML标准，是对HTML及XHTML的继承与发展。HTML5是一个向下兼容的版本，本质上并不是什么新的技术，只是在功能特性上有了极大的丰富。

任何事情并不是一蹴而就的，HTML标准同样也经历了时间积累，逐渐演化而成HTML5标准。HTML的出现由来已久，从1993年首次以草案的形式发布，再到2008年的HTML5正式版，中间经历了多次版本升级，图6-6所示为HTML发展历程。

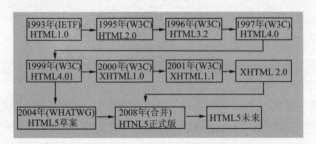

图6-6 HTML发展历程

通过图6-6可以看出，HTML语言经历多个版本演化、升级和不断完善。

● HTML 1.0——在1993年由互联网工程工作小组（IETF）工作草案发布（并非标准），众多不同版本HTML陆续在全球使用，但是始终未能形成一个广泛的有相同标准的版本。

● HTML 2.0——HTML 2.0相比初版而言，标记得到了极大的丰富。

● HTML 3.2——HTML 3.2是在1996年提出的规范，注重兼容性的提高，并对之前的版本进行了改进。

● HTML 4.0——1997年12月推出的HTML 4.0，将HTML推向了一个新高度。该版本倡导将文档结构和样式分离，并实现了表格更灵活的控制。

● HTML 4.01——由1999年提出的4.01版本是在HTML4.0基础上的微小改进。

20世纪90年代是HTML发展速度最快的时期，但是自1999年发布的HTML 4.01后，业界普遍认为HTML已经步入瓶颈期，W3C组织开始对Web标准的焦点转向XHTML上。

- XHTML 1.0——在2000年由W3C组织提出，XHTML是一个过渡技术，结合了部分XML的强大功能及大多数HTML的简单特性。
- XHTML 1.1——XHTML 1.1 是模块化的XHTML，是货真价实的XML。
- XHTML 2.0——XHTML 2.0 是完全模块化可定制的XHTML，随着HTML5的兴起，XHTML 2.0工作小组被要求停止工作。

2004年，一些浏览器厂商联合成立了WHATWG工作组，致力于Web表单和应用程序。此时的W3C组织专注于XHTML 2.0。在2006年，W3C组织组建了新的HTML工作组，采纳了WHATWG的意见，并于2008年发布了HTML5。

由于HTML5能解决实际的问题，所以在规范还未定稿的情况下，各大浏览器厂家已经开始对旗下产品进行升级以支持HTML5的新功能。因此，HTML5得益于浏览器的实验性反馈并且也得到持续的完善，并以这种方式迅速融入对Web平台的实质性改进中。2014年10月，W3C组织宣布历经8年努力，HTML5标准规范终于定稿。

## 6.4.2　HTML5文档格式的变化

相信读者对HTML文档结构比较熟悉，那么HTML5文档格式与HTML有什么区别呢？接下来，通过图6-7和图6-8对比HTML和HTML5文档格式结构图。

```
1  <!DOCTYPE html PUBLIC "-//W3C//DTD XHTML 1.0
   Transitional//EN"
   "http://www.w3.org/TR/xhtml1/DTD/xhtml1-transitional.dtd">
2  <html xmlns="http://www.w3.org/1999/xhtml">
3  <head>
4  <meta http-equiv="Content-Type" content="text/html;
   charset-utf-8" />
5  <title>无标题文档</title>
6  </head>
7
8  <body>
9  </body>
10 </html>
```

图6-7　HTML文档基本格式

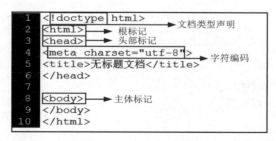

图6-8　HTML5文档格式

对比图6-7和图6-8可以看出，HTML5文档格式与HTML文档格式基本没有太大差异，仅仅是HTML5文档格式更加简明扼要，以及文档类型声明与字符编码略有区别。

### 1．<!doctype>标记

HTML5文档依然以<!doctype>开头，这是文档类型声明，而且必须位于文档的第一行。HTML5中的doctype刻意不使用版本声明，一份文档将会适用于所有版本的HTML。

**2．<html>标记**

和HTML文档的<html>标记相比，可以发现HTML5文档简化了<html>标记内部指定的名字空间"http://www.w3.org/1999/xhtml"。

**3．<meta>标记**

在HTML5中，可以使用<meta>标记直接追加charset属性的方式来指定字符编码；并且从HTML5开始，对于文件的字符编码推荐使用utf-8。

> 注意：HTML5的文件扩展名与内容类型保持不变，也就是说扩展名仍然是.htm和.html，内容类型仍然是text/html。了解了HTML5和HTML文档格式的变化后，接下来本书后续案例将全部采用HTML5文档。

## 6.4.3　HTML5新增标记

HTML 1.0到5.0经历了巨大的变化，从单一的文本显示功能到图文并茂的多媒体显示功能，许多特性经过多年的完善，已经发展成为一种非常重要的标记语言。HTML5新增了一些结构性标记、多媒体标记和表单标记，下面对常用的新增标记进行讲解。

**1．结构性标记**

结构性标记主要用来对页面结构进行划分，就像在设计网页时将页面分为导航、内容部分、页脚等，确保HTML文档的完整性。

- article：用于表示一篇文章的主题内容，一般为文字集中显示的区域。
- header：页面主体上的头部。
- nav：是专门用于菜单导航、链接导航的标记。
- section：用于表达书的一部分或一章，在Web页面应用中，该标记也可用于区域的章节表述。
- footer：页面的底部（页脚）。

**2．多媒体标记**

多媒体标记主要解决了以往通过Flash等进行视频的一些展示，新增的标记使HTML功能变得更加强大了。

- video：视频标记，用于支持和实现视频文件的直接播放，支持缓冲预载和多种视频媒体格式，如WEBM、MP4、OGG。
- audio：音频标记，用于支持和实现音频文件的直接播放，支持缓冲预载和多种音频媒体格式，如MP3、OGG、WAV。
- source：定义为媒介标记。

**3．表单标记**

表单标记主要用于功能性的内容表达，会有一定的内容和数据的关联。

- datalist：配合<input />标记定义一个下拉列表。

实际上，关于表单标记新增的更多是自带属性（新增属性将在第10章具体讲解）。

需要注意的是，关于上述HTML5新增标记的用法将会在后续章节详细讲解，在此只需了解即可。

# 习　题

一、判断题

1. HTML是超文本标记语言。　　　　　　　　　　　　　　　　　（　　）

2. 标记也称标签。　　　　　　　　　　　　　　　　　　　　　（　　）

3. 键值对是属性="属性"的形式。　　　　　　　　　　　　　　　（　　）

4. <h7>是级别最高的标题标记。　　　　　　　　　　　　　　　（　　）

5. <img />是单标记。　　　　　　　　　　　　　　　　　　　（　　）

二、选择题

1.（单选）下列选项中，属于国际化字符集编码格式的是（　　　）。

 A. gbk     B. utf-8     C. gb2312    D. big5

2.（多选）下列选项中，属于HTML文档头部相关标记的是（　　　）。

 A. <title>    B. <meta />    C. <img />    D. <b>

3.（多选）下列选项中，属于网页常用图像格式的是（　　　）。

 A. GIF格式   B. PSD格式   C. PNG格式   D. JPG格式

4.（多选）下列选项中，属于<font>标记属性的是（　　　）。

 A. alt     B. size     C. color     D. face

5.（多选）HTML文档基本格式主要包括（　　　）。

 A. <!doctype>文档类型声明    B. <html>根标记

 C. <head>头部标记      D. <body>主体标记

三、简答题

1. 简要描述什么是HTML5。

2. 简要描述什么是相对路径和绝对路径。

# 第 ⑦ 章 网页制作入门——CSS

**学习目标：**

◎掌握CSS样式规则，能够书写规范的CSS样式代码。

◎掌握CSS文本样式属性，能够控制页面中的文本样式。

◎掌握CSS复合选择器，可以快捷选择页面中的元素。

◎理解CSS层叠性、继承性与优先级，学会高效控制网页元素。

HTML是搭建网站的基础语言，但是网站的显示效果通常是由CSS进行设置。添加CSS样式的页面不仅更加美观，而且维护方便。本章将对CSS的基础知识做详细介绍。

## 7.1 CSS简介

### 7.1.1 什么是CSS

CSS英文全称为Cascading Style Sheet，中文译为"层叠样式表"。CSS主要是对HTML标记的内容进行更加丰富的装饰，并将网页表现样式与网页结构分离的一种样式设计语言。可以使用CSS控制HTML页面中的文本内容、图片外形以及版面布局等外观的显示样式。如图7-1所示，图中文字的颜色、粗体、背景、行间距等，都是通过CSS控制的。

> **第一场直播**（直播已结束）
> 2月28日20：30-22：00
> 主题：用C4D一节课制作iPhoneX产品图

图7-1 认识CSS

### 7.1.2 CSS发展史

20世纪90年代初，HTML语言诞生，各种形式的样式表也随之出现。但随着HTML功能的增加，外来定义样式的语言变得越来越没有意义了。1994年，哈坤·利提出了CSS的最初建议，伯特·波斯（Bert Bos）当时正在设计一个叫做Argo的浏览器，它们决定一起合作设计CSS。发展至今，CSS已经出现了4个版本，具体介绍如下。

#### 1. CSS1.0

1996年12月W3C发布了第一个有关样式的标准CSS1.0。这个版本中，已经包含了font的相关属性、颜色与背景的相关属性、文字的相关属性、box的相关属性等。

### 2．CSS2.0

1985年5月，CSS2.0正式推出。这个版本推荐的是内容和表现效果分离的方式，并开始使用样式表结构。

### 3．CSS2.1

2004年2月，CSS2.1正式推出。它在CSS2.0的基础上略微做了改动，删除了许多不被浏览器支持的属性。

### 4．CSS3

早在2001年，W3C就着手开始准备开发CSS第三版规范。虽然完整的、规范权威的CSS3标准还没有尘埃落定，但是各主流浏览器已经开始支持其中的绝大部分特性。

## 7.2　CSS核心基础

想要通过代码来实现网页样式，就需要学习CSS的核心基础知识，只有掌握后才能熟练设置网页显示效果。本节将通过CSS样式规则、引入方式、CSS基础选择器等内容详细介绍CSS核心基础。

### 7.2.1　CSS样式规则

使用HTML进行标记网页内容时，需要遵从一定的规范，CSS亦如此。要想熟练地使用CSS对网页进行修饰，首先要了解CSS样式规则，具体格式如下：

> 选择器 { 属性 1：属性值 1；属性 2：属性值 2；属性 3：属性值 3；…}

上述样式规则中，选择器用于指定需要改变样式的HTML标记，花括号内是一条或多条声明。每条声明由一个属性和属性值组成，以"键值对"的形式出现。

属性是对指定的标记设置的样式属性，例如字体大小、文本颜色等。属性和属性值之间用英文冒号"："连接，多个"键值对"之间用英文分号"；"进行分隔。例如，图7-2所示为CSS样式规则的结构示意图。

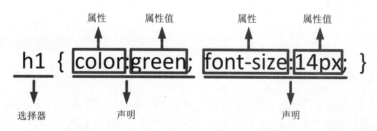

图7-2　CSS样式规则的结构示意图

> **课堂体验：电子案例7-1**
> 使用CSS对标题标记<h1>进行控制

扫码看案例

在书写CSS样式时，除了要遵循CSS样式规则，还必须注意CSS代码结构中的几个特点，具体介绍如下。

- CSS样式中的选择器严格区分大小写，而声明不区分大小写，按照书写习惯一般将选择器、声明都采用小写的方式。
- 多个属性之间必须用英文状态下的分号隔开，最后一个属性后的分号可以省略，但是为了便于增加新样式最好保留。
- 如果属性的属性值由多个单词组成且中间包含空格，则必须为这个属性值加上英文状态下的引号。例如：

```
p {font-family: "Times New Roman";}
```

- 在编写CSS代码时，为了提高代码的可读性，可使用"/*注释语句*/"进行注释，例如上面的样式代码可添加如下注释：

```
p {font-family: "Times New Roman";}
/* 这是 CSS 注释文本，有利于方便查找代码，此文本不会显示在浏览器窗口中　*/
```

- 在CSS代码中空格是不被解析的，花括号以及分号前后的空格可有可无。因此，可以使用空格键、Tab键、回车键等对样式代码进行排版，即所谓的格式化CSS代码，这样可以提高代码的可读性。例如：

代码段1：

```
h1{ color: green; font-size: 14px; }
```

代码段2：

```
h1{
    color: green;                       /* 定义颜色属性　*/
    font-size: 14px;                    /* 定义字体大小属性　*/
}
```

上述两段代码所呈现的效果是一样的，但是第二种书写方式的可读性更高。需要注意的是，属性值和单位之间是不允许出现空格的，否则浏览器解析时会出错。例如下面这行代码就是错误的。

```
h1{font-size: 14 px;}          /* 14 和单位 px 之间有空格，浏览器解析时会出错 */
```

## 7.2.2　引入CSS样式表

CSS用于修饰网页样式，但是，如果希望CSS修饰的样式起作用，就必须在HTML文档中引入CSS样式表。引入样式表的常用方式有三种，即行内式、内嵌式、外链式，具体介绍如下。

### 1. 行内式

行内式也称内联样式，是通过标记的style属性来设置标记的样式，其基本语法格式如下：

```
<标记名 style="属性1:属性值1; 属性2:属性值2; 属性3:属性值3;">内容 </标记名>
```

上述语法中，style是标记的属性，实际上任何HTML标记都拥有style属性，用来设置行内式。属性和属性值的书写规范与CSS样式规则一样，行内式只对其所在的标记及嵌套在其中的子标记起作用。

通常CSS的书写位置是在\<head\>头部标记中，行内式却是写在\<html\>根标记中，例如下面的示例代码，即为行内式CSS样式的写法。

```
<h1 style="font-size: 20px; color: blue;">使用 CSS 行内式修饰一级标题的字
体大小和颜色 </h1>
```

在上述代码中，使用\<h1\>标记的style属性设置行内式CSS样式，用来修饰一级标题的字体大小和颜色。示例代码对应效果如图7-3所示。

图7-3　行内式效果展示

需要注意的是，行内式是通过标记的属性来控制样式的，这样并没有做到结构与样式分离，所以一般很少使用。

### 2．内嵌式

内嵌式是将CSS代码集中写在HTML文档的\<head\>头部标记中，并且用\<style\>标记定义，其基本语法格式如下：

```
<head>
<style type="text/css">
    选择器 { 属性 1：属性值 1；属性 2：属性值 2；属性 3：属性值 3；}
</style>
</head>
```

上述语法中，\<style\>标记一般位于\<head\>标记中\<title\>标记之后，也可以把它放在HTML文档的任何地方。但是由于浏览器是从上到下解析代码的，把CSS代码放在头部有利于提前下载和解析，从而可以避免网页内容下载后没有样式修饰带来的尴尬。除此之外，必须设置type的属性值为"text/css"，这样浏览器才知道\<style\>标记包含的是CSS代码。

> **课堂体验：电子案例7-2**
> 在HTML文档中使用内嵌式CSS样式

扫码看案例

### 3．外链式

外链式是将所有的样式放在一个或多个以.css为扩展名的外部样式表文件中，通过\<link /\>标记将外部样式表文件链接到HTML文档中，其基本语法格式如下：

```
<head>
    <link href="CSS 文件的路径 " type="text/css" rel="stylesheet" />
</head>
```

上述语法中，<link />标记需要放在<head>头部标记中，并且必须指定<link />标记的三个属性，具体介绍如下。

- href：定义所链接外部样式表文件的URL，可以是相对路径，也可以是绝对路径。
- type：定义所链接文档的类型，在这里需要指定为"text/css"，表示链接的外部文件为CSS样式表。
- rel：定义当前文档与被链接文档之间的关系，在这里需要指定为"stylesheet"，表示被链接的文档是一个样式表文件。

扫码看案例

**课堂体验：电子案例7-3**
通过外链式引入CSS样式表

外链式是使用频率最高也最实用的CSS样式表，因为它将HTML代码与CSS代码分离为两个或多个文件，实现了将结构和样式完全分离，使得网页的前期制作和后期维护都十分方便。

### 7.2.3　CSS基础选择器

要想将CSS样式应用于特定的HTML标记，首先需要找到该目标标记。在CSS中，执行这一任务的样式规则部分称为选择器，而选择器又分为标记选择器、类选择器、id选择器、通配符选择器、标签指定式选择器、后代选择器和并集选择器，对它们的具体解释如下。

#### 1. 标记选择器

标记选择器是指用HTML标记名称作为选择器，按标记名称分类，为页面中某一类标记指定统一的CSS样式。其基本语法格式如下：

```
标记名 { 属性1：属性值1；属性2：属性值2；属性3：属性值3； }
```

上述语法中，所有的HTML标记名都可以作为标记选择器，例如body、h1、p、strong等。用标记选择器定义的样式对页面中该类型的所有标记都有效。

例如，可以使用p选择器定义HTML页面中所有段落的样式，示例代码如下：

```
p{font-size: 12px; color: #666; font-family: " 微软雅黑 ";}
```

上述CSS样式代码用于设置HTML页面中所有的段落文本——字体大小为12px、颜色为#666、字体为微软雅黑。

标记选择器最大的优点是能快速为页面中同类型的标记统一样式，同时这也是它的缺点，不能设计差异化样式。

#### 2. 类选择器

类选择器使用"."（英文点号）进行标识，后面紧跟类名，其基本语法格式如下：

```
. 类名 { 属性 1：属性值 1；属性 2：属性值 2；属性 3：属性值 3； }
```

上述语法中，类名即为HTML标记的class属性值，大多数HTML标记都可以定义class属性。类选择器最大的优势是可以为标记对象定义单独或相同的样式。

> **课堂体验：电子案例7-4**
> 类选择器的使用

扫码看案例

### 3．id选择器

id选择器使用"#"进行标识，后面紧跟id名，其基本语法格式如下：

```
#id 名 { 属性 1：属性值 1；属性 2：属性值 2；属性 3：属性值 3； }
```

上述语法中，id名即为HTML标记的id属性中的值，大多数HTML标记都可以定义id属性，标记的id值是唯一的，只能对应于文档中某一个具体的标记。

> **课堂体验：电子案例7-5**
> id选择器的使用

扫码看案例

### 4．通配符选择器

通配符选择器用"*"号表示，它是所有选择器中作用范围最广的，能匹配页面中所有的标记。其基本语法格式如下：

```
*{ 属性 1：属性值 1；属性 2：属性值 2；属性 3：属性值 3； }
```

例如，下面的代码使用通配符选择器定义CSS样式，清除所有HTML标记的默认边距。

```
* {
    margin: 0;                    /* 定义外边距 */
    padding: 0;                   /* 定义内边距 */
}
```

在实际网页开发中不建议使用通配符选择器，因为它设置的样式对所有的HTML标记都生效，不管标记是否需要该样式，这样反而降低了代码的执行速度。

### 5．标签指定式选择器

标签指定式选择器又称交集选择器，由两个选择器构成，其中第一个为标记选择器，第二个为class选择器或id选择器，两个选择器之间不能有空格，如h3.special或p#one。

> **课堂体验：电子案例7-6**
> 标签指定式选择器的使用

扫码看案例

### 6．后代选择器

后代选择器用来选择某标记的后代标记，其写法就是把外层标记写在前面，内层标记写在后面，中间用空格分隔。当标记发生嵌套时，内层标记就成为外层标记的后代。例如，当<p>标记内嵌套<strong>标记时，就可以使用后代选择器对其中的<strong>标记进行控制。

**扫码看案例**

**课堂体验：电子案例7-7**

使用后代选择器控制<strong>标记

### 7．并集选择器

并集选择器是各个选择器通过逗号连接而成的，任何形式的选择器（包括标记选择器、类选择器以及id选择器等）都可以作为并集选择器的一部分。如果某些选择器定义的样式完全相同或部分相同，就可以利用并集选择器为它们定义相同的CSS样式。

例如在页面中有两个标题和三个段落，它们的字号和颜色相同。同时其中一个标题和两个段落文本有下画线效果，这时就可以使用并集选择器定义CSS样式。

**扫码看案例**

**课堂体验：电子案例7-8**

使用并集选择器定义CSS样式

## 7.3　CSS文本样式

学习HTML时，可以使用文本样式标记及其属性控制文本的显示样式，但是这种方式烦琐且不利于代码的共享和移植。为此，CSS提供了相应的文本设置属性。使用CSS可以更轻松方便地控制文本样式，本节将对常用的文本样式属性进行详细讲解。

### 7.3.1　字体样式属性

为了更方便地控制网页中各种各样的字体，CSS提供了一系列的字体样式属性，具体介绍如下。

### 1．font-size：字号大小

font-size属性用于设置字号，该属性的值可以使用相对长度单位，也可以使用绝对长度单位，具体如表7-1所示。

表7-1　CSS长度单位

| 相对长度单位 | 说　　明 |
| --- | --- |
| em | 相对于当前对象内文本的字体尺寸 |
| px | 像素，最常用，推荐使用 |

续表

| 绝对长度单位 | 说　　明 |
|---|---|
| in | 英寸 |
| cm | 厘米 |
| mm | 毫米 |
| pt | 点 |

其中，相对长度单位比较常用，推荐使用像素单位px，绝对长度单位使用较少。例如将网页中所有段落文本的字号大小设为12px，可以使用如下CSS样式代码：

```
p{font-size: 12px;}
```

### 2．font-family：字体

font-family属性用于设置字体。网页中常用的字体有宋体、微软雅黑、黑体等。例如，将网页中所有段落文本的字体设置为微软雅黑，可以使用如下CSS样式代码：

```
p{font-family: "微软雅黑";}
```

可以同时指定多个字体，中间以逗号隔开，表示如果浏览器不支持第一个字体，则会尝试下一个，直到找到合适的字体，例如下面的代码：

```
body{font-family: "华文彩云", "宋体", "黑体";}
```

当应用上面的字体样式时，首选字体"华文彩云"，如果用户计算机中没有安装该字体则选择"宋体"，如果没有安装"宋体"，则会选择"黑体"。如果指定的字体在用户计算机中都没有安装，则会使用浏览器默认字体。

使用font-family设置字体时，需要注意以下几点：

● 各种字体之间必须使用英文状态下的逗号隔开。
● 中文字体需要加英文状态下的引号，英文字体一般不需要加引号。当需要设置英文字体时，英文字体名必须位于中文字体名之前，例如下面的代码：

```
body{font-family: Arial, "微软雅黑", "宋体", "黑体";}    /* 正确的书写方式 */
body{font-family: ."微软雅黑", "宋体", "黑体", Arial;}    /* 错误的书写方式 */
```

● 如果字体名中包含空格、#、$等符号，则该字体必须加英文状态下的单引号或双引号，例如font-family: "Times New Roman";。
● 尽量使用系统默认字体，以保证在任何用户的浏览器中都能正确显示。

### 3．font-weight：字体粗细

font-weight属性用于定义字体的粗细，其可用属性值如表7-2所示。

表7-2　font-weight可用属性值

| 属　性　值 | 描　　述 |
|---|---|
| normal | 默认值，定义标准的字符 |
| bold | 定义粗体字符 |
| bolder | 定义更粗的字符 |

续表

| 属　性　值 | 描　　述 |
|---|---|
| lighter | 定义更细的字符 |
| 100~900（100的整数倍） | 定义由细到粗的字符，其中400等同于normal，700等同于bold，值越大字体越粗 |

实际工作中，常用的font-weight的属性值为normal和bold，分别用来定义正常或加粗显示的字体。

### 4. font-style：字体风格

font-style属性用于定义字体风格，如设置斜体、倾斜或正常字体，其可用属性值如表7-3所示。

表7-3　font-style可用属性值

| 属　性　值 | 描　　述 |
|---|---|
| normal | 默认值，浏览器会显示标准的字体样式 |
| italic | 浏览器会显示斜体的字体样式 |
| oblique | 浏览器会显示倾斜的字体样式 |

其中，italic和oblique都用于定义斜体，两者在显示效果上并没有本质区别，但实际工作中常使用italic。

### 5. font：综合设置字体样式

font属性用于对字体样式进行综合设置，其基本语法格式如下：

```
选择器{font: font-style font-weight font-size/line-height font-family;}
```

使用font属性时，必须按上面语法格式中的顺序书写，各个属性以空格隔开。其中line-height指的是行高，在7.3.2节中会具体介绍。例如：

```
p{
    font-family: Arial, " 宋体 ";
    font-size: 30px;
    font-style: italic;
    font-weight: bold;
    line-height: 40px;
}
```

等价于

```
p{font: italic bold 30px/40px Arial, " 宋体 ";}
```

其中，不需要设置的属性可以省略（采取默认值），但必须保留font-size和font-family属性，否则font属性将不起作用。

### 6. @font-face属性

@font-face属性是CSS3的新增属性，用于定义服务器字体。通过@font-face属性，开发者可以在用户计算机未安装字体时使用任何喜欢的字体。使用@font-face属性定义服务器字体的基本语法格式如下：

```
@font-face{
    font-family: 字体名称;
    src: 字体路径;
}
```

在上面的语法格式中，font-family用于指定该服务器字体的名称，该名称可以随意定义；src属性用于指定该字体文件的路径。

**课堂体验：电子案例7-9**
@font-face属性的用法

扫码看案例

### 7. word-wrap属性

word-wrap属性用于实现长单词和URL地址的自动换行，其基本语法格式如下：

选择器 {word-wrap: 属性值;}

上述语法格式中，word-wrap属性的取值有两种，如表7-4所示。

表7-4 word-wrap属性值

| 属 性 值 | 描 述 |
|---|---|
| normal | 只在允许的断字点换行（浏览器保持默认处理） |
| break-word | 在长单词或 URL 地址内部进行换行 |

## 7.3.2 文本外观属性

使用HTML可以对文本外观进行简单控制，但是效果并不理想。为此CSS提供了一系列文本外观样式属性，具体介绍如下。

### 1. color：文本颜色

color属性用于定义文本的颜色，其取值方式有如下三种。

● 预定义的颜色名，如red、green、blue等。使用颜色名是最简单的方法，但是命名的颜色有很多，在浏览器中有些颜色名却不能被正确解析或者不同的浏览器对颜色值解释有差异。表7-5所示为CSS规范推荐的颜色名称。

表7-5 CSS规范推荐的颜色名称

| 名 称 | 颜 色 | 名 称 | 颜 色 |
|---|---|---|---|
| white | 白色 | black | 黑色 |
| blue | 浅蓝 | navy | 深蓝 |
| silver | 浅灰 | gray | 深灰 |
| red | 大红 | maroon | 深红 |
| lime | 浅绿 | green | 深绿 |

续表

| 名　称 | 颜　色 | 名　称 | 颜　色 |
|--------|--------|--------|--------|
| yellow | 明黄 | olive | 褐黄 |
| aqua | 天蓝 | teal | 靛青 |
| fuchsia | 品红 | purple | 深紫 |

● 十六进制，如#ff0000、#ff6600、#66cc00等。实际工作中，十六进制是最常用的定义颜色的方式。例如使用十六进制设置文本颜色：

```
color: #66cc00;
```

● RGB代码，如红色可以表示为rgb(255,0,0)或rgb(100%,0%,0%)。例如使用RGB代码设置文本颜色：

```
color: rgb(255, 0, 0);
color: rgb(100%, 0%, 0%);
```

> 注意：如果使用RGB代码的百分比颜色值，取值为0时也不能省略百分号，必须写为0%。

**多学一招：颜色值的缩写**

十六进制颜色值是由#开头的6位十六进制数值组成，每两位为一个颜色分量，分别表示颜色的红、绿、蓝三个分量。当三个分量的两位十六进制数都各自相同时，可使用CSS缩写，例如#FF6600可缩写为#F60，#FF0000可缩写为#F00，#FFFFFF可缩写为#FFF。使用颜色值的缩写可简化CSS代码。

### 2. letter-spacing: 字间距

letter-spacing属性用于定义字间距，所谓字间距就是字符与字符之间的空白。其属性值可为不同单位的数值，允许使用负值，默认为normal。

### 3. word-spacing: 单词间距

word-spacing属性用于定义英文单词之间的间距，对中文字符无效。和letter-spacing一样，其属性值可为不同单位的数值，允许使用负值，默认为normal。

word-spacing和letter-spacing均可对英文进行设置。不同的是letter-spacing定义的为字母之间的间距，而word-spacing定义的为英文单词之间的间距。图7-4所示为其对比效果。

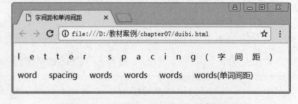

图7-4　字间距和单词间距的使用

### 4. line-height: 行间距

line-height属性用于设置行间距。所谓行间距就是行与行之间的距离，即字符的垂直间距，一般称为行高，如图7-5所示。

line-height常用的属性值单位有三种，分别为px（像素）、em（相对值）和%（百分比），实际工作中使用最多的是px（像素）。

#### 5. text-transform: 文本转换

text-transform属性用于控制英文字符的大小写，其可用属性值如下。

- none: 不转换（默认值）。
- capitalize: 首字母大写。
- uppercase: 全部字符转换为大写。
- lowercase: 全部字符转换为小写。

#### 6. text-decoration: 文本装饰

text-decoration属性用于设置文本的
下画线、上画线、删除线等装饰效果，其可用属性值如下。

- none: 没有装饰（正常文本默认值）。
- underline: 下画线。
- overline: 上画线。
- line-through: 删除线。

text-decoration属性可对应多个属性值，用于给文本添加多种显示效果。例如，希望文字同时有下画线和删除线效果，就可以在text-decoration属性后同时应用underline和line-through，例如下面的示例代码：

```
.one{ text-decoration: underline;}
.two{ text-decoration: line-through;}
.three{ text-decoration: overline;}
.four{ text-decoration: underline line-through;}
```

示例代码对应效果如图7-6所示。

#### 7. text-align:水平对齐方式

text-align属性用于设置文本内容的水平对齐，相当于html中的align对齐属性，其可用属性值如下。

- left: 左对齐（默认值）。
- right: 右对齐。
- center: 居中对齐。

例如，将二级标题居中对齐，可使用如下CSS代码：

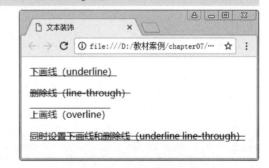

图7-6 文本装饰的使用

```
h2{text-align: center;}
```

> 注意：1. text-align属性仅适用于块级元素，对行内元素无效，关于块元素和行内元素，在下一章做具体介绍。

> 注意：2. 如果需要对图像设置水平对齐，可以为图像添加一个父标记，如<p>或<div>（关于div标记将在下一章具体介绍），然后对父标记应用text-align属性，即可实现图像的水平对齐。

#### 8. text-indent：文本缩进

text-indent属性用于设置首行文本的缩进，其属性值可为不同单位的数值、em字符宽度的倍数或相对于浏览器窗口宽度的百分比%，允许使用负值，建议使用em作为设置单位。

> 注意：text-indent属性仅适用于块级元素，对行内元素无效。（关于块级元素和行内元素在下一章具体讲解）

#### 9. white-space：空白符处理

使用HTML制作网页时，不论源代码中有多少空格，在浏览器中只会显示一个字符的空白。在CSS中，使用white-space属性可设置空白符的处理方式，其属性值如下。

- normal：常规（默认值），文本中的空格、空行无效，满行（到达区域边界）后自动换行。
- pre：预格式化，按文档的书写格式保留空格、空行原样显示。
- nowrap：空格空行无效，强制文本不能换行，除非遇到换行标记<br />。内容超出标记的边界也不换行，若超出浏览器页面则会自动增加滚动条。

#### 10. text-shadow：阴影效果

在CSS中，使用text-shadow属性可以为页面中的文本添加阴影效果，其基本语法格式如下：

```
选择器{text-shadow: h-shadow v-shadow blur color;}
```

上述语法格式中，h-shadow用于设置水平阴影的距离，v-shadow用于设置垂直阴影的距离，blur用于设置模糊半径，color用于设置阴影颜色。

扫码看案例

**课堂体验：电子案例7-10**
text-shadow属性的用法

🎧 **多学一招：设置多个阴影叠加效果**

可以使用text-shadow属性给文字添加多个阴影，从而产生阴影叠加的效果，方法为设置多组阴影参数，中间用逗号隔开。例如，对电子案例7-10中的文本设置绿色和蓝色阴影叠加的效果，可以将类选择器的样式更改为：

```
.one{
    font-size: 60px;
    text-shadow: 10px 5px 10px green, 20px 10px 20px blue;/* 叠加绿色和蓝
色阴影效果 */
    }
.two{
    font-size: 60px;
    text-shadow: -10px -5px 10px green, -20px -10px 20px blue;
    }
```

在上面的代码中，为文本依次指定了绿色和蓝色的阴影效果，并设置了相应的位置和模糊数值。对应的效果如图7-7所示。

### 11. text-overflow: 标示对象内文本的溢出

在CSS中，text-overflow属性用于标示对象内文本的溢出，其基本语法格式如下：

选择器{text-overflow: 属性值;}

在上面的语法格式中，text-overflow属性的常用取值有两个，具体解释如下。

- ellipsis：用省略标记 "…" 标示被修剪文本，省略标记插入的位置是最后一个字符。
- clip：修剪溢出文本，不显示省略标记 "…"。

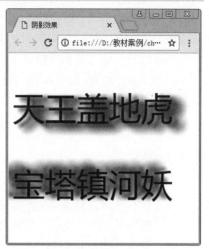

图7-7 阴影叠加效果

**课堂体验：电子案例7-11**

text-overflow属性的用法

扫码看案例

## 7.4 CSS高级属性

网页设计图中的设计元素有些外观是相同的，标记这些元素显示效果的CSS代码也是重复的，想要简化代码、降低代码复杂性，就需要学习CSS高级属性。本节将具体介绍CSS高级属性的相关知识。

### 7.4.1 CSS层叠性和继承性

CSS是层叠式样式表的简称，层叠性和继承性是其基本特征。对于网页设计师来说，应深刻理解和灵活运用这两个概念。

#### 1. 层叠性

层叠性是指多种CSS样式的叠加。例如，当使用内嵌式CSS样式表定义<p>标记字号

大小为12px，外链式定义<p>标记颜色为红色，那么段落文本将显示为12px红色，即这两种样式产生了叠加。

扫码看案例

**课堂体验：电子案例7-12**

CSS的层叠性

### 2. 继承性

继承性是指书写CSS样式表时，子标记会继承父标记的某些样式，如文本颜色和字号。例如，定义主体标记body的文本颜色为黑色，那么页面中所有的文本都将显示为黑色，这是因为其他标记都嵌套在<body>标记中，是<body>标记的子标记。

继承性非常有用，可以不必在标记的每个后代上添加相同的样式。如果设置的属性是一个可继承的属性，只需将它应用于父标记即可，例如下面的代码：

```
p, div, h1, h2, h3, h4, ul, ol, dl, li{color: black;}
```

就可以写成：

```
body{ color: black;}
```

第二种写法可以达到相同的控制效果，且代码更简洁（第一种写法中有一些陌生的标记，了解即可，在后面的章节将会详细介绍）。

恰当地使用继承可以简化代码，降低CSS样式的复杂性。但是，如果在网页中所有的标记都大量继承样式，那么判断样式的来源就会很困难，所以对于字体、文本属性等网页中通用的样式可以选用继承。例如，字体、字号、颜色等可以在body标记中统一设置，然后通过继承影响文档中所有文本。

需要注意的是，并不是所有的CSS属性都可以继承，例如，下面的属性就不具有继承性。

- 边框属性，如border、border-top、border-right、border-bottom等。
- 外边距属性，如margin、margin-top、margin-bottom、margin-left等。
- 内边距属性，如padding、padding-top、padding-right、padding-bottom等。
- 背景属性，如background、background-image、background-repeat等。
- 定位属性，如position、top、right、bottom、left、z-index等。
- 布局属性，如clear、float、clip、display、overflow等。
- 元素宽高属性，如width、height。

> 注意：当为body标记设置字号属性时，标题文本不会采用这个样式，读者可能会认为标题没有继承文本字号，这种认识是错误的。标题文本之所以不采用body标记设置的字号，是因为标题标记h1~h6有默认字号样式，这时默认字号覆盖了继承的字号。

## 7.4.2　CSS优先级

定义CSS样式时，经常出现两个或更多规则应用在同一标记上，这时就会出现优先级的问题。接下来将对CSS优先级进行具体讲解。

为了体验CSS优先级，首先来看一个具体的例子，其CSS样式代码如下：

```
p{ color: red;}                    /* 标记样式 */
.blue{ color: green;}              /*class 样式 */
#header{ color: blue;}             /*id 样式 */
```

对应的HTML结构为：

```
<p id="header" class="blue">
    帮帮我，我到底显示什么颜色，
</p>
```

在上面的例子中，使用不同的选择器对同一标记内容设置文本颜色，这时浏览器会根据选择器的优先级规则解析CSS样式。其实CSS为每一种基础选择器都分配了一个权重，可以将标记选择器权重比作1，类选择器权重比作10，id选择器权重比作100（图7-8所示为选择器权重的优先级）。显而易见，是id选择器#header具有最大的优先级，所以上面例子的文本显示为蓝色。

标签选择器 < 类选择器 < Id选择器

图7-8 选择器权重的优先级

对于由多个基础选择器构成的复合选择器（并集选择器除外），其权重为这些基础选择器权重的叠加。例如下面的CSS代码：

```
p strong{color: black}             /* 权重为：1+1*/
strong.blue{color: green;}         /* 权重为：1+10*/
.father strong{color: yellow}      /* 权重为：10+1*/
p.father strong{color: orange;}    /* 权重为：1+10+1*/
p.father .blue{color: gold;}       /* 权重为：1+10+10*/
#header strong{color: pink;}       /* 权重为：100+1*/
#header strong.blue{color: red;}   /* 权重为：100+1+10*/
```

对应的 HTML 结构为：

```
<p class="father" id="header" >
    <strong class="blue"> 文本的颜色 </strong>
</p>
```

这时，页面文本将应用权重最高的样式，即文本颜色为红色。

此外，在考虑权重时，读者还需要注意一些特殊的情况，具体介绍如下。

● 继承样式的权重为0。即在嵌套结构中，不管父标记样式的权重多大，被子标记继承时，它的权重都为0，也就是说子标记定义的样式会覆盖继承来的样式（子标记可以不继承）。例如下面的代码：

```
strong{color: red;}
#header{color: green;}
```

对应的 HTML 结构为：

```
<p id="header" class="blue">
    <strong>继承样式不如自己定义</strong>
</p>
```

在上面的代码中，虽然#header权重为100，但被strong继承时权重为0，而strong选择器的权重虽然仅为1，但它大于继承样式的权重，所以页面中的文本显示为红色。

● 行内样式优先。应用style属性的标记，其行内样式的权重非常高，可以理解为远大于100。总之，它拥有比上面提到的选择器都大的优先级。

● 权重相同时，CSS遵循就近原则。也就是说靠近标记的样式具有最大的优先级，或者说排在最后的样式优先级最大。例如：

```
/*CSS 文档，文件名为 style2.css*/
#header{ color: blue;}                    /* 外链式设置样式 */
```

HTML文档结构如下：

```
1  <!doctype html>
2  <html>
3  <head>
4  <meta charset="utf-8">
5  <title>CSS 优先级 </title>
6  <link rel="stylesheet" href="style2.css" type="text/css"/>
7  <style type="text/css">
8  #header{color: purple;}                /* 内嵌式样式 */
9  </style>
10 </head>
11 <body>
12 <p id="header"> 权重相同时，近则优先 </p>
13 </body>
14 </html>
```

上面的页面被解析后，段落文本显示为紫色，即内嵌式样式优先，这是因为内嵌式的样式比外链式的样式更靠近HTML标记。简而言之，距离被设置标记越近优先级别越高。同样的道理，如果同时引用两个外链式的样式表，则排在下面的样式表具有较大的优先级。

假如将内嵌样式的id选择器更改为标记选择器时，例如：

```
p{color: purple;}                          /* 内嵌式样式 */
```

id选择器的权重比标记选择器的权重更高，此时文本的颜色便会显示外链式id选择器设置的蓝色样式。

● CSS定义了一个!important命令，该命令被赋予最大的优先级。也就是说不管权重如何以及样式位置的远近，!important都具有最大优先级。例如：

```
/*CSS 文档，文件名为 style2.css*/
#header{color: blue!important;}            /* 外部样式表 */
```

HTML文档结构如下：

```
1  <!doctype html>
2  <html>
3  <head>
4  <meta charset="utf-8">
```

```
 5  <title>!important 最大</title>
 6  <link rel="stylesheet" href="style2.css" type="text/css"/>
 7  <style type="text/css">
 8  #header{ color: green;}
 9  </style>
10  </head>
11  <body>
12  <p id="header" style="color: yellow;">  <!-- 行内式CSS样式 -->
13  级别最高，!important 命令最大，最优先！
14  </p>
15  </body>
16  </html>
```

该页面被解析后，文字显示为蓝色，即使用!important命令的样式拥有最大的优先级。需要注意的是，!important命令必须位于属性值和分号之间，否则无效。

需要注意的是，复合选择器的权重为组成它的基础选择器权重的叠加，但是这种叠加并不是简单的数字之和。

**课堂体验：电子案例7-13**
复合选择器的权重

扫码看案例

## 7.5 CSS3新增选择器

CSS3是CSS的最新版本，在CSS3中增加了许多新的选择器。运用这些选择器可以简化网页代码的书写，让稳当的结构更加简单。CSS3新增的选择器主要分为属性选择器、关系选择器、结构化伪类选择器、伪元素选择器4类，具体介绍如下。

### 1. 属性选择器

属性选择器可以根据网页标记的属性及属性值来选择标记。属性选择器一般是一个标记后紧跟中括号"[]"，中括号内部是属性或者属性表达式，如图7-9所示。

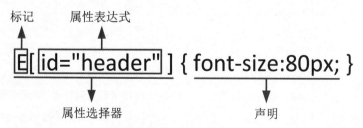

图7-9 属性选择器

CSS3中常见的属性选择器主要包括E[att^=value]、E[att$=value]和E[att*=value]这三种属性选择器，具体如表7-6所示。

表7-6　属性选择器

| 属性选择器 | 举　例 | 说　明 |
|---|---|---|
| E[att^=value] | div[id^=section] | 表示匹配包含id属性，且id属性值是以"section"字符串开头的div标记 |
| E[att $ =value] | div[id $ =section] | 表示匹配包含id属性，且id属性值是以"section"字符串结尾的div标记 |
| E[att*=value] | div[id*=section] | 表示匹配包含id属性，且id属性值包含"section"字符串的div标记 |

### 2. 关系选择器

CSS3中的关系选择器主要包括子代选择器和兄弟选择器，其中子代选择器由符号">"连接，兄弟选择器由符号"+"和"~"连接，具体如表7-7所示。

表7-7　关系选择器

| 关系选择器 | 举　例 | 说　明 |
|---|---|---|
| 子代选择器 | h1 >strong | 表示选择嵌套在h1标记的子标记strong |
| 临近兄弟选择器 | h2+p | 表示选择h2标记后紧邻的第一个兄弟标记p |
| 普通兄弟选择器 | p~h2 | 表示选择p标记所有的h2兄弟标记 |

### 3. 结构化伪类选择器

结构化伪类选择器可以减少文档内class属性和id属性的定义，使文档变得更加简洁。表7-8列举了常用的结构化伪类选择器。

表7-8　结构化伪类选择器

| 结构化伪类选择器 | 举　例 | 说　明 |
|---|---|---|
| :root | | 用于匹配文档根标记，使用":root选择器"定义的样式，对所有页面标记都生效 |
| :not | body *:not(h2) | 用于排除body结构中的子结构标记h2 |
| :only-child | li:only-child | 用于匹配属于某父标记的唯一子标记（li），也就是说某个父标记仅有一个子标记（li） |
| :first-child | | 用于选择父元素第一个子标记 |
| :last-child | | 用于选择父元素最后一个子标记 |
| :nth-child(n) | p:nth-child(2) | 用于选择父元素第二个子标记 |
| :nth-last-child(n) | p:nth-last-child(2) | 用于选择父元素倒数第二个子标记 |
| :nth-of-type(n) | h2:nth-of-type(odd) | 用于选择所有h2标记中位于奇数行的标记 |
| :nth-last-of-type(n) | p:nth-last-of-type(2) | 用于选择倒数第二个p标记 |
| :empty | | 用于选择没有子标记或文本内容为空的所有标记 |

### 4. 伪元素选择器

伪元素选择器一般是一个标记后面紧跟英文冒号 ":"，英文冒号后是伪元素名，如图7-10所示。

标记 伪元素名

E :before { content:文字/url(); }

伪元素选择器 声明

**图7-10 伪元素选择器**

需要注意的是，标记与伪元素名之间不要有空格，伪元素选择器常见有:before选择器和:after选择器，如表7-9所示。

**表7-9 伪元素选择器**

| 伪元素选择器 | 举 例 | 说 明 |
| --- | --- | --- |
| :before | p:before | 表示在p标记的内容前面插入内容 |
| :after | p:after | 表示在p标记的内容后面插入内容 |

值得一提的是，如果想要在文本后面添加是图片，只需更改content属性后的内容即可。其基本语法格式如下：

```
p: after{content: url();}
```

# 习    题

一、判断题

1. CSS是样式设计语言，可以控制HTML页面中的文本内容、图片外形以及版面布局等外观的显示样式。　　　　　　　　　　　　　　　　　　　（　　）
2. CSS样式规则是由选择器和声明构成的。　　　　　　　　　　　　（　　）
3. 通配符选择器用 "#" 表示。　　　　　　　　　　　　　　　　　（　　）
4. 并集选择器是各个选择器通过逗号连接而成的。　　　　　　　　　（　　）
5. #header选择器具有最大的优先级。　　　　　　　　　　　　　　　（　　）

二、选择题

1. （单选）下列选项中，属于CSS注释的写法正确的是（　　　）。
   A. <!-- 注释语句 -->　　　　　　　　　　B. /* 注释语句 */
   C. / 注释语句 /　　　　　　　　　　　　D. " 注释语句 "

2. （多选）下列选项中，属于引入CSS样式表的方式是（　　　）。
   A. 行内式　　　　　　　　　　　　　　　B. 内嵌式
   C. 外链式　　　　　　　　　　　　　　　D. 旁引式

3. （多选）下列选项中，属于CSS字体样式属性的是（　　　）。

    A. font-size                           B. font-style

    C. line-height                          D. font-family

4. （多选）下列选项中，属于CSS高级属性的是（　　　）。

    A. 装饰性                              B. 层叠性

    C. 继承性                              D. 优先级

5. （多选）CSS文本外观属性包括（　　　）。

    A. line-height                          B. text-indent

    C. text-decoration                    D. word-wrap

三、简答题

1. 简要描述什么是CSS。

2. 简要描述类选择器和后代选择器。

# 第 8 章 盒子模型

学习目标：

◎ 了解盒子模型的概念。

◎ 掌握盒子模型相关属性，能够使用它们熟练地控制网页元素。

◎ 理解块元素与行内元素的区别，能够对它们进行转换。

盒子模型是CSS网页布局的核心基础，只有掌握盒子模型的结构和用法，才可以更好地控制网页中各个内容元素的呈现效果。本章将对盒子模型的概念、相关属性及元素的类型和转换做具体讲解。

## 8.1 盒子模型概述

在网页设计中，盒子模型是CSS技术所使用的一种思维模型，理解了盒子模型才能更好地排版布局，本节将详细介绍盒子模型相关的基础知识。

### 8.1.1 认识盒子模型

盒子模型是指将网页设计页面中的内容元素看作一个个装了东西的矩形盒子。每个矩形盒子都由内容（content）、内边距（padding）、边框（border）和外边距（margin）4个部分组成，如图8-1所示。除去内容部分，其余每个部分又分别包含上（top）、下（bottom）、左（left）和右（right）4个方向，方向既可以分别定义也可以统一定义。

我们生活中常见的手机盒子就可以看作一个盒子模型，如图8-2所示。

一个完整的手机盒子通常包含手机、内填充物和盛装手机的外壳。如果把手机想象成HTML标记，那么手机盒子就是一个CSS盒子模型。内容就是盒子里装的手机；内边距就是怕

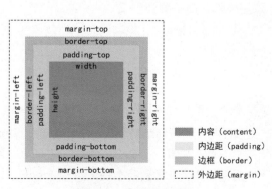

图8-1　盒子模型构成

手机损坏添加的内填充物；边框就是盒子本身外部的硬壳；外边距就是多个手机盒子摆放时空出的缝隙，如图8-2所示。

### 8.1.2　<div>标记

div英文全称为division，译为中文是"分割、区域"。<div>标记简单而言就是一个块标记，可以实现网页的规划和布局。在HTML文档中，页面会被划分为很多区域，不同区

图8-2　手机盒子的构成

域显示不同的内容，如导航栏、banner、内容区等，这些区块一般都通过<div>标记进行分隔。

可以在div标记中设置外边距、内边距、宽和高，同时内部可以容纳段落、标题、表格、图像等各种网页元素，也就是说大多数HTML标记都可以嵌套在<div>标记中，<div>中还可以嵌套多层<div>。<div>标记非常强大，通过与id、class等属性结合设置CSS样式，可以替代大多数的块级文本标记。

扫码看案例

**课堂体验：电子案例8-1**
<div>标记用法

### 8.1.3　盒子的宽与高

网页是由多个盒子排列而成的，每个盒子都有固定的大小，在CSS中使用宽度属性width和高度属性height控制盒子的大小。width和height属性值可以是不同单位的数值或相对于父标记的百分比，实际工作中，最常用的属性值是像素值。

扫码看案例

**课堂体验：电子案例8-2**
使用width和height属性控制网页中的段落文本

**多学一招：什么是实体化三属性**

实体化是指给标记划分区域（画盒子），并通过宽度、高度、背景色这三种属性，让标记形态化，成为一个盒子。需要注意的是，宽度属性width和高度属性height仅适用于块级元素，对行内元素无效（<img />和<input />标记除外）。

## 8.2 盒子模型相关属性

理解盒子模型的结构后，要想自如地控制页面中每个盒子的样式，还需要掌握盒子模型的相关属性。本节将对这些属性进行详细讲解。

### 8.2.1 边框属性

在网页设计中，常常需要给内容元素设置边框效果。CSS边框属性包括边框样式属性、边框宽度属性、边框颜色属性及边框的综合属性。为了进一步满足设计需求，CSS3中还增加了许多新的属性，例如圆角边框以及图片边框等属性。常见的边框属性如表8-1所示。

表8-1　常见的边框属性

| 设置内容 | 样式属性 | 常用属性值 |
|---|---|---|
| 边框样式 | border-style:上边 [右边 下边 左边]; | none（默认）、solid、dashed、dotted、double |
| 边框宽度 | border-width:上边 [右边 下边 左边]; | 像素值 |
| 边框颜色 | border-color:上边 [右边 下边 左边]; | 颜色值、#十六进制、rgb(r,g,b)、rgb(r%,g%,b%) |
| 综合设置边框 | border:四边宽度 四边样式 四边颜色; | |
| 圆角边框 | border-radius:水平半径参数/垂直半径参数; | 像素值或百分比 |
| 图片边框 | border-images:图片路径 裁切方式/边框宽度/边框扩展距离 重复方式; | |

表8-1中列出了常用的边框属性，下面对表8-1中的属性进行具体讲解。

#### 1. 边框样式（border-style）

在CSS属性中，border-style属性用于设置边框样式。其基本语法格式如下：

```
border-style: 上边 [右边 下边 左边];
```

在设置边框样式时既可以对四边分别设置，也可以综合设置四边的样式。border-style的常用属性值有4个，分别用于定义不同的显示样式，具体介绍如下。

- solid：边框为单实线。
- dashed：边框为虚线。
- dotted：边框为点线。
- double：边框为双实线。

使用border-style属性综合设置四边样式时，必须按上右下左的顺时针顺序，省略时采用值复制的原则，即一个值为四边，两个值为上下和左右，三个值为上、左右、下，四个值为上、右、下、左。

例如，<p>只有上边为虚线（dashed），其他三边为单实线（solid），可以使用（border-style）综合属性分别设置各边样式：

```
{borer-style: dashed solid solid solid;}     /*四个值为上、右、下、左*/
```

也可以简写为

```
p{borer-style: dashed solid solid;}          /*三个值为上、左右、下*/
```

图8-3所示即为不同边框样式的盒子。

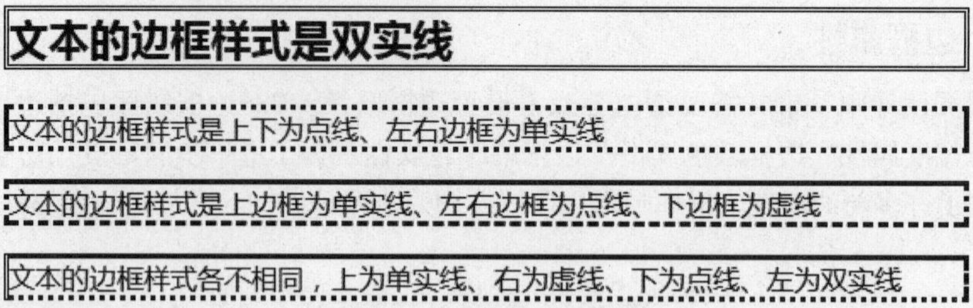

文本的边框样式是双实线
文本的边框样式是上下为点线、左右边框为单实线
文本的边框样式是上边框为单实线、左右边框为点线、下边框为虚线
文本的边框样式各不相同，上为单实线、右为虚线、下为点线、左为双实线

图8-3　边框样式的使用

需要注意的是，由于兼容性的问题，在不同的浏览器中点线dotted和虚线dashed的显示样式可能会略有差异。

2. 边框宽度（border-width）

border-width属性用于设置边框的宽度，其基本语法格式如下：

```
border-width: 上边 [右边 下边 左边];
```

在上面的语法格式中，border-width属性常用取值单位为像素px，并且同样遵循值复制的原则，其属性值可以设置1~4个，即一个值为四边，两个值为上下和左右，三个值为上、左右、下，四个值为上、右、下、左。

需要注意的是，想要正常显示边框宽度，前提是先设置好边框样式，否则不论边框宽度设置为多宽都不会起效果。图8-4所示为不同边框宽度的盒子。

边框宽度
file:///D:/教材案例/chapter08…
伦家的边框样式为单实线，边框宽度为2px。
伦家的边框样式为单实线，边框宽度上下为3px、左右为1px。
伦家的边框样式为单实线，边框宽度上为3px、左右为1px、下为2px.

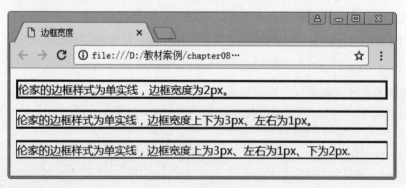

图8-4　边框宽度的使用

3. 边框颜色（border-color）

border-color属性用于设置边框的颜色，其基本语法格式如下：

```
border-color: 上边 [右边 下边 左边];
```

在上面的语法格式中，border-color的属性值可为预定义的颜色值、十六进制

#RRGGBB（最常用）或RGB代码rgb(r,g,b)。border-color的属性值同样可以设置为1~4个，遵循值复制的原则。

例如，设置段落的边框样式为实线，上下边为灰色，左右边为红色，代码如下：

```
p{
    border-style: solid;            /*综合设置边框样式*/
    border-color: #CCC #FF0000;     /*设置边框颜色：上下为灰色、左右为红色*/
}
```

值得一提的是，在CSS3中对边框颜色属性进行了增强，运用该属性可以快速定义各边的颜色。CSS3在原边框颜色属性（border-color）的基础上派生了4个边框颜色属性。

- border-top-color（顶部边框颜色）。
- border-right-color（右侧边框颜色）。
- border-bottom-color（底部边框颜色）。
- border-left-color（左侧边框颜色）。

上面的4个边框属性的属性值同样可为预定义的颜色值、十六进制#RRGGBB或RGB代码rgb(r,g,b)。例如，图8-5所示为不同的边框颜色。

边框颜色

**图8-5 边框颜色的使用**

> **注意**：设置边框颜色时必须设置边框样式，如果未设置样式或设置样式属性值为none，则其他边框属性无效。

### 4. 综合设置边框

使用border-style、border-width、border-color虽然可以实现丰富的边框效果，但是这种方式书写的代码烦琐，且不便于阅读。为此CSS提供了更简单的边框设置方式，其基本格式如下：

```
border: 样式 宽度 颜色;
```

上面的设置方式中，样式、宽度、颜色的顺序不分先后，可以只指定需要设置的属性，省略的部分将取默认值（样式不可省略）。

当每一侧的边框样式都不相同，或者只需单独定义某一侧的边框时，可以使用单侧边框的综合属性border-top、border-bottom、border-left或border-right进行设置。例如，单独定义段落的上边框，示例代码如下：

```
p{border-top: 2px solid #CCC;}        /*定义上边框，各个值顺序任意*/
```

当四条边的边框样式都相同时，可以使用border属性进行综合设置。

例如，将二级标题的边框设置为双实线、红色、3px，示例代码如下：

```
h2{border: 3px double red;}
```

border、border-top等能够一个属性定义标记的多种样式，在CSS中称为复合属性。常用的复合属性有font、border、margin、padding和background等。实际工作中常使用复合属性，它可以简化代码，提高页面的运行速度。

### 5．圆角边框（border-radius）

在网页设计中，经常需要设置圆角边框。运用CSS3中的border-radius属性可以将矩形边框四角圆角化，其基本语法格式如下：

```
border-radius: 水平半径参数1 水平半径参数2 水平半径参数3 水平半径参数4/垂直半径参数1 垂直半径参数2 垂直半径参数3 垂直半径参数4;
```

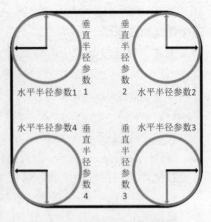

图8-6　参数所对应的圆角

在上面的语法格式中，水平和垂直半径参数均有4个参数值，分别对应着矩形的4个圆角（每个角包含着水平和垂直半径参数），如图8-6所示。border-radius的属性值主要包含两个参数，即水平半径参数和垂直半径参数，参数之间用"/"隔开，参数的取值单位可以为px（像素值）或%（百分比）。

扫码看案例

**课堂体验：电子案例8-3**
border-radius属性的用法

### 6．图片边框（border-image）

在网页设计中，有时需要对区域整体添加图片边框，运用CSS3中的border-image属性可以轻松实现这个效果。border-image属性是一个复合属性，内部包含border-image-source、border-image-slice、border-image-width、border-image-outset以及border-image-repeat等属性，其基本语法格式如下：

```
border-image: border-image-source/border-image-slice/border-image-width/border-image-outset/border-image-repeat;
```

对上述代码中名词的解释如表8-2所示。

表8-2　border-image的属性描述

| 属　　性 | 描　　述 |
| --- | --- |
| border-image-source | 指定图片的路径 |
| border-image-slice | 指定边框图像顶部、右侧、底部、左侧向内偏移量 |
| border-image-width | 指定边框宽度 |
| border-image-outset | 指定边框背景向盒子外部延伸的距离 |
| border-image-repeat | 指定背景图片的平铺方式 |

**课堂体验：电子案例8-4**
图片边框的设置方法

扫码看案例

## 8.2.2 内边距属性

在网页设计中，为了调整内容在盒子中的显示位置，常常需要给标记设置内边距，所谓内边距是指标记内容与边框之间的距离，也称内填充，内填充不会影响标记内容的大小。在CSS中padding属性用于设置内边距，同边框属性border一样，padding也是一个复合属性，其相关设置方法如下。

- padding-top：上内边距。
- padding-right：右内边距。
- padding-bottom：下内边距。
- padding-left：左内边距。
- padding：上内边距 [右内边距 下内边距 左内边距]。

在上面的设置中，padding相关属性的取值可为auto自动（默认值）、不同单位的数值、相对于父标记（或浏览器）宽度的百分比%，实际工作中最常用的是像素值（px），像素值不允许使用负值。

同边框相关属性一样，使用padding属性定义内边距时，必须按顺时针顺序采用值复制，一个值为四边、两个值为上下/左右，三个值为上/左右/下。

**课堂体验：电子案例8-5**
内边距的用法和效果

扫码看案例

> 注意：如果设置内外边距为百分比，则不论上下或左右的内外边距，都是相对于父标记宽度width的百分比，伴随父标记width的变化而变化，和高度height无关。

## 8.2.3 外边距属性

网页是由多个盒子排列而成的，要想拉开盒子与盒子之间的距离，合理地布局网页，就需要为盒子设置外边距。所谓外边距是指标记边框与相邻标记之间的距离。在CSS中margin属性用于设置外边距，它是一个复合属性，与内边距padding的用法类似，设置外边距的方法如下。

- margin-top：上外边距。
- margin-right：右外边距。
- margin-bottom：下外边距。
- margin-left：左外边距。

● margin：上外边距 [右外边距 下外边距 左外边距]。

margin相关属性的值，以及复合属性margin取1~4个值的情况与padding相同。但是，外边距可以使用负值，使相邻标记发生重叠。

当对块级元素应用宽度属性width，并将左右的外边距都设置为auto，可使块级元素水平居中，实际工作中常用这种方式进行网页布局，示例代码如下：

```
p{ margin: 0 auto;}
```

**课堂体验：电子案例8-6**

外边距的用法和效果

### 8.2.4　box-shadow属性

在网页制作中，经常需要对盒子添加阴影效果。CSS3中的box-shadow属性可以轻松实现阴影的添加，其基本语法格式如下：

```
box-shadow: h-shadow v-shadow blur spread color outset ;
```

在上面的语法格式中，box-shadow属性共包含6个参数值，如表8-3所示。

表8-3　box-shadow属性参数值

| 参　数　值 | 描　　述 |
| --- | --- |
| h-shadow | 表示水平阴影的位置，可以为负值（必选属性） |
| v-shadow | 表示垂直阴影的位置，可以为负值（必选属性） |
| blur | 阴影模糊半径（可选属性） |
| spread | 阴影扩展半径，不能为负值（可选属性） |
| color | 阴影颜色（可选属性） |
| outset/ inset | 默认为外阴影/内阴影（可选属性） |

表8-3列举了box-shadow属性参数值，其中h-shadow和v-shadow为必选参数值不可以省略，其余为可选参数值。其中，"阴影类型"默认outset更改为inset后，阴影类型则变为内阴影。

**课堂体验：电子案例8-7**

box-shadow属性的用法和效果

### 8.2.5 box-sizing属性

当一个盒子的总宽度确定之后，要想给盒子添加边框或内边距，往往需要更改width属性值，才能保证盒子总宽度不变。但是这样的操作烦琐且容易出错，运用CSS3的box-sizing属性可以轻松解决这个问题。box-sizing属性用于定义盒子的宽度值和高度值是否包含内边距和边框，其基本语法格式如下：

```
box-sizing: content-box/border-box;
```

上述语法格式中，box-sizing属性的取值可以为content-box或border-box，关于这两个值的相关介绍如下。

- content-box：浏览器对盒子模型的解释遵从W3C 标准，当定义width和height时，它的参数值不包括border和padding。
- border-box：当定义width和height时，border和padding的参数值被包含在width和height之内。

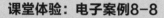

**课堂体验：电子案例8-8**
box-sizing属性的用法

扫码看案例

### 8.2.6 背景属性

相比文本，图像往往能给用户留下更深刻的印象，所以在网页设计中，合理控制背景颜色和背景图像至关重要。下面对CSS控制背景属性的相关知识进行具体讲解。

#### 1. 设置背景颜色（background-color）

在CSS中，使用background-color属性来设置网页的背景颜色，其属性值与文本颜色的取值一样，可使用预定义的颜色值、十六进制#RRGGBB或RGB代码rgb(r,g,b)。background-color的默认值为transparent，即背景透明。

**课堂体验：电子案例8-9**
background-color属性的用法

扫码看案例

#### 2. 设置背景图像（background-image）

背景不仅可以设置为某种颜色，还可以将图像作为标记的背景。在CSS中通过background-image属性设置背景图像。

以电子案例8-9为基础，准备一张背景图像（见图8-7），将图像放置在images文件夹中，然后更改body标记的CSS样式代码：

```
body{background-color: #CCC;              /*设置网页的背景颜色*/
    background-image: url(images/7.jpg);  /*设置网页的背景图像*/
}
```

保存HTML页面，刷新网页，效果如图8-8所示。

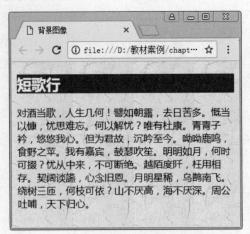

图8-7  背景图像素材                    图8-8  背景图像的使用

图8-7的背景图像素材实际尺寸为100×100px，此处为了展示进行了放大处理。通过图8-8可以看出，背景图像自动沿着水平和竖直两个方向平铺，充满整个页面，并且覆盖了<body>标记的背景颜色。

> 注意：背景图像如果是单个元素重复平铺，只需要局部小块切图，这样可提升页面的加载速度。

### 3. 设置背景图像的平铺（background-repeat）

默认情况下，背景图像会自动沿着水平和竖直两个方向平铺，如果不希望图像平铺，或者只沿着一个方向平铺，可以通过background-repeat属性来控制。该属性的属性值如下。

- repeat：沿水平和竖直两个方向平铺（默认值）。
- no-repeat：背景图像不平铺（图像只显示一个并位于页面的左上角）。
- repeat-x：只沿水平方向平铺。
- repeat-y：只沿竖直方向平铺。

例如，希望例子中的图像只沿着水平方向平铺，可以使用下面的代码。

```
background-repeat: repeat-x;                    /*设置背景图像的平铺*/
```

如果设置了图像属性后，再添加上述代码，图像会沿水平方向平铺。

### 4. 设置背景图像的位置（background-position）

如果将背景图像的平铺属性background-repeat定义为no-repeat，图像将默认以标记的左上角为基准点显示。

扫码看案例

**课堂体验：电子案例8-10**
设置背景图像的位置

background-position属性的取值有多种，具体介绍如下。

（1）使用不同单位（最常用的是像素px）的数值：直接设置图像左上角在标记中的坐标，例如"background-position:20px 20px;"。

（2）使用预定义的关键字：指定背景图像在标记中的对齐方式。

- 水平方向值：left、center、right。
- 垂直方向值：top、center、bottom。

两个关键字的顺序任意，若只有一个值则另一个默认为center。例如：

center：相当于 center center（居中显示）。

top：相当于 center top（水平居中、上对齐）。

（3）使用百分比：按背景图像和标记的指定点对齐。

- 0% 0%：表示图像左上角与标记的左上角对齐。
- 50% 50%：表示图像50% 50%中心点与标记50% 50%的中心点对齐。
- 20% 30%：表示图像20% 30%的点与标记20% 30%的点对齐。
- 100% 100%：表示图像右下角与标记的右下角对齐，而不是图像充满标记。

如果只有一个百分数，将作为水平值，垂直值则默认为50%。

接下来将background-position的值定义为像素值，来控制电子案例8-10中背景图像的位置，body标记的CSS样式代码如下：

```
body{
    background-image: url(images/9.jpg);    /*设置网页的背景图像*/
    background-repeat: no-repeat;           /*设置背景图像不平铺*/
    background-position: 50px 80px;         /*用像素值控制背景图像的位置*/
}
```

保存HTML页面，再次刷新网页，效果如图8-9所示。

在图8-9中，图像距离body标记的左边缘为50px，距离上边缘为80px。

### 5．设置背景图像固定（background-attachment）

当网页中的内容较多时，但是希望图像会随着页面滚动条的移动而移动，此时就需要应用background-attachment属性来设置。background-attachment属性有两个属性值，分别代表不同的含义，具体解释如下。

- scroll：图像随页面一起滚动（默认值）。
- fixed：图像固定在屏幕上，不随页面滚动。

下面在电子案例8-10的基础上，更改body标记的CSS样式代码如下：

图8-9 控制背景图像的位置

```
body{
    background-image: url(images/9.jpg);      /*设置网页的背景图像*/
    background-repeat: no-repeat;             /*设置背景图像不平铺*/
    background-position: 50px 80px;           /*用像素值控制背景图像的位置*/
    background-attachment: fixed;             /*设置背景图像的位置固定*/
}
```

保存HTML文件，刷新页面，效果如图8-10所示。

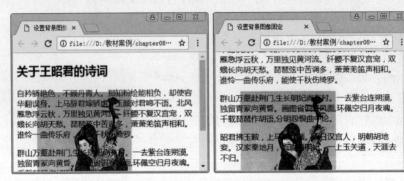

图8-10　background-attachment属性的使用

在图8-10所示的页面中，无论如何拖动浏览器的滚动条，背景图像的位置始终都固定不变。

### 6．设置背景图像的大小（background-size）

在CSS3中，新增了background-size属性用于控制背景图像的大小，其基本语法格式如下：

```
background-size: 属性值1 属性值2;
```

在上面的语法格式中，background-size属性可以设置一个或两个值定义背景图像的宽高，其中属性值1为必选属性值，属性值2为可选属性值。属性值可以是像素值、百分比、或cover、contain关键字，具体解释如表8-4所示。

表8-4　background-size属性值

| 属性值 | 描　　　　述 |
| --- | --- |
| 像素值 | 设置背景图像的高度和宽度。第一个值设置宽度，第二个值设置高度。如果只设置一个值，则第二个值会默认为auto |
| 百分比 | 以父标记的百分比来设置背景图像的宽度和高度。第一个值设置宽度，第二个值设置高度。如果只设置一个值，则第二个值会默认为auto |
| cover | 把背景图像扩展至足够大，使背景图像完全覆盖背景区域。背景图像的某些部分也许无法显示在背景定位区域中 |
| contain | 把图像扩展至最大尺寸，以使其宽度和高度完全适应内容区域 |

### 7．设置背景图像的显示区域（background-origin）

默认情况下，background-position属性总是以标记左上角为坐标原点定位背景图像，运用CSS3中的background-origin 属性可以改变这种定位方式，自行定义背景图像的相对位置，其基本语法格式如下：

```
background-origin: 属性值;
```

在上面的语法格式中，background-origin 属性有三种属性值，分别表示不同的含义，具体介绍如下。

- padding-box：背景图像相对于内边距区域来定位。
- border-box：背景图像相对于边框来定位。
- content-box：背景图像相对于内容框来定位。

### 8. 设置背景图像的裁剪区域（background-clip）

在CSS样式中，background-clip属性用于定义背景图像的裁剪区域，其基本语法格式如下：

```
background-clip: 属性值;
```

上述语法格式中，background-clip属性和background-origin 属性的取值相似，但含义不同，具体解释如下。

- border-box：默认值，从边框区域向外裁剪背景。
- padding-box：从内边距区域向外裁剪背景。
- content-box：从内容区域向外裁剪背景。

### 9. 设置多重背景图像

在CSS3之前的版本中，一个容器只能填充一张背景图片，如果重复设置，后设置的背景图片将覆盖之前的背景。CSS3中增强了背景图像的功能，允许一个容器里显示多个背景图像，使背景图像效果更容易控制。但是，CSS3中并没有为实现多背景图片提供对应的属性，而是通过background-image、background-repeat、background-position和background-size等属性的值来实现多重背景图像效果，各属性值之间用逗号隔开。

**课堂体验：电子案例8-11**
多重背景图像的设置方法

扫码看案例

### 10. 背景复合属性

同边框属性一样，在CSS中背景属性也是一个复合属性，可以将背景相关的样式都综合定义在一个复合属性background中。使用background属性综合设置背景样式的语法格式如下：

```
background: [background-color] [background-image] [background-repeat] [background-attachment] [background-position] [background-size] [background-clip] [background-origin];
```

在上面的语法格式中，各个样式顺序任意，对于不需要的样式可以省略。

**课堂体验：电子案例8-12**
设置背景复合属性

扫码看案例

### 11．设置背景与图片的不透明度

前面学习了背景颜色和背景图像的相关设置，下面将在前面知识点的基础上做进一步延伸，通过引入RGBA模式和opacity属性，对背景与图片不透明度的设置进行详细讲解。

1）RGBA模式

RGBA是CSS3新增的颜色模式，它是RGB颜色模式的延伸，该模式是在红、绿、蓝三原色的基础上添加了不透明度参数。其语法格式如下：

```
rgba(r, g, b, alpha);
```

上述语法格式中，前三个参数与RGB中的参数含义相同，alpha参数是一个介于0.0（完全透明）和1.0（完全不透明）之间的数字。

例如，使用RGBA模式为p标记指定透明度为0.5，颜色为红色的背景，代码如下：

```
p{background-color: rgba(255, 0, 0, 0.5);}
```

2）opacity属性

在CSS3中，使用opacity属性能够使任何标记呈现出透明效果。其语法格式如下：

```
opacity: opacityValue;
```

上述语法中，opacity属性用于定义标记的不透明度，参数opacityValue表示不透明度的值，它是一个介于0~1之间的浮点数值。其中，0表示完全透明，1表示完全不透明，而0.5则表示半透明。

## 8.3  元素类型与转换

在前面的章节中介绍CSS属性时，经常会提到"仅适用于块级元素"，那么究竟什么是块级元素？标记在默认状态下拥有一定的显示模式，那么如何将元素的类型在显示模式之间进行转换？接下来，本节将对元素的类型与转换的相关知识进行讲解。

### 8.3.1  元素的类型

HTML标记语言提供了丰富的标记，用于组织页面结构。为了使页面结构的组织更加轻松、合理，HTML标记被定义成了不同的类型，一般分为块元素和行内元素，也称块标记和行内标记。了解它们的特性可以为使用CSS设置样式和布局打下基础，具体介绍如下。

#### 1．块元素

块元素在页面中以区域块的形式出现，其特点是，每个块元素通常都会独自占据一整行或多整行，可以对其设置宽度、高度、对齐等属性，常用于网页布局和网页结构的搭建。

常见的块元素有<h1>~<h6>、<p>、<div>、<ul>、<ol>、<li>等，其中<div>标记是最典型的块元素。

#### 2．行内元素

行内元素也称内联元素或内嵌元素，其特点是，不必在新的一行开始，同时，也不强迫其他标记在新的一行显示。一个行内标记通常会和它前后的其他行内标记显示在同一行中，它们不占有独立的区域，仅仅靠自身的字体大小和图像尺寸来支撑结构，一般不可以设置宽度、高度、对齐等属性，常用于控制页面中文本的样式。

常见的行内元素有<strong>、<b>、<em>、<i>、<del>、<s>、<ins>、<u>、<a>、<span>等，其中<span>标记最典型的行内元素。

**课堂体验：电子案例8-13**
认识块元素与行内元素

扫码看案例

> **注意：** 在行内元素中有几个特殊的标记如<img />和<input />，则可以对它们设置宽高和对齐属性，有些资料可能会称它们为行内块元素。

## 8.3.2 <span>标记

span译为中文是"范围"，它作为容器标记被广泛应用在HTML语言中。和<div>标记不同的是，<span>是行内元素，仅作为只能包含文本和各种行内标记的容器，如加粗标记<strong>、倾斜标记<em>等。<span>标记中还可以嵌套多层<span>。

<span>标记常用于定义网页中某些特殊显示的文本，配合class属性使用。<span>标记本身没有结构特征，只有应用样式时，才会产生视觉上的变化。当其他行内标记都不合适时，就可以使用<span>标记。

**课堂体验：电子案例8-14**
<span>标记的使用

扫码看案例

需要注意的是，<div>标记可以内嵌<span>标记，但是<span>标记中却不能嵌套<div>标记。可以将<div>和<span>分别看作一个大容器和小容器，大容器内可以放下小容器，但是小容器内却放不下大容器。

## 8.3.3 元素的转换

网页是由多个块元素和行内元素构成的盒子排列而成的。如果希望行内元素具有块元素的某些特性，例如可以设置宽高，或者需要块元素具有行内元素的某些特性，例如不独占一行排列，可以使用display属性对元素的类型进行转换。display属性常用的属性值及含义如下。

- inline：将指定对象显示为行内元素（行内元素默认的display属性值）。
- block：将指定对象显示为块元素（块元素默认的display属性值）。
- inline-block：将指定对象显示为行内块元素，可以对其设置宽高和对齐等属性。
- none：隐藏对象，该对象既不显示也不占用页面空间。

# 8.4　块元素垂直外边距的合并

当两个相邻或嵌套的块元素相遇时，其垂直方向的外边距会自动合并，发生重叠。了解块元素的这一特性，有助于更好地使用CSS进行网页布局。本节将针对块元素垂直外边距的合并进行详细讲解。

## 8.4.1　相邻块元素垂直外边距的合并

当上下相邻的两个块元素相遇时，如果上面的标记有下外边距margin-bottom，下面的标记有上外边距margin-top，则它们之间的垂直间距不是margin-bottom与margin-top之和，而是两者中的较大者。这种现象称为相邻块元素垂直外边距的合并（也称外边距塌陷）。

**课堂体验：电子案例8-15**
相邻块元素垂直外边距的合并

## 8.4.2　嵌套块元素垂直外边距的合并

对于两个嵌套关系的块元素，如果父标记没有上内边距及边框，则父标记的上外边距会与子标记的上外边距发生合并，合并后的外边距为两者中的较大者，即使父标记的上外边距为0，也会发生合并。

**课堂体验：电子案例8-16**
嵌套块元素垂直外边距的合并

值得一提的是，它们的下外边距也有可能发生合并。如果父标记没有设置高度及自适应子标记的高度，同时，也没有对其定义上内边距及上边框，则父标记与子标记的下外边距会发生合并。

# 习　　题

一、判断题

1. <div>标记是块标记，可以实现网页的规划和布局。　　　　　　　　（　　）

2. <span>是行内元素，常用于定义网页中某些特殊显示的文本。　　　（　　）

3. 使用display属性可实现元素类型的转换。　　　　　　　　　　　（　　）

4. <span>标记中可以内嵌<div>标记。　　　　　　　　　　　　　　（　　）

5. 内边距（padding）、边框（border）和外边距（margin）属性均包含4个方向，方向既可以分别定义也可以统一定义。　　　　　　　　　　　　　（　　）

二、选择题

1.（单选）下列选项中，关于盒子的总宽度说法正确的是（　　）。

    A. 左右内边距之和+左右外边距之和

    B. 左右内边距之和+左右边框之和+左右外边距之和

    C. width+左右内边距之和+左右边框之和+左右外边距之和

    D. width

2.（多选）下列选项中，属于实体化三属性的是（　　）。

    A. 宽度属性        B. 高度属性        C. 背景色属性        D. 颜色属性

3.（多选）下列选项中，属于border-style属性取值的是（　　）。

    A. solid        B. dashed        C. dotted        D. double

4.（多选）下列选项中，border复合属性内部包含的是（　　）。

    A. border-style    B. border-width    C. border-color    D. border-radius

5.（多选）下列选项中，用于设置背景与图片不透明度的是（　　）。

    A. RGBA        B. linear-gradient    C. opacity        D. radial-gradient

三、简答题

1. 简要描述什么是盒子模型。

2. 简要描述块元素和行内元素。

# 第 9 章 列表和超链接

学习目标:

◎掌握列表标记。

◎熟悉CSS控制列表样式。

◎掌握超链接标记。

◎熟悉链接伪类控制超链接。

一个网站由多个网页构成,每个网页上都有大量的信息,要想使网页中的信息排列有序,条理清晰,并且网页与网页之间跳转有一定的关联,就需要使用列表和超链接。本章将对列表、CSS控制列表样式、超链接标记和链接伪类控制超链接进行具体讲解。

## 9.1 列 表 标 记

列表是网页结构中最常用的标记,也是信息组织和管理中最得力的工具。按照列表结构划分,网页中的列表通常分为三类,分别是无序列表<ul>、有序列表<ol>和定义列表<dl>。本节将对这三种列表标记进行详细讲解。

### 9.1.1 无序列表<ul>

ul是英文unordered list的缩写,翻译为中文是无序列表。无序列表是一种不分排序的列表,各个列表项之间没有顺序级别之分。无序列表使用<ul>标记表示,内部可以嵌套多个<li>标记(<li>是列表项)。定义无序列表的基本语法格式如下:

```
<ul>
    <li>列表项1</li>
    <li>列表项2</li>
    <li>列表项3</li>
    ...
</ul>
```

在上面的语法中，<ul></ul>标记用于定义无序列表，<li></li>标记嵌套在<ul></ul>标记中，用于描述具体的列表项，每对<ul></ul>中至少应包含一对<li></li>。

值得一提的是，<ul>和<li>都拥有type属性，用于指定列表项目符号，不同type属性值可以呈现不同的项目符号。表9-1列举了无序列表常用的type属性值。

表9-1 无序列表常用的type属性值

| type属性值 | 显 示 效 果 |
|---|---|
| disc（默认值） | ● |
| circle | ○ |
| square | ■ |

**课堂体验：电子案例9-1**
无序列表的基本语法和type属性

扫码看案例

## 9.1.2 有序列表<ol>

ol是英文ordered list短语的缩写，翻译为中文是有序列表。有序列表是一种强调排列顺序的列表，使用<ol>标记定义，内部嵌套多个<li>标记。例如，网页中常见的实时热点（根据日期时间）可以通过有序列表来定义。定义有序列表的基本语法格式如下：

```
<ol>
    <li>列表项1</li>
    <li>列表项2</li>
    <li>列表项3</li>
    ...
</ol>
```

在上面的语法中，<ol></ol>标记用于定义有序列表，<li></li>为具体的列表项，和无序列表类似，每对<ol></ol>中也至少应包含一对<li></li>。

在有序列表中，除了type属性之外，还可以为<ol>定义start属性、为<li>定义value属性，它们决定有序列表的项目符号，其取值和含义如表9-2所示。

表9-2 有序列表相关的属性

| 属性 | 属性值/属性值类型 | 描　　述 |
|---|---|---|
| type | 1（默认） | 项目符号显示为数字1 2 3… |
| | a或A | 项目符号显示为英文字母a b c d…或A B C… |
| | i或I | 项目符号显示为罗马数字i ii iii…或I II III… |
| start | 数字 | 规定项目符号的起始值 |
| value | 数字 | 规定项目符号的数字 |

扫码看案例

**课堂体验：电子案例9-2**
有序列表的基本语法和常用属性

### 9.1.3　定义列表<dl>

dl是英文definition list短语的缩写，翻译为中文是定义列表。定义列表与有序列表、无序列表父子搭配的不同，它包含了三个标记：dl、dt、dd。定义有序列表的基本语法格式如下：

```
<dl>
<dt>名词1</dt>
    <dd>dd是名词1的描述信息1</dd>
    <dd>dd是名词1的描述信息2</dd>
    ...
    <dt>名词2</dt>
    <dd>dd是名词2的描述信息1</dd>
    <dd>dd是名词2的描述信息2</dd>
    ...
</dl>
```

在上面的语法中，<dl></dl>标记用于指定定义列表，<dt></dt>和<dd></dd>并列嵌套于<dl></dl>中，其中，<dt></dt>标记用于指定术语名词，<dd></dd>标记用于对名词进行解释和描述。一对<dt></dt>可以对应多对<dd></dd>，即可以对一个名词进行多项解释。

扫码看案例

**课堂体验：电子案例9-3**
定义列表的基本语法

## 9.2　CSS 控制列表样式

定义无序或有序列表时，可以通过标记的属性控制列表的项目符号，但是这种方式实现的效果只是经典效果，难以适应风格各异的页面效果。为此，CSS提供了多个列表样式属性，本节将对这些属性进行详细讲解。

### 9.2.1　list-style-type属性

在CSS中，list-style-type属性用于控制列表项显示符号的类型，其取值有多种，它们的显示效果不同，具体如表9-3所示。

表9-3 list-style-type属性值

| 属性值 | 描　述 | 属性值 | 描　述 |
|---|---|---|---|
| disc | 实心圆（无序列表） | none | 不使用项目符号（无序列表和有序列表） |
| circle | 空心圆（无序列表） | cjk-ideographic | 简单的表意数字 |
| square | 实心方块（无序列表） | georgian | 传统的乔治亚编号方式 |
| decimal | 阿拉伯数字 | decimal-leading-zero | 以0开头的阿拉伯数字 |
| lower-roman | 小写罗马数字 | upper-roman | 大写罗马数字 |
| lower-alpha | 小写英文字母 | upper-alpha | 大写英文字母 |
| lower-latin | 小写拉丁字母 | upper-latin | 大写拉丁字母 |
| hebrew | 传统的希伯来编号方式 | armenian | 传统的亚美尼亚编号方式 |

**课堂体验：电子案例9-4**

list-style-type的常用属性值及其显示效果

扫码看案例

**注意**：各个浏览器对list-style-type属性的解析不同。因此，在实际网页制作过程中不推荐使用list-style-type属性。

## 9.2.2 list-style-image属性

一些常规的列表项显示符号并不能满足网页制作的需求，为此CSS提供了list-style-image属性，其取值为图像的url（地址）。使用list-style-image属性可以为各个列表项设置项目图像，使列表的样式更加美观。

**课堂体验：电子案例9-5**

应用list-style-image属性控制列表项目图像

扫码看案例

## 9.2.3 list-style-position属性

设置列表项目符号时，有时需要控制列表项目符号的位置，即列表项目符号相对于列表项内容的位置。在CSS中，list-style-position属性用于控制列表项目符号的位置，其取值有inside和outside两种，对它们的解释如下。

● inside：列表项目符号位于列表文本以内。
● outside：列表项目符号位于列表文本以外（默认值）。

扫码看案例

**课堂体验：电子案例9-6**
应用list-style-position属性控制列表项显示符位置

### 9.2.4　list-style属性

在CSS中列表样式也是一个复合属性，可以将列表相关的样式都综合定义在一个复合属性list-style中。使用list-style属性综合设置列表样式的语法格式如下：

```
list-style：列表项目符号 列表项目符号的位置 列表项目图像；
```

使用复合属性list-style时，通常按上面语法格式中的顺序书写，各个样式之间以空格隔开，不需要的样式可以省略。

扫码看案例

**课堂体验：电子案例9-7**
列表样式的复合属性list-style

值得一提的是，在实际网页制作过程中，为了高效地控制列表项显示符号，通常将list-style的属性值定义为none，然后通过为<li>设置背景图像的方式实现不同的列表项目符号。

扫码看案例

**课堂体验：电子案例9-8**
背景属性定义列表项目符号

## 9.3　超链接标记

超链接是网页中最常用的对象，每个网页通过超链接关联在一起，构成一个完整的网站。超链接定义的对象可以是图片，也可以是文本，甚至是网页中的任何内容元素。只有通过超链接定义的对象，才能点击后进行跳转。本节将对超链接标记进行详细讲解。

### 9.3.1　创建超链接

超链接虽然在网页中具有不可替代的地位，但是在HTML中创建超链接非常简单，只需用<a></a>标记环绕需要被链接的对象即可，其基本语法格式如下：

```
<a href="跳转目标" target="目标窗口的弹出方式">文本或图像</a>
```

在上面的语法中，<a>标记是一个行内标记，用于定义超链接，href和target为其常用属性，具体介绍如下。

- href：用于指定链接目标的url地址，当为<a>标记应用href属性时，它就具有了超链接的功能。
- target：用于指定链接页面的打开方式，其取值有_self和_blank两种，其中_self为默认值，意为在原窗口中打开，_blank为在新窗口中打开。

**课堂体验：电子案例9-9**
创建超链接的基本语法和超链接标记的常用属性

扫码看案例

注意：

1. 暂时没有确定链接目标时，通常将<a>标记的href属性值定义为"#"（即href="#"），表示该链接暂时为一个空链接。
2. 不仅可以创建文本超链接，而且可以为在网页中各种网页元素如图像、表格、音频、视频等添加超链接。

**多学一招：图像超链接边框的解决办法**

创建图像超链接时，在某些浏览中，图像会自动添加边框效果，影响页面的美观。去掉边框最直接的方法是将边框设置为0，具体代码如下：

```
<a href="#"><img src="图像URL" border="0" /></a>
```

## 9.3.2 锚点链接

如果网页内容较多，页面过长，浏览网页时就需要不断地拖动滚动条来查看所需要的内容，这样效率较低，且不方便。为了提高信息的检索速度，HTML提供了一种特殊的链接——锚点链接。通过创建锚点链接，用户能够直接跳到指定位置的内容。

**课堂体验：电子案例9-10**
创建锚点链接的方法

扫码看案例

注意：创建锚点链接可分为两步：一是使用<a>标记应用href属性（href属性 = "#id名"，id名不可重复）创建链接文本；二是使用相应的id名标注跳转目标的位置。

# 9.4 链接伪类控制超链接

定义超链接时，为了提高用户体验，经常需要为超链接指定不同的状态，使得超链接在点击前、点击后和鼠标悬停时的样式不同。在CSS中，通过链接伪类可以实现不同的链接状态，下面将对链接伪类控制超链接的样式进行详细讲解。

与超链接相关的4个伪类应用比较广泛，这几个伪类定义了超链接的4种不同状态，具体如表9-4所示。

表9-4 超链接标记<a>的伪类

| 超链接标记<a>的伪类 | 描　　述 |
| --- | --- |
| a:link{ CSS样式规则; } | 超链接的默认样式 |
| a:visited{ CSS样式规则;} | 超链接被访问过之后的样式 |
| a:hover{ CSS样式规则; } | 鼠标经过、悬停时超链接的样式 |
| a: active{ CSS样式规则; } | 鼠标点击不动时超链接的样式 |

扫码看案例

**课堂体验：电子案例9-11**
超链接标记<a>的4种状态

值得一提的是，在实际工作中，通常只需要使用a:link、a:visited和a:hover定义未访问、访问后和鼠标悬停时的超链接样式，并且常常对a:link和a:visited应用相同的样式，使未访问和访问后的超链接样式保持一致。

> 注意：
> 1. 使用超链接的4种伪类时，对排列顺序是有要求的。通常按照a:link、a:visited、a:hover和a:active的顺序书写，否则定义的样式可能不起作用。
> 2. 超链接的4种伪类状态并非全部定义，一般只需要设置三种状态即可，如link、hover和active。如果只设定两种状态，使用link、hover来定义即可。
> 3. 除了文本样式之外，链接伪类还常常用于控制超链接的背景、边框等样式。

# 习　题

一、判断题

1. 定义列表中，<dt></dt>标记用于对名词进行解释和描述。　　　　　　（　　）
2. 定义列表中，<dl>、<dt>、<dd>三个标记之间不允许出现其他标记。　（　　）
3. <ol></ol>标记用于定义有序列表，<li></li>为具体的列表项。　　（　　）
4. 在CSS中，list-style-position属性用于控制列表项目符号的位置。　（　　）
5. 在CSS中，list-style-type属性用于控制列表项显示符号的类型。　（　　）

二、选择题

1. （单选）在无序列表中，属于一级列表项前默认显示符号的是（　　　）。

 A. ●       B. ○       C. ■       D. 1

2. （多选）下列选项中，属于无序列表的是（　　　）。

 A. ul       B. ol       C. dd       D. li

3. （多选）下列选项中，属于超链接<a>标记的属性是（　　　）。

 A. href      B. target      C. title      D. blank

4. （多选）下列选项中，list-style复合属性内部包含的是（　　　）。

 A. list-style-type       B. list-border

 C. list-style-image      D. list-style-position

5. （多选）下列选项中，超链接标记<a>的伪类包含（　　　）。

 A. a:link     B. a:visited     C. a:hover     D. a: active

三、简答题

1. 简要描述超链接定义的对象包含哪些。

2. 简要描述创建锚点链接的步骤。

# 第 ⑩ 章　表格和表单

**学习目标：**

◎ 掌握表格标记的应用，能够创建表格并添加表格样式。

◎ 理解表单的构成，可以快速创建表单。

◎ 掌握表单相关标记，能够创建具有相应功能的表单控件。

◎ 掌握表单样式的控制，能够美化表单界面。

表格与表单是HTML网页中的重要标记，利用表格可以对网页进行排版，使网页信息有条理地显示出来，而表单则使网页从单向的信息传递发展到能够与用户进行交互对话，实现了网上注册、网上登录、网上交易等多种功能。本章将对表格相关标记、表单相关标记以及CSS控制表格与表单的样式进行详细讲解。

## 10.1　表格标记

日常生活中，为了清晰地显示数据或信息，常常使用表格对数据或信息进行统计，同样在制作网页时，为了使网页中的元素有条理地显示，也可以使用表格对网页进行规划。为此，HTML提供了一系列的表格标记，本节将对这些标记进行详细讲解。

### 10.1.1　创建表格

在Word中，如果要创建表格，只需插入表格，然后设定相应的行数和列数即可。然而在HTML网页中，所有的元素都是通过标记来定义的，要想创建表格，就需要使用表格相关的标记。创建表格的基本语法格式如下：

```
<table>
    <tr>
        <td>单元格内的文字</td>
        ...
    </tr>
    ...
</table>
```

在上面的语法中包含三对HTML标记，分别为<table></table>、<tr></tr>、<td></td>，它们是创建HTML网页中表格的基本标记，缺一不可。对它们具体解释如下。

- <table></table>：用于定义一个表格的开始与结束。在<table>标记内部，可以放置表格的标题、表格行和单元格等。
- <tr></tr>：用于定义表格中的一行，必须嵌套在<table></table>标记中，在<table></table>中包含几对<tr></tr>，就表示该表格有几行。
- <td></td>：用于定义表格中的单元格，必须嵌套在<tr></tr>标记中，一对<tr></tr>中包含几对<td></td>，就表示该行中有多少列（或多少个单元格）。

**课堂体验：电子案例10-1**
创建表格的基本语法和标记

扫码看案例

> 注意：学习表格的核心是学习<td></td>标记，它就像一个容器，可以容纳所有的标记，<td></td>中甚至可以嵌套表格<table></table>。但是，<tr></tr>中只能嵌套<td></td>，不可以在<tr></tr>标记中输入文字。

## 10.1.2　<table>标记的属性

表格标记包含了大量属性，虽然大部分属性都可以使用CSS进行替代，但是HTML也为<table>标记提供了一系列的属性，用于控制表格的显示样式，具体如表10-1所示。

表10-1　<tr>标记的常用属性

| 属性 | 描　　述 | 常用属性值 |
| --- | --- | --- |
| border | 设置表格的边框（默认border="0"为无边框） | 像素值 |
| cellspacing | 设置单元格与单元格边框之间的空白间距 | 像素值（默认为2px） |
| cellpadding | 设置单元格内容与单元格边框之间的空白间距 | 像素值（默认为1px） |
| width | 设置表格的宽度 | 像素值 |
| height | 设置表格的高度 | 像素值 |
| align | 设置表格在网页中的水平对齐方式 | left、center、right |
| bgcolor | 设置表格的背景颜色 | 预定义的颜色值、十六进制#RGB、rgb(r,g,b) |
| background | 设置表格的背景图像 | url地址 |

表10-1中列出了<table>标记的常用属性，对于其中的某些属性，初学者可能不是很理解，接下来对这些属性进行具体讲解。

### 1. border属性

在<table>标记中，border属性用于设置表格的边框，默认值为0。

为了更好地理解border属性设置的双线边框，将电子案例10-1中<table>标记的border属性值设置为20，将第8行代码更改如下：

```
<table border="20">
```

这时保存HTML文件，刷新页面，效果如图10-1所示。双线边框的外边框变宽了，内边框不变。其实，在双线边框中，外边框为表格<table>的边框，内边框为单元格<td>的边框。也就是说，<table>标记的border属性值改变的是外边框宽度，内边框宽度仍然为1px。

### 2. cellspacing属性

cellspacing属性用于设置单元格与单元格边框之间的空白间距，默认为2px。例如，对电子案例10-1中的<table>标记应用cellspacing="20"，则第8行代码如下：

```
<table border="20" cellspacing="20">
```

这时保存HTML文件，刷新页面，效果如图10-2所示。

图10-1　设置border="20"的效果图

图10-2　设置cellspacing="20"的效果图

通过图10-2看出，单元格与单元格以及单元格与表格边框之间都拉开了20px的距离。

### 3. cellpadding属性

cellpadding属性用于设置单元格内容与单元格边框之间的空白间距，默认为1px。例如，对电子案例10-1中的<table>标记应用cellpadding="20"，则第8行代码如下：

```
<table border="20" cellspacing=
"20" cellpadding="20">
```

这时保存HTML文件，刷新页面，效果如图10-3所示。

在图10-3中，单元格内容与单元格边框之间出现了20px的空白间距，如"主人公"与其所在的单元格边框之间拉开了20px的距离。

图10-3　设置cellpadding="20"的效果图

### 4．width属性和height属性

默认情况下，表格的宽度和高度是自适应的，依靠其自身的内容来支撑。要想更改表格的尺寸，就需要对其应用宽度属性width和高度属性height。接下来对电子案例10-1中的表格设置宽度，将第8行代码更改如下：

```
<table border="20" cellspacing="20" cellpadding="20" width="600"
height="600">
```

这时保存HTML文件，刷新页面，效果如图10-4所示。

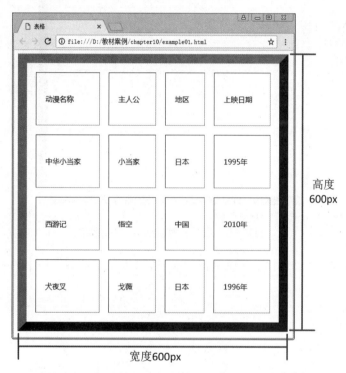

图10-4　设置width="600"和height="600"的效果图

在图10-4中，表格按设置的宽度为600px，各单元格的宽高均按一定的比例增加。

> **注意**：当为表格标记<table>同时设置width、height和cellpadding属性时，cellpadding的显示效果将不太容易观察，所以一般在未给表格设置宽高的情况下测试cellpadding属性。

### 5．align属性

align属性可用于定义元素的水平对齐方式，其可选属性值为left、center、right。

需要注意的是，当对<table>标记应用align属性时，控制的是表格在页面中的水平对齐方式，单元格中的内容不受影响。例如，对电子案例10-1中的<table>标记应用align="center"，则第8行代码如下：

```
<table border="20" cellspacing="20" cellpadding="20" width="600"
height="600" align="center">
```

保存HTML文件，刷新页面，效果如图10-5所示。

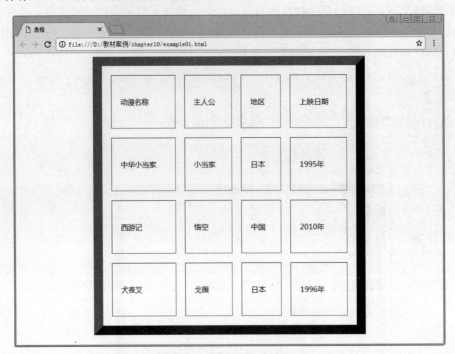

图10-5　设置表格align属性的使用

通过图10-5看出，表格位于浏览器的水平居中位置，而单元格中的内容不受影响，位置保持不变。

### 6．bgcolor属性

在<table>标记中，bgcolor属性用于设置表格的背景颜色，例如，将电子案例10-1中表格的背景颜色设置为灰色，可以将第8行代码更改如下：

```
<table border="20" cellspacing="20" cellpadding="20" width="600"
height="600" align="center" bgcolor="CCCCCC">
```

保存HTML文件，刷新页面，效果如图10-6所示。

通过图10-6看出，使用bgcolor属性后表格内部所有的背景颜色都变为灰色。

### 7．background属性

在<table>标记中，background属性用于设置表格的背景图像。例如，为电子案例10-1中的表格添加背景图像，则第8行代码如下：

```
<table border="20" cellspacing="20" cellpadding="20" width="600"
height="600" align="center" bgcolor="#CCCCCC" background="images/1.
jpg" >
```

保存HTML文件，刷新页面，效果如图10-7所示。

图10-6　设置表格bgcolor属性的使用

图10-7　设置表格background属性的使用

通过图10-7看出，图像在表格中沿着水平和竖直两个方向平铺，充满表格。

## 10.1.3 　&lt;tr&gt;标记的属性

通过对&lt;table&gt;标记应用各种属性，可以控制表格的整体显示样式，但是制作网页时，有时需要表格中的某一行特殊显示，这时就可以为行标记&lt;tr&gt;定义属性，其常用属性如表10-2所示。

表10-2　<tr>标记的常用属性

| 属性 | 描　述 | 常用属性值 |
| --- | --- | --- |
| height | 设置行高度 | 像素值 |
| align | 设置一行内容的水平对齐方式 | left、center、right |
| valign | 设置一行内容的垂直对齐方式 | top、middle、bottom |
| bgcolor | 设置行背景颜色 | 预定义的颜色值、十六进制#RGB、rgb(r,g,b) |
| background | 设置行背景图像 | url地址 |

表10-2中列出了<tr>标记的常用属性，其中大部分属性与<table>标记的属性相同，用法类似。

扫码看案例

**课堂体验：电子案例10-2**

行标记<tr>的常用属性效果

值得一提的是，学习<tr>的属性时需要注意以下几点。

● <tr>标记无宽度属性width，其宽度取决于表格标记<table>。

● 可以对<tr>标记应用valign属性，用于设置一行内容的垂直对齐方式。

● 虽然可以对<tr>标记应用background属性，但是在<tr>标记中此属性兼容问题严重。

> 注意：对于<tr>标记的属性了解即可，均可用相应的CSS样式属性进行替代。

## 10.1.4　<td>标记的属性

通过对行标记<tr>应用属性，可以控制表格中一行内容的显示样式。但是，在网页制作过程中，有时仅仅需要对某一个单元格进行控制，这时就可以为单元格标记<td>定义属性，其常用属性如表10-3所示。

表10-3　<td>标记的常用属性

| 属性名 | 含　义 | 常用属性值 |
| --- | --- | --- |
| width | 设置单元格的宽度 | 像素值 |
| height | 设置单元格的高度 | 像素值 |
| align | 设置单元格内容的水平对齐方式 | left、center、right |
| valign | 设置单元格内容的垂直对齐方式 | top、middle、bottom |
| bgcolor | 设置单元格的背景颜色 | 预定义的颜色值、十六进制#RGB、rgb(r,g,b) |
| background | 设置单元格的背景图像 | url地址 |
| colspan | 设置单元格横跨的列数（用于合并水平方向的单元格） | 正整数 |
| rowspan | 设置单元格竖跨的行数（用于合并竖直方向的单元格） | 正整数 |

表10-3中列出了\<td\>标记的常用属性，其中大部分属性与\<tr\>标记的属性相同，用法类似。与\<tr\>标记不同的是，可以对\<td\>标记应用width属性，用于指定单元格的宽度，同时\<td\>标记还拥有colspan和rowspan属性，用于对单元格进行合并。

**课堂体验：电子案例10-3**

\<td\>标记的colspan和rowspan属性

扫码看案例

> **注意：**
>
> 1. 在\<td\>标记的属性中，重点掌握colspan和rolspan，其他属性了解即可，不建议使用，均可用CSS样式属性替代。
> 2. 当对某一个\<td\>标记应用width属性设置宽度时，该列中的所有单元格均会以设置的宽度显示。
> 3. 当对某一个\<td\>标记应用height属性设置高度时，该行中的所有单元格均会以设置的高度显示。

## 10.1.5 \<th\>标记

应用表格时经常需要为表格设置表头，以使表格的格式更加清晰，方便查阅。表头一般位于表格的第一行或第一列，其文本加粗居中。图10-8即为设置了表头的表格。设置表头非常简单，只需用表头标记\<th\>\</th\>替代相应的单元格标记\<td\>\</td\>即可。

**图10-8 设置了表头的表格**

\<th\>\</th\>标记与\<td\>\</td\>标记的属性、用法完全相同，但是它们具有不同的语义。\<th\>\</th\>用于定义表头单元格，其文本默认加粗居中显示；\<td\>\</td\>定义的为普通单元格，其文本为普通文本且水平左对齐显示。

# 10.2 CSS控制表格样式

除了表格标记自带的属性外，还可用CSS的边框、宽高、颜色等来控制表格样式。另外，CSS中还定义了表格专用属性，以便控制表格样式。

### 10.2.1 CSS控制表格边框

使用<table>标记的border属性可以为表格设置边框，但是这种方式设置的边框效果并不理想，如果要更改边框的颜色，或改变单元格的边框大小，会很困难。而使用CSS边框样式属性border可以轻松地控制表格的边框。

**课堂体验：电子案例10-4**

CSS控制表格边框

注意：

1. border-collapse属性的属性值除了collapse（合并）之外，还有一个属性值为separate（分离），通常表格中边框都默认为separate。

2. 当表格的border-collapse属性设置为collapse时，则 HTML中设置的cellspacing属性值无效。

3. 行标记<tr>无border样式属性。

### 10.2.2 CSS控制单元格边距

使用<table>标记的属性美化表格时，可以通过cellpadding和cellspacing分别控制单元格内容与边框之间的距离以及相邻单元格边框之间的距离。这种方式与盒子模型中设置内外边距类似。

**课堂体验：电子案例10-5**

CSS控制单元格边距

### 10.2.3 CSS控制单元格宽高

单元格的宽度和高度，有着和其他标记不同的特性，主要表现在单元格之间的互相影响上。

**课堂体验：电子案例10-6**

CSS控制单元格宽高

# 10.3 认识表单

表单是可以通过网络接收其他用户数据的平台，如注册页面的账户密码输入、网上订货页等，都是以表单的形式来收集用户信息，并将这些信息传递给后台服务器，实现网页与用户间的沟通对话。本节将对表单进行详细讲解。

## 10.3.1 表单的构成

在HTML中，一个完整的表单通常由表单控件、提示信息和表单域3个部分构成，如图10-9所示。

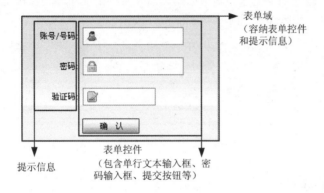

**图10-9 表单的构成**

对于表单构成中的表单控件、提示信息和表单域的具体解释如下。

● 表单控件：包含了具体的表单功能项，如单行文本输入框、密码输入框、复选框、提交按钮、搜索框等。

● 提示信息：一个表单中通常需要包含一些说明性的文字，提示用户进行填写和操作。

● 表单域：相当于一个容器，用来容纳所有的表单控件和提示信息，可以通过它定义、处理表单数据所用程序的url地址以及数据提交到服务器的方法。如果不定义表单域，表单中的数据就无法传送到后台服务器。

## 10.3.2 表单的创建

在HTML5中，<form></form>标记被用于定义表单域，即创建一个表单，以实现用户信息的收集和传递，<form></form>中的所有内容都会被提交给服务器。创建表单的基本语法格式如下：

```
<form action="url地址" method="提交方式" name="表单名称">
    各种表单控件
</form>
```

在上面的语法中，<form>与</form>之间的表单控件是由用户自定义的，action、method和name为表单标记<form>的常用属性，分别用于定义url地址、提交方式及表单名称（表单中具有name属性的元素会将用户填写的内容提交给服务器，这里了解即可），示例代码如下：

```
<form action="http: //www.mysite.cn/index.asp" method="post"> <!--
表单域-->
     账号：          <!--提示信息-->
     <input type="text" name="zhanghao" />          <!--表单控件-->
     密码：          <!--提示信息-->
     <input type="password" name="mima" />          <!--表单控件-->
     <input type="submit" value="提交"/>          <!--表单控件-->
</form>
```

上述示例代码即为一个完整的表单结构，对于其中的表单标记和标记的属性，在本章后面的小节中将会具体讲解，这里了解即可。示例代码对应效果如图10-10所示。

图10-10 创建表单

### 10.3.3 表单的属性

表单拥有多个属性，通过设置表单属性可以实现提交方式、自动完成、表单验证等不同的表单功能。下面将对表单标记的相关属性进行讲解。

**1. action属性**

在表单收集到信息后，需要将信息传递给服务器进行处理，action属性用于指定接收并处理表单数据的服务器程序的url地址。例如：

```
<form action="form_action.asp">
```

表示当提交表单时，表单数据会传送到名为 "form_action.asp" 的页面去处理。

action的属性值可以是相对路径或绝对路径，还可以为接收数据的E-mail地址。例如：

```
<form action=mailto: htmlcss@163.com>
```

表示当提交表单时，表单数据会以电子邮件的形式传递出去。

**2. method属性**

method属性用于设置表单数据的提交方式，其取值为get或post。在HTML5中，可以通过<form>标记的method属性指明表单处理服务器处理数据的方法，示例代码如下：

```
<form action="form_action.asp" method="get">
```

在上面的代码中，get为method属性的默认值，采用get方法，浏览器会与表单处理服务器建立连接，然后直接在一个传输步骤中发送所有的表单数据。

如果采用post方法，浏览器将会按照下面两步来发送数据。首先，浏览器将与action属性中指定的表单处理服务器建立联系，然后，浏览器按分段传输的方法将数据发送给服务器。

另外，采用get方法提交的数据将显示在浏览器的地址栏中，保密性差，且有数据量的限制。而post方式的保密性好，并且无数据量的限制，所以使用method="post"可以提交大量数据。

### 3．name属性

name属性用于指定表单的名称，具有name属性的元素会将用户填写的内容提交给服务器。

### 4．autocomplete属性

autocomplete属性用于指定表单是否有自动完成功能。所谓"自动完成"，是指将表单控件输入的内容记录下来，当再次输入时，会将输入的历史记录显示在一个下拉列表里，以实现自动完成输入。

autocomplete属性有两个值，对它们的解释如下。

● on：表单有自动完成功能。

● off：表单无自动完成功能。

autocomplete属性示例代码如下：

```
<form id="formBox" autocomplete="on">
```

值得一提的是，autocomplete属性不仅可以用于<form>标记，还可以用于所有输入类型的<input />标记。

### 5．novalidate属性

novalidate属性指定在提交表单时取消对表单进行有效的检查。为表单设置该属性时，可以关闭整个表单的验证，这样可以使<form>标记内的所有表单控件不被验证，示例代码如下：

```
<form action="form_action.asp" method="get" novalidate="true">
```

上述示例代码对form标记应用"novalidate="true""样式，来取消表单验证。

> 注意：<form>标记的属性并不会直接影响表单的显示效果。要想让一个表单有意义，就必须在<form>与</form>之间添加相应的表单控件。

## 10.4 表 单 控 件

学习表单的核心就是学习表单控件，HTML提供了一系列的表单控件，用于定义不同的表单功能，如密码输入框、文本域、下拉列表、复选框等，本节将对这些表单控件进行详细讲解。

### 10.4.1 input控件

浏览网页时经常会看到单行文本输入框、单选按钮、复选框、提交按钮、重置按钮等。要想定义这些元素，就需要使用input控件，其基本语法格式如下：

```
<input type="控件类型"/>
```

在上面的语法中，<input />标记为单标记，type属性为其最基本的属性，其取值有多

种，用于指定不同的控件类型。除了type属性之外，<input />标记还可以定义很多其他属性，其常用属性如表10-4所示。

表10-4　<input />标记的常用属性

| 属　　性 | 属　性　值 | 描　　　　述 |
|---|---|---|
| type | text | 单行文本输入框 |
| | password | 密码输入框 |
| | radio | 单选按钮 |
| | checkbox | 复选框 |
| | button | 普通按钮 |
| | submit | 提交按钮 |
| | reset | 重置按钮 |
| | image | 图像形式的提交按钮 |
| | hidden | 隐藏域 |
| | file | 文件域 |
| | email | E-mail地址的输入域 |
| | url | URL地址的输入域 |
| | number | 数值的输入域 |
| | range | 一定范围内数字值的输入域 |
| | Date pickers (date, month, week, time, datetime, datetime-local) | 日期和时间的输入类型 |
| | search | 搜索域 |
| | color | 颜色输入类型 |
| | tel | 电话号码输入类型 |
| name | 由用户自定义 | 控件的名称 |
| value | 由用户自定义 | input控件中的默认文本值 |
| size | 正整数 | input控件在页面中的显示宽度 |
| readonly | readonly | 该控件内容为只读（不能编辑修改） |
| disabled | disabled | 第一次加载页面时禁用该控件（显示为灰色） |
| checked | checked | 定义选择控件默认被选中的项 |
| maxlength | 正整数 | 控件允许输入的最多字符数 |
| autocomplete | on/off | 设定是否自动完成表单字段内容 |
| autofocus | autofocus | 指定页面加载后是否自动获取焦点 |
| form | form元素的id | 设定字段隶属于哪一个或多个表单 |
| list | datalist元素的id | 指定字段的候选数据值列表 |
| multiple | multiple | 指定输入框是否可以选择多个值 |

续表

| 属性 | 属 性 值 | 描 述 |
|---|---|---|
| min、max和step | 数值 | 规定输入框所允许的最大值、最小值及间隔 |
| pattern | 字符串 | 验证输入的内容是否与定义的正则表达式匹配 |
| placeholder | 字符串 | 为input类型的输入框提供一种提示 |
| required | required | 规定输入框填写的内容不能为空 |

## 10.4.2 <input/>标记的type属性

在表10-4中，展示了<input />标记中多个type属性值，分别用于定义不同的控件类型，下面做具体介绍。

**1. 单行输入框< input type="text"/ >**

单行文本输入框常用来输入简短的信息，如用户名、账号等，常用的属性有name、value、maxlength。

**2. 密码输入框< input type="password"/ >**

密码输入框用来输入密码，其内容将以圆点的形式显示。

**3. 单选按钮<input type="radio" />**

单选按钮用于单项选择，如选择性别、是否操作等。需要注意的是，在定义单选按钮时，必须为同一组中的选项指定相同的name值，这样"单选"才会生效。此外，可以对单选按钮应用checked属性，指定默认选中项。

**4. 复选框<input type="checkbox" />**

复选框常用于多项选择，如选择兴趣、爱好等，可对其应用checked属性，指定默认选中项。

**5. 普通按钮<input type="button" />**

普通按钮常常配合JavaScript脚本语言使用，初学者了解即可。

**6. 提交按钮<input type="submit" />**

提交按钮是表单中的核心控件，用户完成信息的输入后，一般都需要单击提交按钮才能完成表单数据的提交。可以对其应用value属性，改变提交按钮上的默认文本。

**7. 重置按钮<input type="reset" />**

当用户输入的信息有误时，可单击重置按钮取消已输入的所有表单信息。可以对其应用value属性，改变重置按钮上的默认文本。

**8. 图像形式的提交按钮<input type="image" />**

图像形式的提交按钮与普通的提交按钮在功能上基本相同，只是它用图像替代了默认的按钮，外观上更加美观。需要注意的是，必须为其定义src属性指定图像的url地址。

**9. 隐藏域<input type=" hidden" />**

隐藏域对于用户是不可见的，通常用于后台的程序，初学者了解即可。

**10. 文件域<input type="file" />**

当定义文件域时，页面中将出现一个"选择文件"按钮和提示信息文本，用户可以通过单击按钮然后直接选择文件的方式，将文件提交给后台服务器。

扫码看案例

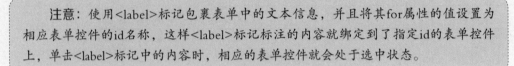

**课堂体验：电子案例10-7**

<input />标记的type属性值

> 注意：使用<label>标记包裹表单中的文本信息，并且将其for属性的值设置为相应表单控件的id名称，这样<label>标记标注的内容就绑定到了指定id的表单控件上，单击<label>标记中的内容时，相应的表单控件就会处于选中状态。

### 11. email类型< input type="email"/>

email类型的<input />标记是一种专门用于输入E-mail地址的文本输入框，用来验证email输入框的内容是否符合E-mail地址格式；如果不符合，将提示相应的错误信息。

### 12. url类型<input type="url"/>

url类型的<input />标记是一种用于输入URL地址的文本框。如果所输入的内容是URL地址格式的文本，则会提交数据到服务器；如果输入的值不符合URL地址格式，则不允许提交，并且会有提示信息。

### 13. tel类型<input type="tel"/>

tel类型用于提供输入电话号码的文本框，由于电话号码的格式千差万别，很难实现一个通用的格式。因此，tel类型通常会和pattern属性配合使用。

### 14. search 类型<input type="search"/>

search 类型是一种专门用于输入搜索关键词的文本框，它能自动记录一些字符，例如站点搜索或者Google搜索。在用户输入内容后，其右侧会附带一个删除图标，单击这个图标按钮可以快速清除内容。

### 15. color类型<input type="color"/>

color类型用于提供设置颜色的文本框，用于实现一个RGB颜色输入。其基本形式是#RRGGBB，默认值为#000000，通过value属性值可以更改默认颜色。单击color类型文本框，可以快速打开拾色器面板，方便用户可视化选取一种颜色。

### 16. number类型<input type="number"/>

number类型的<input />标记用于提供输入数值的文本框。在提交表单时，会自动检查该输入框中的内容是否为数字。如果输入的内容不是数字或者数字不在限定范围内，则会出现错误提示。

number类型的输入框可以对输入的数字进行限制，规定允许的最大值和最小值、合法的数字间隔或默认值等。具体属性说明如下。

● value：指定输入框的初始值。

● max：指定输入框可以接受的最大的输入值。

● min：指定输入框可以接受的最小的输入值。

● step：输入域合法的数字间隔，如果不设置，默认值是1。

### 17．range类型<input type="range" />

range类型的<input />标记用于提供一定范围内数值的输入范围，在网页中显示为滑动条，如图10-11所示。它的常用属性与number类型一样，通过min属性和max属性，可以设置最小值与最大值，通过step属性指定每次滑动的步幅。如果想改变range的value值，可以通过直接拖动滑动块或者单击滑动条来改变。

滑动条：

图10-11　滑动条

### 18．Date pickers类型<input type= date,month,week…" />

Date pickers类型是指时间日期类型。HTML5中提供了多个可供选取日期和时间的输入类型，用于验证输入的日期，具体如表10-5所示。

表10-5　时间和日期类型

| 时间和日期类型 | 描　　述 |
| --- | --- |
| date | 选取日、月、年 |
| month | 选取月、年 |
| week | 选取周、年 |
| time | 选取时间（小时和分钟） |
| datetime | 选取时间、日、月、年（UTC时间） |
| datetime-local | 选取时间、日、月、年（本地时间） |

在表10-5中，UTC是Universal Time Coordinated的英文缩写，即"协调世界时"，又称世界标准时间。简单地说，UTC时间就是0时区的时间。例如，如果北京时间为早上8点，则UTC时间为0点，即UTC时间比北京时间晚8小时。

用户可以直接向输入框中输入内容，也可以单击输入框之后的按钮进行选择。例如，当单击选取年、月、日的时间日期按钮时，效果如图10-12所示。选取年和周的时间日期类型按钮时，效果如图10-13所示。

图10-12　选取日、月、年的时间日期类型　　图10-13　选取周和年的时间日期类型

注意：对于浏览器不支持的<input />标记输入类型，则会在网页中显示为一个普通输入框。

### 10.4.3 <input/>标记的其他属性

<input />标记不仅仅只有type属性，还有autofocus属性、form属性、list属性、multiple等属性，具体介绍如下。

**1. autofocus属性**

在访问百度主页时，页面中的文字输入框会自动获得光标焦点，以方便输入关键词。在HTML5中，autofocus属性用于指定页面加载后是否自动获取焦点。将标记的属性值设置为true时，表示页面加载完毕后会自动获取该焦点。

**2. form属性**

在HTML5之前，如果用户要提交一个表单，必须把相关的控件标记都放在表单内部，即<form>和</form>标记之间。在提交表单时，会将页面中不是表单子标记的控件直接忽略掉。

HTML5中的form属性可以把表单内的子标记写在页面中的任一位置，只需为这个标记指定form属性并设置属性值为该表单的id即可。此外，form属性允许规定一个表单控件从属于多个表单。

扫码看案例

> **课堂体验：电子案例 10-8**
> form 属性的使用方法

> 注意：form属性适用于所有的input输入类型。在使用时，只需引用所属表单的id即可。

**3. list属性**

list属性用于指定输入框所绑定的<datalist>标记，其属性值是某个<datalist>标记的id。

扫码看案例

> **课堂体验：电子案例 10-9**
> list 属性的使用

**4. multiple属性**

multiple属性指定输入框可以选择多个值，该属性适用于email和file类型的<input />标记。multiple属性用于email类型的<input />标记时，表示可以向文本框中输入多个E-mail地址，多个地址之间通过逗号隔开；multiple属性用于file类型的<input />标记时，表示可以选择多个文件。

**5. min、max和step属性**

HTML5中的min、max和step属性用于为包含数字或日期的<input />输入类型规定限值，也就是给这些类型的输入框加一个数值的约束，适用于date、pickers、number和range标记。具体属性说明如下。

● max：规定输入框所允许的最大输入值。

● min：规定输入框所允许的最小输入值。

● step：为输入框规定合法的数字间隔，如果不设置，默认值是1。

由于前面介绍<input />标记的number类型时，已经讲解过min、max和step属性的使用，这里不再举例说明。

### 6．pattern属性

pattern属性用于验证<input />类型输入框中，用户输入的内容是否与所定义的正则表达式相匹配。pattern属性适用的类型是text、search、url、tel、email和password的<input/>标记。常用的正则表达式如表10-6所示。

表10-6　常用的正则表达式

| 正则表达式 | 描　　述 |
|---|---|
| ^[0-9]*$ | 数字 |
| ^\d{n}$ | n位的数字 |
| ^\d{n,}$ | 至少n位的数字 |
| ^\d{m, n}$ | m-n位的数字 |
| ^(0\|[1-9][0-9]*)$ | 零和非零开头的数字 |
| ^([1-9][0-9]*)+(.[0-9]{1, 2})?$ | 非零开头的最多带两位小数的数字 |
| ^(\-\|\+)?\d+(\.\d+)?$ | 正数、负数和小数 |
| ^\d+$ 或 ^[1-9]\d*\|0$ | 非负整数 |
| ^-[1-9]\d*\|0$ 或 ^((-\d+)\|(0+))$ | 非正整数 |
| ^[\u4e00-\u9fa5]{0, }$ | 汉字 |
| ^[A-Za-z0-9]+$ 或 ^[A-Za-z0-9]{4, 40}$ | 英文和数字 |
| ^[A-Za-z]+$ | 由26个英文字母组成的字符串 |
| ^[A-Za-z0-9]+$ | 由数字和26个英文字母组成的字符串 |
| ^\w+$ 或 ^\w{3, 20}$ | 由数字、26个英文字母或者下画线组成的字符串 |
| ^[\u4E00-\u9FA5A-Za-z0-9_]+$ | 中文、英文、数字，包括下画线 |
| ^\w+([-+.]\w+)*@\w+([-.]\w+)*\.\w+([-.]\w+)*$ | E-mail地址 |
| [a-zA-z]+://[^\s]*或 ^http://([\w-]+\.)+[\w-]+(/[\w-./?%&=]*)?$ | URL地址 |
| ^\d{15}\|\d{18}$ | 身份证号（15位、18位数字） |
| ^([0-9]){7, 18}(x\|X)?$ 或 ^\d{8, 18}\|[0-9x]{8, 18}\|[0-9X]{8, 18}?$ | 以数字、字母x结尾的短身份证号 |
| ^[a-zA-Z][a-zA-Z0-9_]{4, 15}$ | 账号是否合法（字母开头，允许5~16字节，允许字母、数字和下画线） |
| ^[a-zA-Z]\w{5, 17}$ | 密码（以字母开头，长度在6~18之间，只能包含字母、数字和下画线） |

### 7．placeholder属性

placeholder属性用于为输入框提供相关提示
信息，以描述输入框期待用户输入何种内容。在
输入框为空时显式出现，而当输入框获得焦点
时则会消失。在图10-14中，默认会显示"手机
号""密码"，当输入框获取焦点时，内容则消失。

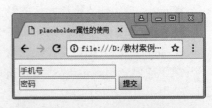

图10-14　placeholder属性的使用

### 8．required属性

> 注意：placeholder属性适用于type属性值为text、search、url、tel、email以及
> password的<input />标记。

HTML5中的输入类型，会自动判断用户是否在输入框中输入了内容，如果开发
者要求输入框中的内容是必须填写的，那么需要为<input />标记指定required属性。
required属性用于规定输入框填写的内容不能为空，否则不允许用户提交表单，具体示
例代码如下：

```
<input type="text" name="bank_card"  required="required" />
```

在上述代码中，required属性值为它本身。

## 10.4.4　textarea控件

当定义input控件的type属性值为text时，可以创建一个单行文本输入框。如果
需要输入大量的信息，单行文本输入框就不再适用，为此HTML提供了<textarea></
textarea>标记。通过textarea控件可以轻松地创建多行文本输入框，其基本语法格式
如下：

```
<textarea cols="每行中的字符数" rows="显示的行数">
    文本内容
</textarea>
```

在上述代码中，cols和rows为<textarea>标记的必需属性，其中cols用来定义多行文本
输入框每行中的字符数，rows用来定义多行文本输入框显示的行数，它们的取值均为正
整数。

值得一提的是，<textarea>标记除了cols和rows属性外，还拥有几个可选属性，分别为
disabled、name和readonly，如表10-7所示。

表10-7　textarea可选属性

| 属　性 | 属　性　值 | 描　　述 |
| --- | --- | --- |
| name | 由用户自定义 | 控件的名称 |
| readonly | readonly | 该控件内容为只读（不能编辑修改） |
| disabled | disabled | 第一次加载页面时禁用该控件（显示为灰色） |

<textarea>标记的使用方法参见下面的示例代码。

```
<form action="#" method="get">
文明上网理性发言<br />
<textarea cols="60" rows="6">
说两句吧…
</textarea><br>
<input type="submit" value="提交"/>
</form>
```

在上述代码中，通过<textarea></textarea>标记定义一个多行文本输入框，并对其应用clos和rows属性来设置多行文本输入框每行中的字符数和显示的行数。示例代码对应效果如图10-15所示。

在图10-15中，出现了一个多行文本输入框，用户可以对其中的内容进行编辑和修改。

图10-15 textarea控件的使用

> **注意：** 各浏览器对cols和rows属性的理解不同，当对textarea控件应用cols和rows属性时，多行文本输入框在各浏览器中的显示效果可能会有差异。所以在实际工作中，更常用的方法是使用CSS的width和height属性来定义多行文本输入框的宽高。

### 10.4.5 select控件

浏览网页时，经常会看到包含多个选项的下拉菜单，例如选择所在的城市、出生年月、兴趣爱好等。图10-16所示即为一个下拉菜单，当单击下拉符号"▼"时，会出现一个选择列表。要想制作这种下拉菜单效果，就需要使用select控件。

图10-16 下拉菜单

使用<select>标记定义下拉菜单的基本语法格式如下：

```
<select>
    <option>选项1</option>
    <option>选项2</option>
    <option>选项3</option>
     ...
</select>
```

在上面的语法中，<select></select>标记用于在表单中添加一个下拉菜单，<option></option>标记嵌套在<select></select>标记中，用于定义下拉菜单中的具体选项，每对<select></select>中至少应包含一对<option></option>。

值得一提的是，在HTML中，可以为<select>和<option>标记定义属性，以改变下拉菜单的外观显示效果，具体如表10-8所示。

表10-8 &lt;select&gt;和&lt;option&gt;标记的常用属性

| 标记名 | 常用属性 | 描　述 |
| --- | --- | --- |
| &lt;select&gt; | size | 指定下拉菜单的可见选项数（取值为正整数） |
| | multiple | 定义multiple="multiple"时，下拉菜单将具有多项选择的功能，方法为按住【Ctrl】键的同时选择多项 |
| &lt;option&gt; | selected | 定义selected=" selected "时，当前项即为默认选中项 |

在实际网页制作过程中，有时候需要对下拉菜单中的选项进行分组，这样当存在很多选项时，找到相应的选项会更加容易。图10-17所示即为选项分组后的下拉菜单中选项的展示效果。

图10-17　选项分组后的下拉菜单选项展示

要想实现图10-17所示的效果，可以在下拉菜单中使用&lt;optgroup&gt;&lt;/optgroup&gt;标记，具体示例代码如下：

```
日本行政级别:
<select>
    <optgroup label="都">
      <option>东京都</option>
    </optgroup>
    <optgroup label="道">
      <option>北海道</option>

    </optgroup>
     <optgroup label="府">
      <option>京都府</option>
      <option>大阪府</option>
    </optgroup>
    <optgroup label="县">
      <option>青森县</option>
      <option>岩手县</option>
      <option>…</option>
      <option>宫城县</option>
    </optgroup>
  </select>
```

示例代码对应效果如图10-18所示，当单击下拉符号"▼"时，效果如图10-19所示，下拉菜单中的选项被清晰地分组了。

图10-18 选项分组后的下拉菜单1

图10-19 选项分组后的下拉菜单2

### 10.4.6 datalist控件

datalist控件用于定义输入框的选项列表，列表通过&lt;datalist&gt;标记内的&lt;option&gt;标记进行创建。如果用户不希望从列表中选择某项，也可以自行输入其他内容。&lt;datalist&gt;标记通常与&lt;input&gt;标记配合使用，来定义input的取值。

在使用&lt;datalist&gt;标记时，需要通过id属性为其指定一个唯一的标识。当&lt;input /&gt;标记指定的list属性值与&lt;datalist&gt;标记的id属性值一致时，才能让两个标记内容组合在一起。具体示例代码如下：

```
请输入您的座驾：<input type="text" list="namelist" />
<datalist id="namelist">
    <option>白龙马</option>
    <option>小毛驴</option>
    <option>扫帚</option>
</datalist>
```

示例代码对应效果如图10-20所示。

图10-20 datalist控件的使用

## 10.5 CSS控制表单样式

使用表单的目的是提供更好的用户体验。在网页设计时，不仅需要设置表单相应的功能，而且希望表单控件的样式更加美观。使用CSS可以轻松控制表单控件的样式。本节将通过一个具体的案例（见电子案例10-10）来讲解CSS对表单样式的控制，其效果如图10-21所示。

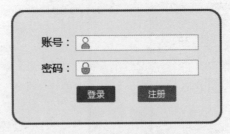

图10-21　CSS控制表单样式效果图

图10-21所示的表单界面内部可以分为左右两部分，其中左边为提示信息，右边为表单控件。可以通过在<p>标记中嵌套<span>标记和<input />标记进行布局。

扫码看案例

**课堂体验：电子案例 10-10**
CSS 控制表单样式

# 习　题

一、判断题

1. 通过cellpadding可以控制单元格内容与边框之间的距离。　　　　　　　　　（　　）

2. <td></td>用于定义表格中的单元格，必须嵌套在<tr></tr>标记中。　　　　（　　）

3. HTML提供了一系列的表单控件，用于定义不同的表单功能，如密码输入框、文本域、下拉列表、复选框等。　　　　　　　　　　　　　　　　　　　　（　　）

4. 使用input控件可以定义文本输入框、单选按钮、复选框、提交按钮、重置按钮。
　　　　　　　　　　　　　　　　　　　　　　　　　　　　　　　　　　（　　）

5. 默认情况下，表格的宽度和高度必须依靠width属性和height属性进行设定。
　　　　　　　　　　　　　　　　　　　　　　　　　　　　　　　　　　（　　）

二、选择题

1. （单选）下列选项中，表头标记正确的是（　　　）。
　　A. <tr></tr>　　　　　　　　　　　　　　B. <td></td>
　　C. <thead></thead>　　　　　　　　　　　D. <th></th>

2. （多选）下列选项中，属于表格基本标记的是（　　　）。
　　A. <table></table>　　　　　　　　　　　B. <tr></tr>
　　C. <td></td>　　　　　　　　　　　　　　D. <dd></dd>

3. （多选）下列选项中，属于表单构成的是（　　　）。
　　A. 表单控件　　　　　　　　　　　　　　B. 视频信息
　　C. 提示信息　　　　　　　　　　　　　　D. 表单域

4. （多选）下列选项中，关于表单描述正确的是（　　　）。

    A. 表单标记是\<form>\</form>

    B. 表单可以实现用户信息的收集和传递

    C. 表单中的所有内容都会被提交给服务器

    D. 表单中的控件可以自定义

5. （多选）下列选项中，属于表单标记属性的是（　　　）。

    A. action         B. method         C. name         D. class

三、简答题

1. 简要描述表格的基本语法格式。

2. 简要描述表单的基本语法格式。

# 第⑪章 div+css布局

学习目标:

◎掌握标记的浮动属性,能够为标记设置和清除浮动。

◎掌握标记的定位属性,能够理解不同类型定位之间的差别。

◎掌握div+css的布局技巧,能够运用div+css为网页布局。

在网页设计中,如果按照从上到下的默认方式进行排版,网页版面看起来会显得单调、混乱。这时就可以运用div+css对页面进行布局,将各部分模块有序排列,使网页的排版变得丰富、美观。然而什么是div+css布局? 该如何运用div+css布局呢? 本章将对div+css布局的相关知识做具体讲解。

## 11.1 布局概述

阅读报纸时容易发现,虽然报纸中的内容很多,但是经过合理的排版,版面依然清晰、易读,如图11-1所示。同样,在制作网页时,也需要对网页进行"排版"。网页的"排版"主要是通过布局来实现的。在网页设计中,布局是指对网页中的模块进行合理的排布,使页面排列清晰、美观易读。

网页设计中布局主要依靠div+css技术来实现。说到div大家肯定非常熟悉,但是在本章它不仅指前面我们讲到过的<div>标记,还包括所有能够承载内容的容器标记(如p、li等)。在div+css布局技术中,div负责内容区域的分配,css负责样式效果的呈现,因此网页中的布局也常被称作"div+css"布局。

需要注意的是,为了提高网页制作的效率,布局时通常需要遵循一定的布局流程,具体介绍如下。

### 1.确定页面的版心宽度

"版心"一般在浏览器窗口中水平居中显示,常见的宽度值为960px、980px、1000px、1200px等(关于"版心"的知识,在本书第2章已做过介绍,这里不再赘述)。

### 2.分析页面中的模块

在运用CSS布局之前,首先要对页面有一个整体的规划,包括页面中有哪些模块,以及模块之间的关系（关系分为并列关系和包含关系）。例如，图11-2所示为最简单的页面布局，该页面主要由头部（header）、导航（nav）、焦点图（banner）、内容（content）、底部版权（footer）五部分组成。

图11-1　报纸排版

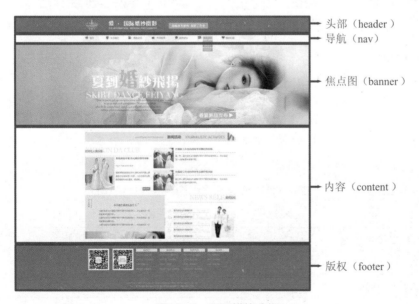

图11-2　页面模块分析

### 3. 控制网页的各个模块

当分析完页面模块后，就可以运用盒子模型的原理，通过div+css布局来控制网页的各个模块。初学者在制作网页时，一定要养成分析页面布局的习惯，这样可以提高网页制作的效率。

## 11.2 布局常用属性

在使用div+css进行网页布局时，经常会使用一些属性对标记进行控制，常见的属性有浮动属性（float属性）和定位属性（position属性）。本节将对这两种布局常用属性做具体介绍。

### 11.2.1 标记的浮动属性

初学者在设计一个页面时，默认的排版方式是将页面中的标记从上到下一一罗列。例如，图11-3展示的就是采用默认排版方式的效果。通过这样的布局制作出来的页面看起来参差不齐。

大家在浏览网页时，会发现页面中的标记通常会按照左、中、右的结构进行排版，如图11-4所示。通过这样的布局，页面会变得整齐。想要实现图11-4所示的效果，就需要为标记设置浮动属性。

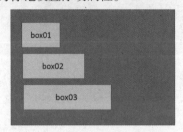

图11-3　模块默认排列方式

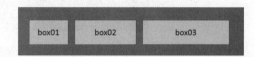

图11-4　模块浮动后的排列方式

下面将对浮动属性的相关知识进行详细讲解。

#### 1．认识浮动

浮动作为CSS的重要属性，被频繁地应用在网页制作中，它是指设置了浮动属性的标记会脱离标准文档流（标准文档流指的是内容元素排版布局过程中，会自动从左往右，从上往下进行流式排列）的控制，移动到其父标记中指定位置的过程。在CSS中，通过float属性来定义浮动，定义浮动的基本语法格式如下：

```
选择器{float: 属性值;}
```

在上面的语法中，常用的float属性值有三个，具体如表11-1所示。

表11-1　float的常用属性值

| 属　性　值 | 描　　述 |
| --- | --- |
| left | 标记向左浮动 |
| right | 标记向右浮动 |
| none | 标记不浮动（默认值） |

扫码看案例

课堂体验：电子案例 11-1

float 属性的用法

### 2. 清除浮动

由于浮动标记不再占用原文档流的位置，所以它会对页面中其他标记的排版产生影响。这时，如果要避免浮动对段落文本的影响，就需要在<p>标记中清除浮动。在CSS中，常用clear属性清除浮动。运用clear属性清除浮动的基本语法格式如下：

```
选择器{clear: 属性值;}
```

上述语法中，clear属性的常用值有三个，具体如表11-2所示。

表11-2 clear的常用属性值

| 属 性 值 | 描 述 |
|---|---|
| left | 不允许左侧有浮动标记（清除左侧浮动的影响） |
| right | 不允许右侧有浮动标记（清除右侧浮动的影响） |
| both | 同时清除左右两侧浮动的影响 |

了解clear属性的三个属性值及其含义之后，接下来通过对电子案例11-1中的<p>标记应用clear属性，来清除周围浮动标记对段落文本的影响。在<p>标记的CSS样式中添加如下代码：

```
clear: left;                          /*清除左浮动*/
```

上面的CSS代码用于清除左侧浮动对段落文本的影响。添加"clear:left;"样式后，保存HTML文件，刷新页面，效果如图11-5所示。

从图11-5可以看出，清除段落文本左侧的浮动后，段落文本会独占一行，排列在浮动标记box01、box02、box03的下面。

需要注意的是，clear属性只能清除标记左右两侧浮动的影响。然而在制作网页时，经常会受到一些特殊的浮动影响，例如，对子标记设置浮动时，如果不对其父标记定义高度，则子标记的浮动会对父标记产生影响，那么究竟会产生什么影响呢？

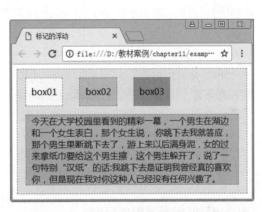

图11-5 清除左浮动影响后的布局效果

**课堂体验：电子案例 11-2**
子标记的浮动对父标记产生的影响

扫码看案例

我们知道子标记和父标记为嵌套关系，不存在左右位置，所以使用clear属性并不能清除子标记浮动对父标记的影响。那么对于这种情况该如何清除浮动呢？为了使初学者在以后的工作中能够轻松地清除一些特殊的浮动影响，本书总结了常用的三种清除浮动的方法，具体介绍如下。

1）使用空标记清除浮动

在浮动标记之后添加空标记，并对该标记应用"clear:both"样式，可清除标记浮动所产生的影响，这个空标记可以是&lt;div&gt;、&lt;p&gt;、&lt;hr /&gt;等任何标记。

扫码看案例

**课堂体验：电子案例 11-3**
使用空标记清除浮动

2）使用overflow属性清除浮动

对标记应用"overflow:hidden;"样式，也可以清除浮动对该标记的影响。这种方式弥补了空标记清除浮动的不足。

扫码看案例

**课堂体验：电子案例 11-4**
使用 overflow 属性清除浮动

需要注意的是，在使用"overflow:hidden;"样式清除浮动时，一定要将该样式写在被影响的标记中。除了"hidden"，overflow属性还有其他属性值，将会在11.3.1小节中详细讲解。

3）使用after伪对象清除浮动

使用after伪对象也可以清除浮动，但是该方法只适用于IE8及以上版本浏览器和其他非IE浏览器。使用after伪对象清除浮动时需要注意以下两点。

● 必须为需要清除浮动的标记伪对象设置"height:0;"样式，否则该标记会比其实际高度高出若干像素。

● 必须在伪对象中设置content属性，属性值可以为空，如"content:"";"。

扫码看案例

**课堂体验：电子案例 11-5**
使用 after 伪对象清除浮动

### 11.2.2　标记的定位属性

浮动布局虽然灵活，但是却无法对标记的位置进行精确控制。在CSS中，通过定位属性（position）可以实现网页标记的精确定位。下面将对标记的定位属性以及常用的几种定位方式进行详细讲解。

#### 1．认识定位属性

制作网页时，如果希望标记内容出现在某个特定的位置，就需要使用定位属性对标记进行精确定位。标记的定位属性主要包括定位模式和边偏移两部分，对它们的具体介绍如下。

1）定位模式

在CSS中，position属性用于定义标记的定位模式。使用position属性定位标记的基本语法格式如下：

```
选择器{position: 属性值;}
```

在上面的语法中，position属性的常用值有4个，分别表示不同的定位模式，具体如表11-3所示。

表11-3  position属性的常用值

| 值 | 描　　述 |
|---|---|
| static | 自动定位（默认定位方式） |
| relative | 相对定位，相对于其原文档流的位置进行定位 |
| absolute | 绝对定位，相对于其上一个已经定位的父标记进行定位 |
| fixed | 固定定位，相对于浏览器窗口进行定位 |

定位模式（position）仅仅用于定义标记以哪种方式定位，并不能确定标记的具体位置。

2）边偏移

在CSS中，通过边偏移属性top、bottom、left或right，可以精确定义定位标记的位置，边偏移属性取值为数值或百分比，对它们的具体解释如表11-4所示。

表11-4  边偏移设置方式

| 边偏移属性 | 描　　述 |
|---|---|
| top | 顶端偏移量，定义标记相对于其父标记上边线的距离 |
| bottom | 底部偏移量，定义标记相对于其父标记下边线的距离 |
| left | 左侧偏移量，定义标记相对于其父标记左边线的距离 |
| right | 右侧偏移量，定义标记相对于其父标记右边线的距离 |

**2．定位类型**

标记的定位类型主要包括静态定位、相对定位、绝对定位和固定定位，对它们的具体介绍如下。

1）静态定位

静态定位是标记的默认定位方式，当position属性的取值为static时，可以将标记定位于静态位置。所谓静态位置，就是各个标记在HTML文档流中默认的位置。

任何标记在默认状态下都会以静态定位来确定自己的位置，所以当没有定义position属性时，并不是说明该标记没有自己的位置，它会遵循默认值显示为静态位置。在静态定位状态下，无法通过边偏移属性（top、bottom、left或right）来改变标记的位置。

2）相对定位

相对定位是将标记相对于它在标准文档流中的位置进行定位，当position属性的取值为relative时，可以将标记相对定位。对标记设置相对定位后，可以通过边偏移属性改变标记的位置，但是它在文档流中的位置仍然保留。

**课堂体验：电子案例 11-6**
对标记设置相对定位的方法和效果

3）绝对定位

绝对定位是将标记依据最近的已经定位（绝对、固定或相对定位）的父标记进行定位，若所有父标记都没有定位，设置绝对定位的标记会依据body根标记（也可以看作浏览器窗口）进行定位。当position属性的取值为absolute时，可以将标记的定位模式设置为绝对定位。

为了使初学者更好地理解绝对定位，接下来，在电子案例11-6的基础上，将child02的定位模式设置为绝对定位，即将第25~29行代码更改如下：

```
.child02{
    position: absolute;          /*绝对定位*/
    left: 150px;                 /*距左边线150px*/
    top: 100px;                  /*距顶部边线100px*/
}
```

保存HTML文件，刷新页面，效果如图11-6所示。

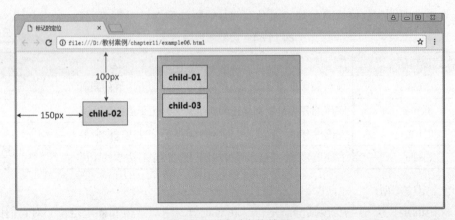

图11-6　绝对定位效果

在图11-6中，设置为绝对定位的child02，会依据浏览器窗口进行定位。为child02设置绝对定位后，child03占据了child02的位置，也就是说child02脱离了标准文档流的控制，同时不再占据标准文档流中的空间。

在上面的案例中，对child02设置了绝对定位，当浏览器窗口放大或缩小时，child02相对于其父标记的位置都将发生变化。图11-7所示为缩小浏览器窗口时的页面效果，很明显child02相对于其父标记的位置发生了变化。

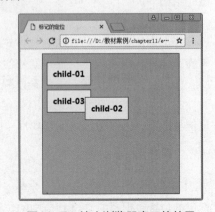

图11-7　缩小浏览器窗口的效果

在网页设计中，一般需要子标记相对于其父标记的位置保持不变，也就是让子标记依据其父标记的位置进行绝对定位，此时如果父标记不需要定位，该怎么办呢？

对于上述情况，可将直接父标记设置为相对定位，但不对其设置偏移量，然后再对子标记应用绝对定位，并通过偏移属性对其进行精确定位。这样父标记不会失去其空间，同时还能保证子标记依据父标记准确定位。

扫码看案例

> **课堂体验：电子案例11-7**
> 对标记设置绝对定位的方法和效果

> **注意：**
> 　　1. 如果仅对标记设置绝对定位，不设置边偏移，则标记的位置不变，但该标记不再占用标准文档流中的空间，会与上移的后续标记重叠。
> 　　2. 定义多个边偏移属性时，如果left和right参数值冲突，以left参数值为准；如果top和bottom参数值冲突，以top参数值为准。

4）固定定位

固定定位是绝对定位的一种特殊形式，它以浏览器窗口作为参照物来定义网页标记。当position属性的取值为fixed时，即可将标记的定位模式设置为固定定位。

当对标记设置固定定位后，该标记将脱离标准文档流的控制，始终依据浏览器窗口定义自己的显示位置。不管浏览器滚动条如何滚动，也不管浏览器窗口的大小如何变化，该标记都会始终显示在浏览器窗口的固定位置。

# 11.3　布局其他属性

布局的其他属性没有浮动和定位这两种属性应用得频繁，但是在制作一些特殊需求的页面时会用到。接下来，本节将重点介绍overflow属性和z-index属性。

## 11.3.1　overflow属性

当盒子内的标记超出盒子自身的大小时，内容就会溢出，如图11-8所示。

这时如果想要处理溢出内容的显示样式，就需要使用CSS的overflow属性。overflow属性用于规定溢出内容的显示状态，其基本语法格式如下：

```
选择器{overflow: 属性值;}
```

在上面的语法中，overflow属性的常用值有4

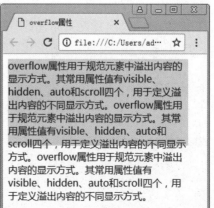

图11-8　内容溢出

个，具体如表11-5所示。

表11-5　overflow的常用属性值

| 属性值 | 描　述 |
|---|---|
| visible | 内容不会被修剪，会呈现在标记框之外（默认值） |
| hidden | 溢出内容会被修剪，并且被修剪的内容是不可见的 |
| auto | 在需要时产生滚动条，即自适应所要显示的内容 |
| scroll | 溢出内容会被修剪，且浏览器会始终显示滚动条 |

扫码看案例

**课堂体验：电子案例 11-8**
overflow 属性的用法和效果

### 11.3.2　Z-index标记层叠

当对多个标记同时设置定位时，定位标记之间有可能会发生重叠，如图11-9所示。

在CSS中，要想调整重叠定位标记的堆叠顺序，可以对定位标记应用z-index层叠等级属性。z-index属性取值可为正整数、负整数和0，默认状态下z-index属性值是0。z-index属性取值越大，设置该属性的定位标记在层叠标记中越居上。

图11-9　定位标记发生重叠

# 11.4　布 局 类 型

在使用div+css布局时，网页的布局类型通常分为单列布局、双列布局、三列布局三种类型，本节将对这三种布局进行详细讲解。

### 11.4.1　单列布局

"单列布局"是网页布局的基础，所有复杂的布局都是在此基础上演变而来的。图11-10展示的就是一个"单列布局"页面的结构示意图。

从图11-10可以看出，单列布局页面从上到下分别为头部、导航栏、焦点图、内容和页面底部，每个模块单独占据一行，且宽度与版心相等。

扫码看案例

**课堂体验：电子案例 11-9**
单列布局结构

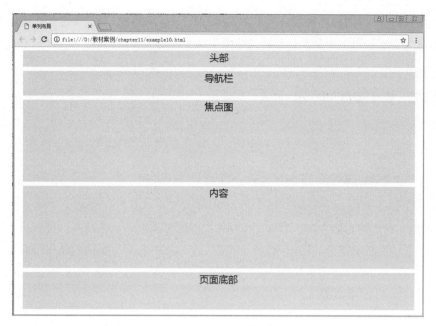

图11-10　单列布局

## 11.4.2　两列布局

　　单列布局虽然统一、有序，但常常会让人觉得呆板。所以在实际网页制作过程中，通常使用另一种布局方式——两列布局。两列布局和单列布局类似，只是网页内容被分为了左右两部分，通过这样的分割，打破了统一布局的呆板，让页面看起来更加活跃。图11-11所示就是一个"两列布局"页面的结构示意图。

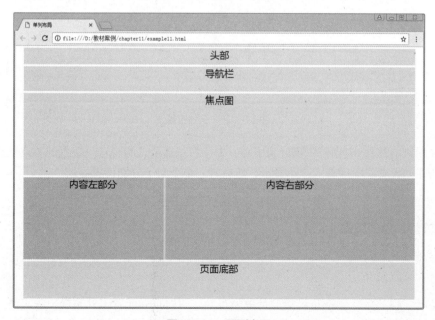

图11-11　两列布局

在图11-11中，内容模块被分为了左右两部分，实现这一效果的关键是在内容模块所在的大盒子中嵌套两个小盒子，然后对两个小盒子分别设置浮动。

**课堂体验：电子案例 11-10**

两列布局结构

扫码看案例

### 11.4.3　三列布局

对于一些大型网站，特别是电子商务类网站，由于内容分类较多，通常需要采用"三列布局"的页面布局方式。其实，这种布局方式是两列布局的演变，只是将主体内容分成了左、中、右三部分。图11-12所示就是一个"三列布局"页面的结构示意图。

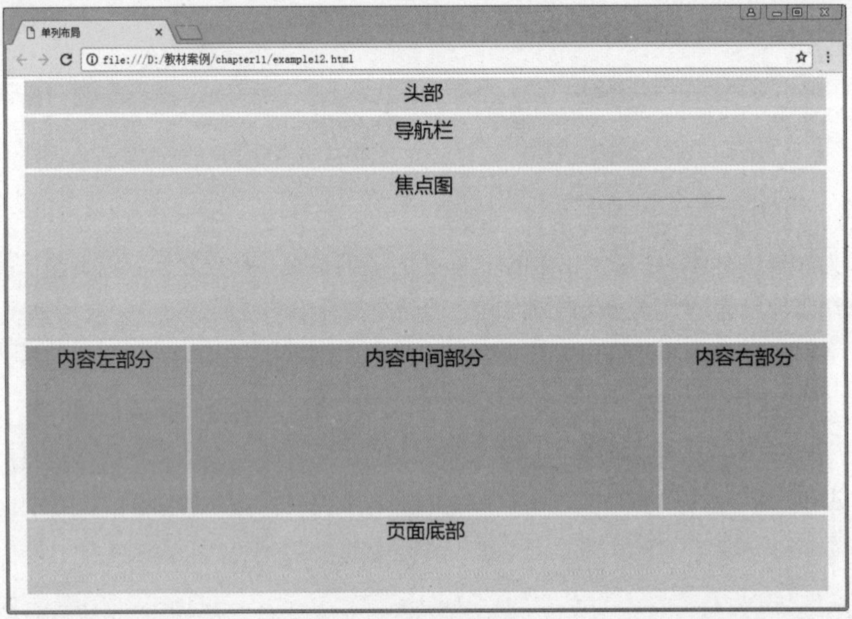

| 单列布局 |
| --- |
| file:///D:/教材案例/chapter11/example12.html |
| 头部 |
| 导航栏 |
| 焦点图 |
| 内容左部分　　内容中间部分　　内容右部分 |
| 页面底部 |

图11-12　三列布局

在图11-12中，内容模块被分为了左、中、右三部分，实现这一效果的关键是在内容模块所在的大盒子中嵌套三个小盒子，然后对三个小盒子分别设置浮动。

**课堂体验：电子案例 11-11**

三列布局结构

扫码看案例

值得一提的是，无论布局类型是单列布局、两列布局或者多列布局，为了网站的美观，网页中的一些模块，例如头部、导航栏、焦点图或页面底部等经常需要通栏显示。将模块设置为通栏后，无论页面放大或缩小，该模块都将横铺于浏览器窗口中。图11-13

所示就是一个应用"通栏布局"页面的结构示意图。

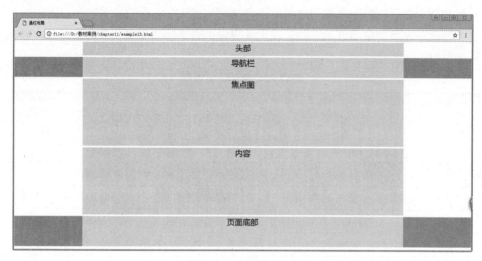

**图11-13 通栏布局**

在图11-13中，导航栏和页面底部均为通栏模块，它们将始终横铺于浏览器窗口中。通栏布局的关键是在相应模块的外面添加一层div，并且将外层div的宽度设置为100%。

**课堂体验：电子案例11-12**

通栏布局结构

扫码看案例

需要注意的是，前面所讲的几种布局是网页中的基本布局。在实际工作中，通常需要综合运用这几种基本布局，实现多行多列的布局样式。

> **注意：** 初学者在制作网页时，一定要养成实时测试页面的好习惯，避免完成页面的制作后，出现难以调试的bug或兼容性问题。

## 11.5 网页模块命名规范

网页模块的命名，看似无足轻重，但如果没有统一的命名规范进行必要约束，随意命名就会使整个网站的后续工作很难进行。因此，网页模块命名规范非常重要，需要引起初学者的足够重视。通常网页模块的命名需要遵循以下几个原则。

- 避免使用中文字符命名（例如id="导航栏"）。
- 不能以数字开头命名（例如id="1nav"）。
- 不能占用关键字（例如id="h3"）。
- 用最少的字母达到最容易理解的意义。

在网页中，常用的命名方式有"驼峰式命名"和"帕斯卡命名"两种，对它们的具体解释如下。

● 驼峰式命名：除了第一个单词外其余单词首写字母都要大写（例如partOne）。
● 帕斯卡命名：每一个单词之间用"_"连接（例如content_one）。

了解命名原则和命名方式之后，接下来为大家列举网页中常用的一些命名，具体如表11-6所示。

表11-6　常用命名规则

| 相关模块 | 命　名 | 相关模块 | 命　名 |
|---|---|---|---|
| 头部 | header | 内容 | content/container |
| 导航栏 | nav | 尾 | footer |
| 侧栏 | sidebar | 栏目 | column |
| 左边、右边、中间 | left right center | 登录条 | loginbar |
| 标志 | logo | 广告 | banner |
| 页面主体 | main | 热点 | hot |
| 新闻 | news | 下载 | download |
| 子导航 | subnav | 菜单 | menu |
| 子菜单 | submenu | 搜索 | search |
| 友情链接 | frIEndlink | 版权 | copyright |
| 滚动 | scroll | 标签页 | tab |
| 文章列表 | list | 提示信息 | msg |
| 小技巧 | tips | 栏目标题 | title |
| 加入 | joinus | 指南 | guild |
| 服务 | service | 注册 | regsiter |
| 状态 | status | 投票 | vote |
| 合作伙伴 | partner | | |
| **CSS文件** | **命　名** | **CSS文件** | **命　名** |
| 主要样式 | master | 基本样式 | base |
| 模块样式 | module | 版面样式 | layout |
| 主题 | themes | 专栏 | columns |
| 文字 | font | 表单 | forms |
| 打印 | print | | |

# 习　题

一、判断题

1. "单列布局"是网页布局的基础，所有复杂的布局都是在此基础上演变而来的。

（　　）

2. 绝对定位是将标记相对于它在标准文档流中的位置进行定位。 （　　）

3. 浮动可以对标记的位置进行精确地控制。 （　　　）

4. 标准文档流是指内容元素排版布局过程中，会自动浮动进行流式排列。 （　　　）

5. 网页模块的命名应使用中文字符或拼音。 （　　　）

二、选择题

1. （单选）通栏布局需要将外层div的宽度设置为（　　　）。

　　A. 100%　　　　　　B. 1920px　　　　　C. 150%　　　　　　D. 1000px

2. （多选）下列选项中，网页中常见版心的宽度值是（　　　）。

　　A. 960px　　　　　　B. 980px　　　　　　C. 1000px　　　　　D. 500px

3. （多选）下列选项中，属于标记的定位类型的是（　　　）。

　　A. 静态定位　　　　B. 相对定位　　　　C. 绝对定位　　　　D. 固定定位

4. （多选）下列选项中，属于clear清除浮动的属性值的是（　　　）。

　　A. left　　　　　　　B. right　　　　　　C. none　　　　　　D. both

5. （多选）下列选项中，属于float浮动的属性值的是（　　　）。

　　A. left　　　　　　　B. right　　　　　　C. none　　　　　　D. both

三、简答题

1. 简要描述网页中常用的命名方式。

2. 简要描述什么是绝对定位。

# 第❿章 CSS应用技巧

**学习目标:**

◎掌握CSS精灵技术,能够在网页制作中熟练使用。

◎掌握CSS滑动门技术,能够运用滑动门技术制作网站导航。

◎掌握压线效果的原理,能够在网页制作中熟练运用。

通过前面几章的学习,我们已经掌握了CSS的基本原理和使用技巧,但是在实际制作网页的过程中,有时需要使用CSS制作一些特殊的技巧,例如使用margin负值制作压线效果、CSS精灵技术等。由于这些技术之间并不存在特定的关联,因此本章分别对这些CSS应用技巧进行详细讲解。

## 12.1　CSS精灵技术

### 12.1.1　认识CSS精灵

为什么要学习CSS精灵技术呢?首先我们从网页的请求原理来分析,当用户访问一个网站时,需要向服务器发送请求,服务器接收请求,会返回请求页面,最终将效果展示给用户。图12-1所示为网页请求原理示意图。

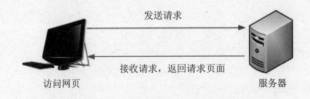

图12-1　网页请求原理示意图

然而,一个网页中往往会应用很多小的背景图像作为修饰,当网页中的图像过多时,服务器就会频繁地接收和发送请求,这将大大降低页面的加载速度。这时使用CSS精灵就可以有效地减少服务器接收和发送请求的次数,提高页面的加载速度。

CSS精灵(也称CSS Sprites)是一种处理网页背景图像的方式。在网页设计中,CSS

精灵会将一个页面涉及的所有零星背景图像都集中到一张大图中去，然后将大图应用于网页，当用户访问该页面时，只需向服务器发送一次请求，网页中的背景图像即可全部展示出来。通常情况下，这个由很多小的背景图像合成的大图称为精灵图。图12-2展示的就是某网站中的一个精灵图。

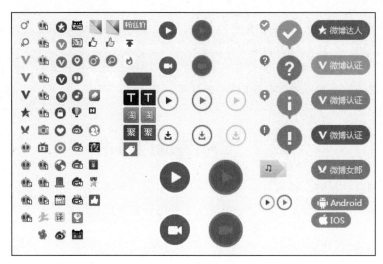

图12-2 精灵图展示

## 12.1.2 应用CSS精灵

CSS精灵可以把网页中一些背景图片整合为一张图片。可以利用CSS的"background-image""background-repeat""background-position"属性对图片进行背景定位，其中background-position可以用像素值精确地定位出背景图片的位置。

**课堂体验：电子案例12-1**
制作精灵图（精灵图如图12-3所示，页面效果如图12-4所示）

扫码看案例

图12-3 精灵图　　　　　　　　　图12-4 页面效果

注意：

　　1. CSS精灵的关键在于使用background-position属性定义背景图像的位置。根据网页的X坐标和Y坐标原理，背景图像上移时Y坐标为负值图像左移时X坐标为负值。

　　2. 制作精灵图时，需要将其中的多张小图合理地排列，因此在精灵图中最好留有一定的空间，以便以后添加新图片。

　　3. CSS精灵虽然可以加快网页的加载速度，但也存在一定的劣势，如果页面背景有少许改动，就需要修改精灵图和CSS样式代码。

## 12.2　CSS滑动门技术

　　在制作网页导航时，经常会碰到导航栏长度不同，但背景相同的情形。如图12-5所示。此时如果通过拉伸背景图的方式来适应文本内容，就会造成背景图变形，如图12-6所示。

图12-5　正常显示的导航背景　　　　　　　　图12-6　变形的导航背景

　　在制作网页时，为了使各种特殊形状的背景能够自适应元素中的文本内容，并且不会变形，CSS提供了滑动门技术。本节将对CSS滑动门的使用技巧做具体讲解。

### 12.2.1　认识滑动门

　　滑动门是CSS引入的一项用来创造漂亮实用界面的新技术。之所以命名为"滑动门"，是因为它的工作原理和生活中的滑动推拉门类似（见图12-7），通过向两侧滑动门板，米扩大中间的空间。

图12-7　滑动推拉门

滑动门技术非常简单，其技术操作的关键在于图片拼接。通常滑动门技术需要将一个不规则的大图切为几个小图（通常为三个），然后将每一个小图用一个单独的HTML标记来定义，最后将这几个小图拼接在一起，组成一个完整的背景。图12-8所示为滑动门技术拆分的三张背景图片。

背景原图　　　　左侧圆角图　中间平铺图　右侧圆角图

**图12-8　滑动门背景图片**

在使用滑动门技术时，分别在第一个标记中放入左侧圆角图，在第二个标记中平铺第二张图片，在第三个标记中放入右侧圆角图。

在网页设计时，滑动门技术非常有用，其好处体现在以下几个方面。

（1）实用性：滑动门能够根据导航文本长度自动调节宽度。

（2）简洁性：滑动门可以用分割背景图来实现炫彩的导航条风格，提升了图片载入速度。

（3）适用性：滑动门技术既可以用于设计导航条，也可以应用到其他大背景图片的网页模块中。

## 12.2.2　使用滑动门制作导航条

滑动门技术的使用非常简单，主要分为准备图片和拼接图片两个步骤，具体介绍如下。

### 1．准备图片

滑动门技术的关键在于图片拼接，它将一个不规则的大图切为几个小图，每一个小图都需要一个单独的HTML标记来定义。需要注意的是，在切图的时候，设计师一定要明白哪些是不可平铺的背景图，哪些是可以平铺的背景图，对于不可平铺的背景图需要单独切出，可以平铺的背景图，只需切出最小的像素，然后设置平铺即可。

### 2．拼接图片

完成切图工作之后，就需要用HTML标记来拼接这些图像。定义三个盒子，将三张小图分别作为盒子的背景。其中左右两个盒子的大小固定，用于定义左侧、右侧的不规则形状的背景，中间的盒子只指定高度，靠文本内容撑开盒子，同时将中间的小图平铺作为盒子的背景。

**课堂体验：电子案例12-2**
使用滑动门技术制作一个导航栏

扫码看案例

> 注意：滑动门技术的关键在于不要给中间的盒子指定宽度，其宽度由内部的内容撑开。

# 12.3　margin设置负值技巧

制作网页时，为了拉开内容元素之间的距离，常常给标记设置数值为正数的外边距margin。但是在实际工作中，为了实现一些特殊的效果，例如图12-9所示的导航重叠效果，就需要将标记的margin值设置为负数，也就是常说的"margin负值"。接下来，本节将对margin负值的应用技巧进行详细讲解。

首页　公司简介　就业指导信息　留言簿　添加友情链接

图12-9　导航重叠效果

## 12.3.1　margin负值基本应用

margin负值应用主要分为两类，一类是在同级别标记下应用margin负值，另一类是在子标记中应用margin负值。接下来，将对margin负值这两种类型的应用做具体讲解。

### 1．对同级标记应用margin负值

对同级标记应用margin负值时，会出现如图12-9所示的标记重叠效果。

扫码看案例

**课堂体验：电子案例12-3**
对同级标记应用 margin 负值的效果

### 2．对子标记应用margin负值

对于嵌套的盒子，当对子标记应用margin负值时，子标记通常会压住父标记的一部分。

扫码看案例

**课堂体验：电子案例12-4**
对子标记应用 margin 负值的效果

> 注意：对子标记应用margin负值时，在大部分浏览器中，都会产生子标记压住父标记的效果，但是，在IE老版本浏览器中（例如IE6），子标记超出的部分将被父标记遮盖。

### 12.3.2　利用margin负值制作压线效果

通过上一小节的学习，相信初学者已经熟悉margin负值所产生的效果。在实际工作中，margin负值还被用于制作导航的压线效果。什么是压线效果呢？首先我们来看一个登录注册模块的按钮，如图12-10所示。当鼠标移上任意一个按钮时，按钮悬浮样式会显示分割线，如图12-11所示。

图12-10　默认效果展示

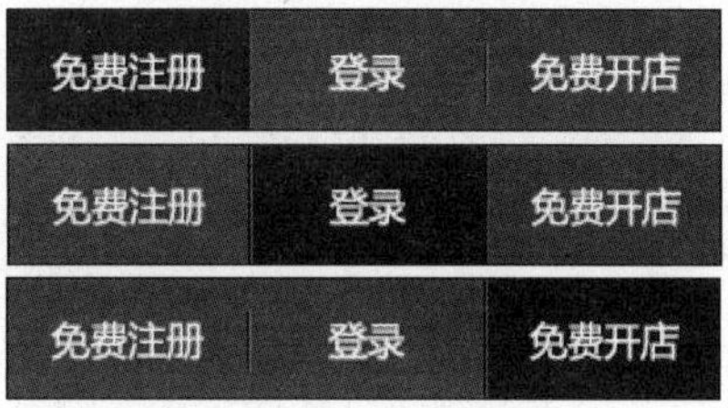

图12-11　压线效果展示

观察图12-11所示效果图，会发现当光标移上任意一个按钮时，按钮侧面都会一条长分割线，并且这条长分割线和默认效果的短分割线位置相同。这种鼠标悬浮的效果就是压线效果，该效果主要运用CSS精灵技术和margin负值来实现。

**课堂体验：电子案例12-5**
制作压线效果

扫码看案例

# 习　题

一、判断题

1. 使用CSS精灵技术时，背景图像位置上移显示，坐标数值将变小。　（　　）
2. 在嵌套标记中，不能应用margin负值。　（　　）
3. 使用滑动门技术时需要给中间的盒子定义宽度。　（　　）
4. 对同级标记应用margin负值时，会出现标记重叠效果。　（　　）
5. 滑动门技术的关键是将图片拼接，指定宽度和高度。　（　　）

二、选择题

1. （单选）在CSS精灵中，用于定义背景图像位置的属性是（　　　）。

　　A. background-position　　　　　　　B. background-image

　　C. background-repeat　　　　　　　　D. background-attachment

2. （单选）下列选项中，能够减少向服务器请求次数的技术是（　　　）。

　　A. CSS响应式技术　　　　　　　　　B. CSS精灵技术

　　C. CSS滑动门技术　　　　　　　　　D. CSS压线技术

3. （多选）当对嵌套的子标记应用margin负值时，会出现下列（　　　）效果。

　　A. 父标记通常会压住子标记的一部分

B. 子标记通常会压住父标记的一部分

C. 子标记超出的部分将被父标记遮盖

D. 正常显示

4. （多选）关于滑动门中背景图的描述，下列说法正确的是（　　　）。

A. 切分的小图可以是两张　　　　　　B. 切分的小图可以是三张

C. 需要将不规则背景大图切分为小图　　D. 直接使用背景图

5. （多选）下列选项中，属于使用CSS精灵优点的是（　　　）。

A. 减少服务器接收请求的次数　　　　B. 增加服务器发送请求的次数

C. 提高页面的加载速度　　　　　　　D. 减少服务器发送请求的次数

三、简答题

1. 简要描述什么是CSS精灵。

2. 简要描述CSS滑动门技术的优势。

# 第⑬章 视频和音频嵌入技术

**学习目标:**

◎ 了解HTML5和浏览器支持的音频和视频格式。

◎ 掌握视频嵌入技术,能够在网页中添加视频文件。

◎ 掌握音频嵌入技术,能够在网页中添加音频文件。

在网络传输速度越来越快的今天,视频和音频技术已经越来越广泛地应用在网页设计中。比起静态的图片和文字,视频和音频可以为用户提供更直观、丰富的信息。该如何将视频和音频文件添加到网页中呢?相信很多初学者还不得其法。本章将对网页中视频和音频的嵌入技术进行详细讲解。

## 13.1 视频和音频嵌入技术概述

在全新的视频、音频标记出现之前,W3C并没有视频和音频嵌入页面的标准方式,视频和音频内容在大多数情况下都是通过第三方插件或浏览器的应用程序嵌入页面中。例如,可以运用Adobe的FlashPlayer插件将视频和音频嵌入网页中。图13-1所示为网页中FlashPlayer插件的标志。

通过插件或浏览器的应用程序嵌入视频和音频,这种方式不仅需要借助第三方插件,而且实现的代码复杂冗长。图13-2所示为运用插件方式嵌入视频的脚本代码截图。

图13-1 FlashPlayer
插件的标志

从图13-2可以看出,该代码不仅包含HTML代码,还包含JavaScript代码,整体代码复杂冗长,不利于初学者学习和掌握。那么该如何化繁为简呢?可以运用HTML5中新增的video标记和audio标记。我们来看一下图13-3所示的示例代码截图,图中所示代码是使用video标记嵌入视频的代码,在这段代码中仅需要一行代码就可以实现视频的嵌入,让网页的代码结构变得清晰简单。

```
1  <!DOCTYPE html PUBLIC "-//W3C//DTD XHTML 1.0 Transitional//EN"
2  "http://www.w3.org/TR/xhtml1/DTD/xhtml1-transitional.dtd">
3  <html xmlns="http://www.w3.org/1999/xhtml">
4  <head>
5  <meta http-equiv="Content-Type" content="text/html; charset=utf-8" />
6  <title>插入视频文件</title>
7  <script src="Scripts/swfobject_modified.js" type="text/javascript"></script>
8  </head>
9  <body>
10 <object classid="clsid:D27CDB6E-AE6D-11cf-96B8-444553540000" width="600" height=
   "256" id="FLVPlayer">
11   <param name="movie" value="FLVPlayer_Progressive.swf" />
12   <param name="quality" value="high" />
13   <param name="wmode" value="opaque" />
14   <param name="scale" value="noscale" />
15   <param name="salign" value="lt" />
16   <param name="FlashVars" value=
   "&amp;MM_ComponentVersion=1&amp;skinName=Clear_Skin_1&amp;streamName=video/pian&amp;
   autoPlay=true&amp;autoRewind=false" />
17   <param name="swfversion" value="8,0,0,0" />
18   <!-- 此 param 标签提示使用 Flash Player 6.0 r65 和更高版本的用户下载最新版本的
   Flash Player。如果您不想让用户看到该提示，请将其删除。 -->
19   <param name="expressinstall" value="Scripts/expressInstall.swf" />
20   <!-- 下一个对象标签适用于非 IE 浏览器。所以使用 IECC 将其从 IE 隐藏。 -->
```

图13-2　嵌入视频的脚本代码

```
1  <!doctype html>
2  <html>
3  <head>
4  <meta charset="utf-8">
5  <title>在HTML5中嵌入视频</title>
6  </head>
7  <body>
8  <video src="video/pian.mp4" controls="controls">浏览器不支持video标签</video>
9  </body>
10 </html>
```

图13-3　video标记嵌入视频

在HTML5语法中，video标记用于为页面添加视频，audio标记用于为页面添加音频。到目前为止，绝大多数浏览器已经支持HTML5中的video和audio标记。各浏览器的支持情况如表13-1所示。

表13-1　浏览器对video和audio的支持情况

| 浏 览 器 | 支 持 版 本 |
| --- | --- |
| IE | 9.0及以上版本 |
| Firefox（火狐浏览器） | 3.5及以上版本 |
| Opear（欧朋浏览器） | 10.5及以上版本 |
| Chrome（谷歌浏览器） | 3.0及以上版本 |
| Safari（苹果浏览器） | 3.2及以上版本 |

表13-1列举了各主流浏览器对video和audio标记的支持情况。需要注意的是，在不同的浏览器上运用video或audio标记时，浏览器显示音视频界面样式略有不同。图13-4和图13-5所示为视频在Firefox浏览器和Chrome浏览器中显示的样式。

图13-4　Firefox浏览器视频播放效果

图13-5　Chrome浏览器视频播放效果

对比图13-4和图13-5会发现，在不同的浏览器中，同样的视频文件，其播放控件的显示样式却不同。例如，调整音量的按钮、全屏播放按钮等。控件显示不同样式是因为每个浏览器对内置视频控件样式的定义不同。

## 13.2  视频文件和音频文件的格式

HTML5和浏览器对视频和音频文件格式都有严格的要求，仅有少数几种视频和音频格式的文件能够同时满足HTML5和浏览器的需求。因此想要在网页中嵌入视频和音频文件，首先要选择正确的视频和音频文件格式。本节将对HTML5中视频和音频的一些常见格式以及浏览器的支持情况做具体介绍。

### 1. HTML5支持的视频格式

在HTML5中嵌入的视频格式主要包括ogg、mpeg4、webm等，具体介绍如下。

- ogg：一种开源的视频封装容器，其视频文件扩展名为ogg，里面可以封装vobris音频编码或者theora视频编码，同时ogg文件也能将音频编码和视频编码进行混合封装。

- mpeg4：目前最流行的视频格式，其视频文件扩展名为mp4。同等条件下，mpeg4格式的视频质量较好，但它的专利被MPEG-LA公司控制，任何支持播放mpeg4视频的设备，都必须有一张MPEG-LA颁发的许可证。目前MPEG-LA规定，只要是互联网上免费播放的视频，均可以无偿获得使用许可证。

- webm：由Google发布的一个开放、免费的媒体文件格式，其视频文件扩展名为webm。由于webm格式的视频质量和mpeg4较为接近，并且没有专利限制等问题，webm已经被越来越多的人所使用。

### 2. HTML5支持的音频格式

在HTML5中嵌入的音频格式主要包括ogg、mp3、wav等，具体介绍如下。

- ogg：当ogg文件只封装音频编码时，它就会变成为一个音频文件。ogg音频文件扩展名为ogg。ogg音频格式类似于mp3音频格式，不同的是，ogg格式完全免费并且没有专利限制。同等条件下，ogg格式音频文件的音质、体积大小优于mp3音频格式。

- mp3：目前主流的音频格式，其音频文件扩展名为mp3。同mpeg4视频格式一样，mp3音频格式也存在专利、版权等诸多的限制，但因为各大硬件提供商的支持，使得mp3依靠其丰富的资源、良好的兼容性仍旧保持较高的使用率。

- wav：微软公司（Microsoft）开发的一种声音文件格式，其扩展名为wav。作为无损压缩的音频格式，wav的音质是三种音频格式文件中最好的，但其体积也是最大的。wav音频格式最大的优势是被Windows平台及其应用程序广泛支持，是标准的Windows文件。

## 13.3  嵌入视频和音频

通过上一节的学习，相信读者对HTML5中视频和音频的相关知识有了初步了解。接下来，本节将进一步讲解视频和音频的嵌入方法，使读者能够熟练运用video标记和audio标记在网页中嵌入视频和音频文件。

### 13.3.1　在HTML5中嵌入视频

在HTML5中，video标记用于定义视频文件，它支持三种视频格式，分别为ogg、webm和mpeg4。使用video标记嵌入视频的基本语法格式如下：

```
<video src="视频文件路径" controls="controls"></video>
```

在上面的语法格式中，src属性用于设置视频文件的路径，controls属性用于控制是否显示播放控件，这两个属性是video标记的基本属性。值得一提的是，在<video>和</video>之间还可以插入文字，当浏览器不支持video标记时，就会在浏览器中显示该文字。

值得一提的是，在video标记中还可以添加其他属性，进一步优化视频的播放效果，具体如表13-2所示。

表13-2　video标记常见属性

| 属　　性 | 值 | 描　　述 |
| --- | --- | --- |
| autoplay | autoplay | 当页面载入完成后自动播放视频 |
| loop | loop | 视频结束时重新开始播放 |
| preload | preload | 如果出现该属性，则视频在页面加载时进行加载，并预备播放。如果使用 autoplay，则忽略该属性 |
| poster | url | 当视频缓冲不足时，该属性值链接一个图像，并将该图像按照一定的比例显示出来 |

**课堂体验：电子案例 13-1**
嵌入视频的方法

### 13.3.2　在HTML5中嵌入音频

在HTML5中，audio标记用于定义音频文件，它支持三种音频格式，分别为ogg、mp3和wav。使用audio标记嵌入音频文件的基本语法格式如下：

```
<audio src="音频文件路径" controls="controls"></audio>
```

从上面的基本语法格式可以看出，audio标记的语法格式和video标记类似，在audio标记的语法中src属性用于设置音频文件的路径，controls属性用于为音频提供播放控件。在<audio>和</audio>之间同样可以插入文字，当浏览器不支持audio标记时，就会在浏览器中显示该文字。

**课堂体验：电子案例 13-2**
嵌入音频的方法

值得一提的是，在audio标记中还可以添加其他属性，来进一步优化音频的播放效果，具体如表13-3所示。

表13-3  audio标记常见属性

| 属　　性 | 值 | 描　　述 |
|---|---|---|
| autoplay | autoplay | 当页面载入完成后自动播放音频 |
| loop | loop | 音频结束时重新开始播放 |
| preload | preload | 如果出现该属性，则音频在页面加载时进行加载，并预备播放。如果使用 "autoplay"属性，浏览器会忽略preload属性 |

表13-3列举的audio标记的属性和video标记是相同的，这些相同的属性在嵌入音视频时是通用的。

### 13.3.3  视频和音频文件的兼容性问题

虽然HTML5支持ogg、mpeg4和webm的视频格式以及ogg、mp3和wav的音频格式，但并不是所有的浏览器都支持这些格式，因此在嵌入视频和音频文件格式时，需要考虑浏览器的兼容性问题。表13-4列举了各浏览器对视频和音频文件格式的兼容情况。

表13-4  各浏览器支持的视频和音频格式

| 视频格式 | | | | | |
|---|---|---|---|---|---|
| | IE 9以上 | Firefox 4.0以上 | Opera 10.6以上 | Chrome 6.0以上 | Safari 3.0以上 |
| ogg | × | 支持 | 支持 | 支持 | × |
| mpeg4 | 支持 | × | × | 支持 | 支持 |
| webm | × | 支持 | 支持 | 支持 | × |
| 音频格式 | | | | | |
| ogg | × | 支持 | 支持 | 支持 | × |
| mp3 | 支持 | × | × | 支持 | 支持 |
| wav | × | 支持 | 支持 | × | 支持 |

从表13-4可以看出，对于HTML5视频格式，只有Chrome浏览器完全支持，但对于HTML5音频格式，各浏览器都会有一些不兼容的音频格式。为了使视频、音频能够在各个浏览器中正常播放，往往需要提供多种格式的音视频文件供浏览器选择。

在HTML5中，运用source标记可以为video标记或audio标记提供多个备用文件。运用source标记添加音频的基本语法格式如下：

```
<audio controls="controls">
    <source src="音频文件地址" type="媒体文件类型/格式">
    <source src="音频文件地址" type="媒体文件类型/格式">
    ...
</audio>
```

　　在上面的语法格式中，可以指定多个source标记为浏览器提供备用的音频文件。source标记一般设置两个属性——src和type，对它们的具体介绍如下：

● src：用于指定媒体文件的URL地址。

● type：指定媒体文件的类型和格式。其中类型可以为video或audio，格式为视频和音频文件的格式类型。

　　例如，想要为页面添加一个在Firefox 4.0和Chrome 6.0中都可以正常播放的音频文件，示例代码如下：

```
<audio controls="controls">
    <source src="music/1.mp3" type="audio/mp3">
    <source src="music/1.wav" type="audio/wav">
</audio>
```

　　在上面的示例代码中，由于Firefox 4.0不支持mp3格式的音频文件，因此在网页中嵌入音频文件时，需要通过source标记指定一个wav格式的音频文件，使音频文件能够在Firefox 4.0中正常播放。

　　source标记添加视频的方法和添加音频的方法基本相同，只需要把audio标记换成video标记即可，其语法格式如下：

```
<video controls="controls">
    <source src="视频文件地址" type="媒体文件类型/格式">
    <source src="视频文件地址" type="媒体文件类型/格式">
    …
</video>
```

　　例如，为页面添加在Firefox 4.0和IE9中都可以正常播放的视频文件，可以书写如下示例代码：

```
<video controls="controls">
    <source src="video/1.ogg" type="video/ogg">
    <source src="video/1.mp4" type="video/mp4">
</video>
```

　　在上面的示例代码中，Firefox 4.0支持ogg格式的视频文件，IE9支持mp4格式的视频文件。

## 13.3.4　调用网络视频和音频文件

　　在为网页嵌入视频和音频文件时，通常会调用本地的视频和音频文件，例如下面的示例代码：

```
<audio src="music/1.mp3" controls="controls">浏览器不支持audio标记</audio>
```

　　在上面的示例代码中，music/1.mp3表示路径为本地music文件夹中名称为1.mp3的音频文件。调用本地视频和音频文件虽然方便，但需要使用者提前准备好文件，这样准备文件十分麻烦（需要下载文件、上传文件等操作），这时就可以为src属性设置一个完整的URL，直接调用网络中的视频和音频文件。例如下面的示例代码：

```
src="http://www.0dutv.com/plug/down/up2.php/3589123.mp3"
```

在上面的示例代码中，"http://www.0dutv.com/plug/down/up2.php/3589123.mp3" 就是调用音频文件的URL。

扫码看案例

**课堂体验：电子案例 13-3**
获取音频文件 URL

> **注意**：在网页中嵌入视频和音频文件时，一定要注意版权问题，应选择授权使用的视频和音频文件。

### 13.3.5 CSS控制视频的宽高

在网页中嵌入视频时，经常会为video标记添加宽高，给视频预留一定的空间。给视频设置宽高属性后，浏览器在加载页面时会预先确定视频的尺寸，为视频保留合适大小的空间，保证页面布局统一。为video标记添加宽、高的方法十分简单，可以运用width和height属性直接为video标记设置宽高。

扫码看案例

**课堂体验：电子案例 13-4**
为 video 设置宽度和高度

# 习 题

一、判断题

1. 不同的浏览器上运用video或audio标记时，浏览器显示视频和音频界面样式也略有不同。 （　　）

2. OGG文件可以将音频编码和视频编码进行混合封装。 （　　）

3. 调用网络视频和音频文件时需要为src属性设置一个完整的URL。 （　　）

4. 目前最主流的音频格式为webm。 （　　）

5. loop属性可以让视频和音频具有循环播放功能。 （　　）

二、选择题

1. （多选）下列选项中，关于video标记描述正确的是（　　）。

    A. video是一个视频标记

    B. video是一个音频标记

    C. video标记中可以添加autoplay属性

    D. 在<video>和</video>之间可以插入文字

2. （多选）下列选项中，属于source标记属性的是（　　）。

　　A. margin　　　　　　B. src　　　　　　　C. type　　　　　　　D. padding

3. （多选）下列选项中，属于HTML5支持的视频格式的是（　　）。

　　A. ogg　　　　　　　B. mpeg4　　　　　　C. webm　　　　　　D. wav

4. （多选）下列选项中，属于HTML5中嵌入的音频格式的是（　　）。

　　A. ogg　　　　　　　B. mp3　　　　　　　C. webm　　　　　　D. wav

5. （多选）下列选项中，属于video标记属性的是（　　）。

　　A. autoplay　　　　　B. loop　　　　　　C. src　　　　　　　D. controls

三、简答题

1. 简要描述如何在网页中嵌入视频。

2. 简要描述如何在网页中嵌入音频。

# 第 ⑭ 章 JavaScript基础知识

**学习目标：**

◎ 了解什么是JavaScript，掌握JavaScript的特点和引入方式。

◎ 掌握JavaScript基本语法，能够编写简单的JavaScript程序。

◎ 掌握JavaScript中变量的用法，能够声明变量并为变量赋值。

◎ 掌握函数的知识，能够声明和调用函数。

通过前面章节的学习，相应大家已经能够运用HTML和CSS技术搭建各式各样的网页了。但是，无论使用HTML和CSS制作的网页多么漂亮，实现的也只是一些小的动画效果。如果想要网页实现真正的动态交互效果（如焦点图切换、下拉菜单等），还需要使用JavaScript技术。本章将对JavaScript的基础知识做详细讲解。

## 14.1　初识JavaScript

### 14.1.1　JavaScript简介

说起JavaScript其实大家并不陌生，在我们浏览的网页中或多或少都有JavaScript的影子。例如，在浏览淘宝网时的焦点图，每隔一段时间，焦点图就会自动切换（见图14-1）；再如，当点击网站导航时会弹出一个列表菜单（见图14-2）。

切换前的焦点图

切换前后的焦点图

**图14-1　焦点图切换效果**

图14-2　导航列表菜单

　　图14-1和图14-2所示的这些动态交互效果都可以通过JavaScript来实现。下面从JavaScript的起源、特点、应用三个方面来介绍JavaScript。

### 1．JavaScript的起源

　　在互联网形成初期，Web技术远远没有现在这样丰富。浏览器端的用户体验非常单调，几乎没有任何交互性，网页只是使用HTML搭建的静态页面。

　　为了提高网页设计的互动性，Netscape（网景）公司在1995年为新版本浏览器增加了脚本功能，该脚本被命名为LiveScript。LiveScript就是JavaScript的前身，由美国人Brendan Eich（布兰登·艾奇）开发。后来，Netscape与Sun公司合作之后将其改名为JavaScript，这是由于当时Sun公司（2009年被Oracle公司收购）推出的Java语言备受关注，Netscape公司为了营销借用了Java这个名称，但实际上JavaScript与Java是没有任何联系的。

　　在设计之初，JavaScript是一种可以嵌入网页中的脚本语言，用来控制浏览器的行为。例如，直接在浏览器中进行表单验证，用户只有填写格式正确的内容后才能够提交表单，避免了因表单填写错误导致的反复提交问题，节省了时间和网络资源。

　　在今天JavaScript承担了更多的责任，尤其是当Ajax技术兴起之后，网站的用户体验又得到了更大的提升。例如，当人们在百度的搜索框中输入几个字以后，网页会智能感知用户接下来要搜索的内容，出现一个下拉菜单（见图14-3），这个效果的实现离不开JavaScript。

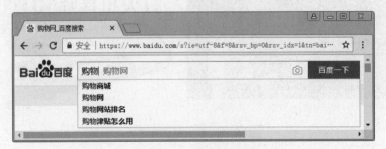

图14-3　百度搜索框

另外，JavaScript的用途已经不仅局限于浏览器了，Node.js的出现使得开发人员能够在服务器端编写JavaScript代码，使得JavaScript的应用更加广泛。本书主要针对浏览器端的JavaScript基础知识进行讲解，推荐读者在掌握基础知识后再学习更高级的技术。

### 2．JavaScript的主要特点

JavaScript是一种脚本语言。什么是脚本呢？简单地说，脚本就是一条条的文本命令，按照程序流程执行。与C、C++、Java、C#这些非脚本语言不同，非脚本语言一般需要编译、连接，只有生成独立的可执行文件后才能运行；而像JavaScript这种脚本语言通常依赖于解释器（一种带有转译功能的计算机程序），只在被调用时自动进行解释或编译。JavaScript语言具有简单性、动态性、跨平台性、安全性等特点，具体介绍如下。

1）简单性

JavaScript是一种脚本语言，它采用小程序段的方式实现编程。JavaScript是一种解释性语言，它提供了一个简易的开发过程。在基本结构形式上，JavaScript与C、C++、VB、Delphi十分类似，但它不像这些语言一样需要先编译，而是在程序运行过程中被逐行解释。JavaScript与HTML标识结合在一起，从而方便用户的使用操作。

2）动态性

JavaScript具有动态性，它可以直接对用户或客户输入做出响应，无须经过Web服务程序。JavaScript对用户的反应响应，是采用事件驱动方式进行的。所谓事件，是指在主页中执行了某种操作动作（关于事件的相关知识，将会在第15章详细讲解）。例如，按下鼠标、移动窗口、选择菜单等都可以看作事件。当事件发生后，可能会引起相应的事件响应，让网页具有动态效果。

3）跨平台性

JavaScript是依赖于浏览器本身的一种嵌入式脚本语言，它既能很好地服务于PC端，也能在移动端承载更多的职责，具有跨平台性。例如，JavaScript可以搭配CSS3编写响应式的网页，或者将网页修改成移动App的交互方式，使App开发和更新的周期变短。

4）安全性

JavaScript是一种较为安全的语言，它不允许访问者对网络文档进行修改和删除。访问者只能通过浏览器实现信息浏览或动态交互，从而有效地防止数据的丢失。

### 3．JavaScript在网页设计中应用

作为一门独立的脚本语言，JavaScript可以做很多事情，但它的主要作用还是在Web上创建网页特效。使用JavaScript脚本语言实现的动态应用在网页上随处可见。下面，将介绍JavaScript的几种常见应用。

1）验证用户输入的内容

使用JavaScript脚本语言可以在客户端对用户输入的内容进行验证。例如，在用户注册页面，用户需要输入相应的注册信息，例如手机号、昵称及密码等，如图14-4所示。如果用户在注册信息文本框中输入的信息不符合注册要求，或在"确认密码"与"密码"文本框中输入的信息不同，将弹出相应的提示信息，如图14-5所示。

2）网页动态效果

使用JavaScript脚本语言可以实现网页中一些动态效果，例如在页面中可以实现焦点图切换效果，如图14-6所示。

图14-4　用户注册页面　　　　　　　图14-5　弹出提示信息

图14-6　焦点图切换效果

3）窗口的应用

在和网页进行某些交互操作时，页面经常会弹出一些提示框，告诉用户该如何操作，如图14-7所示，这些提示框可以通过JavaScript来实现。

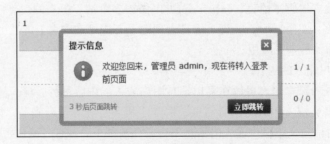

图14-7　弹窗效果

4）文字特效

使用JavaScript脚本语言可以制作多种特效文字，例如文字掉落效果，如图14-8所示。

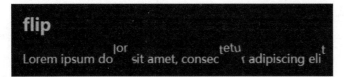

**图14-8 掉落的文字**

图14-8所示只是动态效果的一张截图，当运用JavaScript实现效果后，文字会有一个从上到下掉落的变化。

### 14.1.2 JavaScript语法规则

每一种计算机语言都有自己的语法规则，只有遵循语法规则，才能编写出符合要求的代码。在使用JavaScript语言时，需要遵从一定的语法规则，如执行顺序、大小写以及注释规范等，下面将对JavaScript的语法规则做具体介绍。

**1．按从上到下的顺序执行**

JavaScript程序按照在HTML文档中的排列顺序逐行执行。如果代码（例如函数、全局变量等）需要在整个HTML文件中使用，最好将这些代码放在HTML文件的\<head>…\</head>标记中。

**2．区分大小写字母**

JavaScript严格区分字母大小写。也就是说，在输入关键字、函数名、变量以及其他标识符时，都必须采用正确的大小写形式。例如，变量username与变量userName是两个不同的变量。

**3．每行结尾的分号可有可无**

JavaScript语言并不要求必须以分号";"作为语句的结束标记。如果语句的结束处没有分号，JavaScript会自动将该行代码的结尾作为整个语句的结束。

例如，下面两行示例代码，虽然第1行代码结尾没有写分号，但也是正确的。

```
alert("您好，欢迎学习JavaScript！")
alert("您好，欢迎学习JavaScript！");
```

> 注意：书写JavaScript代码时，为了保证代码的严谨性、准确性，最好在每行代码的结尾加上分号。

**4．注释规范**

使用JavaScript时，为了使代码易于阅读，需要为JavaScript代码加一些注释。JavaScript代码注释和CSS代码注释方式相同，也分为单行注释和多行注释，示例代码如下：

```
//我是单行注释
/*
我是多行注释1
我是多行注释2
我是多行注释3
*/
```

### 14.1.3 JavaScript引入方式

JavaScript脚本文件的引入方式和CSS样式文件类似。在HTML文档中引入JavaScript文件主要有三种，即行内式、嵌入式、外链式。接下来对JavaScript的三种引入方式做详细讲解。

#### 1．行内式

行内式是将JavaScript代码作为HTML标记的属性值使用。例如，单击test按钮时，弹出一个警告框提示Happy，具体示例如下：

```
<a href="javascript: alert('Happy');">test </a>
```

JavaScript还可以写在HTML标记的事件属性中，事件是JavaScript中的一种机制。例如，单击网页中的一个按钮时，就会触发按钮的单击事件，具体示例如下：

```
<input type="button" onclick="alert('Happy'); " value="test" >
```

上述代码实现了单击test按钮时，弹出一个警告框提示Happy。

值得一提的是，网页开发提倡结构、样式、行为的分离，即分离HTML、CSS、JavaScript三部分的代码。避免直接写在HTML标记的属性中，从而有利于维护。因此在实际开发中并不推荐使用行内式。

#### 2．嵌入式

在HTML中运用<script>标记及其相关属性可以嵌入JavaScript脚本代码。嵌入JavaScript代码的基本格式如下：

```
<script type="text/javascript">
JavaScript语句;
</script>
```

上述语法格式中，type是<script>标记的常用属性，用来指定HTML中使用的脚本语言类型。type="text/JavaScript"就是为了告诉浏览器，里面的文本为JavaScript脚本代码。但是，随着Web技术的发展（HTML5的普及、浏览器性能的提升），嵌入JavaScript脚本代码基本格式又有了新的写法，具体如下：

```
<script>
  JavaScript语句;
</script>
```

在上面的语法格式中，省略了type="text/JavaScript"，这是因为新版本的浏览器一般将嵌入的脚本语言默认为JavaScript，因此在编写JavaScript代码时可以省略type属性。

JavaScript可以放在HTML中的任何位置，但放置的地方会对 JavaScript脚本代码的执行顺序有一定影响。在实际工作中，一般将JavaScript脚本代码放置于HTML文档的<head></head>标记之间。浏览器载入HTML 文档的顺序是从上到下，将JavaScript脚本代码放置于<head></head>标记之间，可以确保在使用脚本之前，JavaScript脚本代码就已经被载入。下面展示的就是一段放置了JavaScript的示例代码。

```
<!doctype html>
<html>
<head>
```

```
<meta charset="utf-8">
<title>嵌入式</title>
<script type=" text/javascript">
    alert("我是JavaScript脚本代码! ")
</script>
</head>
<body>
</body>
</html>
```

在上面的示例代码中，<script>标签包裹的就是JavaScript脚本代码。

### 3. 外链式

外链式是将所有的JavaScript代码放在一个或多个以js为扩展名的外部JavaScript文件中，通过<src>标记将这些JavaScript文件链接到HTML文档中，其基本语法格式如下：

```
<script type="text/Javascript" src="脚本文件路径" >
</script>
```

上述格式中，src是script标记的属性，用于指定外部脚本文件的路径。同样的，在外链式的语法格式中，也可以省略type属性，将外链式的语法简写为如下格式：

```
<script src="脚本文件路径 " >
</script>
```

需要注意的是，调用外部JavaScript文件时，外部的JavaScript文件中可以直接书写JavaScript脚本代码，不需要写<script>引入标记。

在实际开发中，当需要编写大量、逻辑复杂的JavaScript代码时，推荐使用外链式。相比嵌入式，外链式的优势可以总结为以下两点。

1）利于后期修改和维护

嵌入式会导致HTML与JavaScript代码混合在一起，不利用代码的修改和维护；外链式会将HTML、CSS、JavaScript三部分代码分离开来，利于后期的修改和维护。

2）减轻文件体积、加快页面加载速度

嵌入式会将使用的JavaScript代码全部嵌入HTML页面中，这就会增加HTML文件的体积，影响网页本身的加载速度；而外链式可以利用浏览器缓存，将需要多次用到的JavaScript脚本代码重复利用，既减轻了文件的体积，也加快了页面的加载速度。例如，在多个页面中引入了相同的js文件时，打开第一个页面后，浏览器就将js文件缓存下来，下次打开其他引用该js文件的页面时，浏览器就不用重新加载js文件了。

**多学一招：** JavaScript的同步加载和异步加载

在引入JavaScript脚本代码时，页面的下载和渲染都会暂停，等待脚本执行完成后才会继续，这种加载方式称为"同步加载"。"同步加载"也称"阻塞模式"，它是JavaScript脚本代码默认的加载方式，之所以要同步加载，是因为JavaScript中可能有输出、修改等行为，所以默认同步执行才是安全的。

但是"同步加载"也有弊端。同步加载完毕之前，页面内容是无法正常显示的，这就给网站访问者带来不好的用户体验。因此在代码加载过程中，我们需要让那些负责页面内结构、样式的代码先加载，给用户呈现一个美观的界面效果，然后再加载后续的脚本代码，这时就需要用到"异步加载"。"异步加载"也称"非阻塞模式"，用于降低JavaScript阻塞问题对页面造成的影响，使用<script>标记属性async和defer都可以设置"异步加载"。下面将介绍这两种属性的使用方法。

1）async

添加async属性后，页面会先下载脚本文件，不阻塞结构代码、样式代码的执行，当脚本文件下载完成后再执行该脚本文件，示例代码如下：

```
<script src="http: //js.test/file.js" async></script>
```

2）defer

添加defer属性后，页面会先下载脚本文件，不阻塞结构代码、样式代码的执行，当页面效果加载完成之后，再执行脚本代码，示例代码如下：

```
<script src="http: //js.test/file.js" defer></script>
```

值得一提的是，虽然async和defer都用于设置异步加载，但二者在脚本代码下载完成之后的执行方式有很大差别。添加async属性，当脚本代码下载完成之后会立即执行脚本代码；添加defer属性，会等页面效果加载完成之后再加载脚本代码。

### 14.1.4  JavaScript常用输出语句

在JavaScript脚本代码中，输出语句用于直接输出一段代码的执行结果，直观展现JavaScript效果。JavaScript常用的输出语句包括alert()、console.log()、document.write()，关于这些输出语句的相关介绍具体如下。

#### 1. alert()

alert()用于弹出一个警告框，确保用户可以看到某些提示信息。利用alert()可以很方便地输出一个结果，因此alert()经常用于测试程序。例如下面的示例代码：

```
alert("程序错误");
```

在网页中运行上述代码，效果如图14-9所示。

#### 2. console.log()

console.log()用于在浏览器的控制台中输出内容。例如下面的示例代码：

```
console.log('你好JavaScript! ');
```

在网页中运行上述代码，效果如图14-10所示。

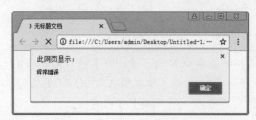

图 14-9　警告框

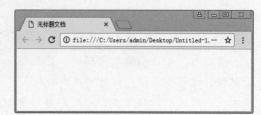

图 14-10　console.log()

从图14-10可以看出，此时页面中不显示任何内容。按【F12】快捷键启动开发者工具，打开浏览器调试界面如图14-11所示。

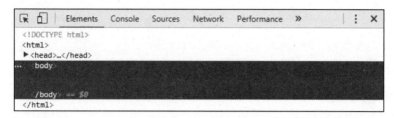

图14-11　开发者工具

在图14-11最上方的菜单中选择Console（控制台），即可打开控制台。在控制台中可以看到console.log语句输出的内容，如图14-12所示。

图14-12　在控制台输出的内容

### 3．document.write()

document.write()用于在页面中输出内容，示例代码如下：

```
document.write('<b>这是加粗文本</b>');
```

在网页中运行上述示例代码，效果如图14-13所示。

从运行结果可以看出，文字被加粗处理了。可见document.write()的输出内容中如果含有HTML标记，该标记会被浏览器解析。

图14-13　在页面中输出内容

脚下留心：

需要注意的是，运用document.write()时，如果输出的内容中包含JavaScript结束标记，会导致代码提前结束，示例代码如下：

```
document.write('<script>alert(123);</script>');
```

在上面的示例代码中，代码的输出内容包含了</script>。

运行示例代码，效果如图14-14所示。

从图14-14可以看出，页面中并没有弹出警示框。这是因为代码中包含的</script>被浏览器当成结束标记。如果要解决这个问题，可在"</script>"前面加上"\"转义，即按照下面代码的写法。

图14-14　输出内容1

```
document.write('<script>alert
(123);<\/script>');
```

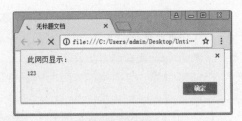

图14-15　输出内容2

保存示例代码，再次运行代码，效果如图14-15所示。

### 14.1.5　简单的JavaScript页面

在了解JavaScript起源、语法规则以及引入方式后，相信大家已经迫不及待地想要使用JavaScript语言来编写网页程序了。接下来，我们将带领大家运用Dreamweaver工具动手体验第一个JavaScript程序。程序运行的最终效果如图14-16所示。

当单击图14-16中的"确定"按钮后，警告框消失，显示后面的网页文字，如图14-17所示。

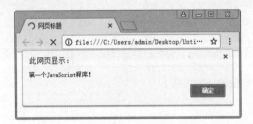

图14-16　第一个JavaScript程序

图14-17　页面效果

图14-16所示为JavaScript程序警告框，图14-17所示是网页文本显示效果。要实现警告框的弹出可以分为两步：首先应该创建一个带有文本网页，然后在网页中嵌入JavaScript警告框输出语句。

扫码看案例

**课堂体验：电子案例 14-1**

JavaScript 程序警告框

## 14.2　认识标识符、关键字、保留字

对于JavaScript初学者来说，往往搞不清标识符、关键字和保留字三者的作用和关系。接下来，本节将对标识符、关键字、保留字这三个概念及其作用做具体讲解。

1．标识符

父母会为刚出生的孩子取一个名字，让这个名字作为他的身份标识。在JavaScript中，标识符就和人的名字作用类似，它的作用是标识某些函数、变量、对象的名字。在JavaScript中，标识符的定义需要遵循一定的规则，具体介绍如下。

● 一般由字母、数字、下画线组成，如str、arr3、get_name。

● 不能以数字开头，如56name就是非法标识符。

- 严格区分大小写，如it与IT表示两个不同的标识符。
- 不能使用JavaScript中的关键字命名。如var作为变量名就是不合法的。
- 要尽量要做到"见其名知其意"，如name表示名称，age表示年龄等。

值得一提的是，当标识符中需要多个单词进行表示时，常见的表示方式有下画线法（如user_name）、驼峰法（如userName）和帕斯卡法（如UserName）。可根据需求统一规范命名，例如下画线方式通常应用于变量的命名，驼峰法通常应用于函数名的命名等。

### 2．关键字

JavaScript关键字（Reserved Words）是指在JavaScript脚本语言中被事先定义好并赋予特殊含义的单词字符。JavaScript关键字不能作为变量名和函数名使用，否则会使JavaScript在载入过程中出现编译错误。与其他编程语言一样，JavaScript中也有许多关键字，具体如表14-1所示。

表14-1 关键字

| break | case | catch | class | const | continue |
|---|---|---|---|---|---|
| debugger | default | delete | do | else | export |
| extends | false | finally | for | function | if |
| import | in | instanceof | new | null | return |
| super | switch | this | throw | try | true |
| typeof | var | void | while | with | yield |

表14-1列举的关键字中，每个关键字都有特殊的作用。例如，var关键字用于定义变量，typeof关键字用于判断给定数据的类型，function关键字用于定义一个函数。在本书后面的章节中将陆续对一些常用关键字进行讲解，这里只需了解即可。

### 3．保留字

保留字是指语言中定义具有特殊含义的字符，使用者将不能用保留字作为标识符使用。保留字分为已保留字符（也就是关键字）和未保留字符两类。其中，未保留字符是指系统预留的字符，未来可能会成为关键字，但现在既不能作为标识符使用，也没有任何特殊含义。表14-2列举了JavaScript中未保留的字符。

表14-2 保留字

| abstract | arguments | await | byte | boolean | char |
|---|---|---|---|---|---|
| double | enum | eval | final | float | goto |
| implements | int | interface | let | long | native |
| package | private | protected | public | short | static |
| synchronized | throws | transient | volatile | | |

# 14.3 认识基本数据类型

任何一种程序语言设计，都离不开对数据的操作处理，对数据进行操作前必须要确定数据的类型。数据类型规定了可以对该数据进行的操作和数据的存储方式。在

JavaScript中，将不可再细分的数据类型称为基本数据类型。JavaScript的基本数据类型有数值型、字符串型、布尔型、未定义型、空型五种。接下来，我们将对这几种基本数据类型做具体介绍。

### 14.3.1 数值型

在JavaScript中，用于表示数字的类型称为数值型。和其他程序设计语言（如C和Java）相比，JavaScript数值型的不同之处在于，它并不区分整型数值和浮点型数值。在JavaScript中，所有数字都是数值型。我们在使用数值时还可以添加"-"符号表示负数，添加"+"符号表示正数（通常情况下省略"+"），或是设置为NaN（非数值，一般用于处理计算中出现的数值错误）。JavaScript的数字可以写成十进制、十六进制和八进制，具体介绍如下。

（1）十进制是全世界通用的计数法，采用0~9十个数字，遵循逢十进一的原则。例如，下面的数字都是采用十进制的数字：

```
10              //十进制数
15.1            //十进制数
0.1             //十进制数
-0.25           //十进制数
```

（2）十六进制以0X或0x开头，后面跟0~F十六进制数字，具体示例如下：

```
0x1a3e          //十六进制数
0X3d3e          //十六进制数
0x1             //十六进制数
```

（3）八进制以0开头，采用0~7八个数字，遵循逢八进一的原则，具体示例如下：

```
037             //八进制数
012345          //八进制数
-01245          //八进制数
```

### 14.3.2 字符串型

字符串（String）是JavaScript用来表示文本的数据类型，它是由Unicode（Unicode是一种统一的字符编码标准）字符、数字、标点符号等组成的序列。在JavaScript中的字符串型数据包含在单引号或双引号中，单引号和双引号之间还可以相互嵌套，具体示例如下。

（1）单引号括起来的一个或多个字符，具体示例如下：

```
'网页设计师'
'程序员'
'MBA'
```

（2）双引号括起来的一个或多个字符，具体示例如下：

```
"运动会"
"JavaScript"
```

（3）单引号定界的字符串中可以包含双引号，具体示例如下：

```
'name= "myname"'
```

（4）双引号定界的字符串中可以包含单引号，具体示例如下：

```
"You can call me 'Tom'! "
```

值得一提的是，如要在单引号中使用单引号，或在双引号中使用双引号，则需要使用"\"符号对其进行转义。具体示例如下：

```
'I\'m is ...';          //在控制台的输出结果：I'm is ...
"\"Tom\"";              //在控制台的输出结果："Tom"
```

上述示例代码中，"\"和其后面符号的组合称为"转义字符"。转义字符主要用于表示一些不能显示的字符，通过转义字符可以在字符串中添加不可显示的特殊字符，或者避免同类型引号嵌套引起语法混乱。JavaScript常用的转义字符如表14-3所示。

表14-3 转义字符

| 特殊字符 | 含 义 | 特殊字符 | 含 义 |
|---|---|---|---|
| \' | 单引号 | \" | 双引号 |
| \n | 回车换行 | \v | 跳格（Tab、水平） |
| \t | Tab符号 | \r | 换行 |
| \f | 换页 | \\ | 反斜杠（\） |
| \b | 退格 | \0 | Null字节 |
| \xhh | 由两位十六进制数字hh表示的ISO-8859-1字符。如"\x61"表示a | \uhhhh | 由四位十六进制数字hhhh表示的Unicode字符。如"\u597d"表示"好" |

### 14.3.3 布尔型

布尔型（Boolean）是JavaScript中较常用的数据类型之一，通常用于逻辑判断，它只有true和false两个值，表示事物的"真"和"假"。在JavaScript程序中，布尔值通常用来比较所得的结果。例如：

```
n==1
```

在上面的代码中，"=="是一个比较运算符，用于比较两个数是否相等（关于运算符的知识我们会在14.6节中详细讲解）。这行代码测试了变量n的值是否和数值1相等。如果相等，比较的结果就是布尔值true，否则结果就是false。

> **注意**：JavaScript中严格遵循大小写，因此true和false值只有全部为小写时才表示布尔型。

### 14.3.4 空型

空型（Null）用于表示一个不存在的或无效的对象与地址，它的取值只有一个null。由于JavaScript对大小写字母书写要求严格，因此变量的值只有是小写的null时才表示空型。

### 14.3.5　未定义型

未定义型（Undefined）用于声明的变量还未被初始化时，变量的默认值为undefined。与null不同的是，undefined表示没有为变量设置值，而null则表示变量（对象或地址）不存在或无效。需要注意的是，null和undefined与空字符串（' '）和0并不是等价关系，它们代表不同的含义。

## 14.4　常量与变量

常量和变量是程序设计语言不可缺少的组成部分。什么是常量？什么是变量？相信许多初学者还不是很清楚。本节将对常量、变量的相关知识做详细讲解。

### 14.4.1　常量

常量是指程序运行过程中值始终不变的量。常量的特点是一旦被定义就不能被修改或重新定义。一般在数学和物理中会存在很多常量，它们都是一个具体的数值或一个数学表达式。例如，数学中的圆周率π就是一个常量，它的取值就是固定且不能被改变的。

在JavaScript中，常量主要包括数值型常量、字符串型常量、布尔型常量、null和undefined等。在下面的示例中列举了不同类型的常量。

```
'网页设计师'          //字符串型常量
012345              //数值型常量
true                //布尔型常量
```

在上面的示例中，字符串常量的值可以是任意的字符串。数值常量为JavaScript支持的字符数据，可以使用十进制、十六进制、八进制这三种形式。布尔型常量只有两种值，即true和false。

### 多学一招：定义常量

在ES6（是JavaScript语言的标准，于2015年6月批准通过）之前是没有定义常量的方式的，在ES6中新增了const关键字，专门用于定义常量。常量的命名遵循标识符的命名规则，习惯上常量名称总是使用大写字母表示。定义常量的具体示例如下：

```
const PI=3.14;
const P=2*PI*r;
```

在上面的示例代码中，运用const关键字定义了两个常量"PI""P"，其中为"PI"赋值（"="是一个运算符，表示赋值）"3.14"，为"P"赋值一个表达式"2 * PI * r"。可见，常量在赋值时既可以是具体的数据，也可以是表达式（此外变量也可以作为常量的赋值）。常量一旦被赋值就不能被改变，并且常量在声明时必须为其指定某个值。

### 14.4.2　变量

变量是指在程序运行过程中值可以发生改变的量。变量可以看作存储数据的容器。就像生活中盛水的杯子，杯子指的就是变量，杯中盛放的水指的就是保存在变量中的数据。

在JavaScript中使用var关键字声明变量。这种直接使用var声明变量的方法，称为"显式声明变量"。显式声明变量的基本语法格式如下：

```
var 变量名;
```

在上面的语法格式中，变量名的命名规则与标识符相同。例如，number、_it123均为合法的变量名，而88shout、&num为非法变量名。为了让初学者掌握声明变量的方法，我们通过以下代码进行演示：

```
var sales;
var hits, hot,NEWS;
var room_101,room102;
var $name,$age;
```

在上面的示例代码中，利用关键字var声明变量。其中第2、3、4行变量名之间用逗号"，"隔开，实现一条语句同时声明多个变量的目的。

### 14.4.3 变量的赋值

我们可以在声明变量的同时为变量赋值，也可以在声明完成之后，为变量赋值。例如下面的示例代码：

```
var unit,room;              //声明变量
var unit=3;                 //为变量赋值
var room=1001;              //为变量赋值
var fname='Tom',age=12;     //声明变量的同时赋值
```

在上面的示例代码中，均通过关键字var声明变量。其中第1行代码同时声明了unit、room两个变量，第2、3行代码为这两个变量进行赋值，第4行声明了fname、age两个变量，并在声明变量的同时为这两个变量赋值。

值得一提的是，在声明变量时，也可以省略var关键字，通过赋值的方式声明变量，这种方式称为"隐式声明变量"。例如下面的示例代码：

```
flag=false;                 //声明变量flag并为其赋值false
a=1,b=2;                    //声明变量a和b并分别为其赋值为1和2
```

在上面的示例代码中，直接省略掉var，通过赋值的方式声明变量。需要注意的是，由于JavaScript采用的是动态编译，程序运行时不容易发现代码中的错误，所以本书仍然推荐使用显式声明变量的方法。

> **注意**：如果重复声明的变量已经有一个初始值，那么再次声明就相当于对变量的重新赋值。

## 14.5 数据类型的检测与转换

因为JavaScript中变量的数据类型不是开发人员设定的，在实际开发过程中经常需要针对不同的数据类型采取不同的处理方式，这就需要对数据类型进行检测和转换。该如

何检测和转换数据类型呢？本节将对数据类型的检测和转换做详细讲解。

### 14.5.1　检测数据类型

当为一个变量重新赋值以后，该变量的数据类型可能会发生改变。例如下面的示例代码：

```
var num1=12,num2='34',sum=    65;           //声明变量并赋值
sum=num1+num2;                               //为变量重新赋值
console.log(sum);                            //在控制台检测输出结果
```

在上面的示例代码中，第2行代码为变量sum重新赋值。

运行示例代码后，按【F12】键，选择Console（控制台），会看到图14-18所示的输出结果。

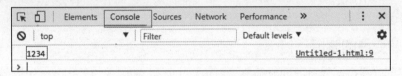

图14-18　控制台显示效果

从图14-18可以看出，结果并不是将num1和num2两个变量数值相加，而是将两个变量的值进行了拼接，那么此时sum的数据类型是什么呢？可以使用typeof操作符或对象原型的扩展函数Object.prototype.toString.call()进行检测，具体检测方法如下：

#### 1．typeof操作符检测

typeof操作符会以字符串形式返回未经计算的操作数类型。可以通过在控制台输出的方式使用typeof操作符检测数据类型。具体示例代码如下。

```
var num1=12,num2='34',sum=    65;           //声明变量并赋值
sum=num1+num2;                               //为变量重新赋值
console.log(sum);                            //在控制台检测输出结果
console.log(typeof sum);                     //检测变量sum数据类型
```

在上面的示例代码中，console.log用于在控制台中输出内容，typeof用于检测变量的数据类型，sum是变量名称，其中typeof和sum之间用空格隔开。

运行示例代码，在控制台中的显示效果如图14-19所示。

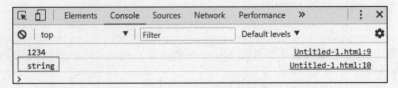

图14-19　typeof操作符检测

从图14-19可以看出，sum最后的输出结果为是字符型数据（string）。需要注意的是，在利用typeof检测null的类型时返回的是object而不是null，这是JavaScript最初实现时的历史遗留问题。

**2. 对象原型的扩展函数检测**

可以利用对象原型的扩展函数Object.prototype.toString.call()检测数据类型,具体示例如下:

```
console.log( Object.prototype.toString.call(sum) );
```

在上面的示例代码中,Object.prototype.toString.call()和typeof的用法基本类似。

运行示例代码,在控制台中的显示效果如图14-20所示。

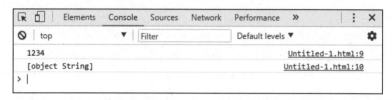

图14-20 Object.prototype.toString.call()检测

对比图14-19和图14-20会发现,二者的检测结构略有差异。使用typeof操作符检测,在控制台只会输出数据类型string;利用对象原型的扩展函数检测,在控制台中会输出[Object String]。这是因为Object.prototype.toString.call()是对象的方法,调用的时候会先调用构造函数,从而更精确地分辨出数据类型。

### 14.5.2 转换数据类型

当对两个数据进行操作时,若其数据类型不相同,则需要对其进行数据类型转换。在JavaScript中常见的数据类型转换有转换为布尔型、转换为数值型、转换为字符型。下面对这几种常见的数据类型转换进行简单的介绍。

**1. 数据转换为布尔型**

数据转换为布尔型在开发中是最常见的一种类型转换,经常用于表达式和流程控制语句中,如数据的比较、条件的判断。下面通过一段转换为布尔型的示例代码进行演示。

```
var con=prompt();          //保存用户的输出内容
if(Boolean(con)) {
  document.write('已输入内容');
} else {
  document.write('无输入内容');
}
document.write(Boolean(con));
```

在上述示例中,通过Boolean()将用户输入的内容转为布尔类型,当用户单击"取消"按钮或用户未输入任何字符就单击"确定"按钮时,会被转为false,当有内容输入时就转为true。

除此之外,Boolean()会将任何非空字符串和非零的数值转换为true,将空字符串、0、NaN、undefined和null转换为false。

**2. 转换为数值型**

利用JavaScript提供的Number()、parseInt()或parseFloat()可将参与运算的数据转换为数值型。下面以parseInt()函数的使用为例进行讲解,具体示例如下:

```
//获取用户的输入，完成自动求和
var num1=prompt('请输入求和的第1个数据：');        //假设当前用户输入：123abc
var num2=prompt('请输入求和的第2个数据：');        //假设当前用户输入：456
//未处理，直接进行相加运算
console.log(num1+num2);                          //输出结果：123abc456
console.log(parseInt(num1)+parseInt(num2)); //输出结果：579
```

从上述代码的输出结果可知，只有对参与运算的数据进行数值型转换，才能实现自动求和，否则会将其当做字符串进行拼接。

值得一提的是，虽然Number()、parseInt()或parseFloat()都用于数值的转换，但三者在使用时有一定的区别，具体如表14-4所示。

表14-4　转数值型

| 待转数据 | Number() | parseInt() | parseFloat() |
|---|---|---|---|
| 纯数字字符串 | 转成对应的数字 | 转成对应的数字 | 转成对应的数字 |
| 空字符串 | 0 | NaN | NaN |
| 数字开头的字符串 | NaN | 转成开头的数字 | 转成开头的数字 |
| 非数字开头字符串 | NaN | NaN | NaN |
| null | 0 | NaN | NaN |
| undefined | NaN | NaN | NaN |
| false | 0 | NaN | NaN |
| true | 1 | NaN | NaN |

需要注意的是，表14-4中的所有函数在转换纯数字时会忽略前导零，如0123字符串会被转换为123。parseFloat()函数会将数据转换为浮点数（可以理解为小数）；parseInt()函数会直接省略小数部分，返回数据的整数部分。

### 3. 转换为字符型

在开发中，需要将数据转换成字符型时，可以利用String()和toString()进行转换。二者的区别是前者可以将任意类型的数据转换为字符型；而后者只能转换除null和undefined之外的其他数据类型。具体示例如下：

```
var num1=num2=num3=4,num4=26;
console.log(String(12));                 //输出结果：12
console.log(num1+num2+num3.toString()); //输出结果：84
console.log(num4.toString(2));           //输出结果：11010
```

上述代码中，第3行代码计算num1+num2的结果为8，然后与num3转换的字符串' 4'进行拼接，得到输出结果84。其中，toString()方法在进行数据类型转换时，可通过参数设置，将数值转换为指定进制的字符串，例如第4行代码num4.toString(2)，表示首先将十进制26转换为二进制11010，然后再转换为字符型数据。

# 14.6 表达式与运算符

表达式和运算符是构成计算机语言的基本要素，也是构成语句的基础，任何计算机语言都离不开表达式和运算符。下面，将针对JavaScript中的表达式和运算符进行详细讲解。

## 14.6.1 表达式

表达式可以是各种类型的数据、变量和运算符的集合。其中，最简单的表达式可以是一个变量。下面列举一些常见的表达式。

```
var x,y,z;              //声明变量
x=1;                    //将表达式"1"的值赋给变量x
y=2+3;                  //将表达式"2+3"的值赋给变量y
z=y=x;                  //将表达式"y=x"的值赋给变量z
console.log(z);         //将表达式"z"的值作为参数传给console.log()方法
console.log(x+y);       //将表达式"x+y"的值作为参数传给console.log()方法
```

从上述代码可以看出，表达式是JavaScript中非常重要的基石，一个单独的变量z和含有运算符的x+y等都可以将其理解为表达式。

## 14.6.2 运算符

在程序中，经常出现一些特殊符号，如+、-、*、=、>等，这些都是用于各种运算的符号，因此称为运算符。JavaScript中的运算符主要包括算术运算符、比较运算符、赋值运算符、逻辑运算符和条件运算符，关于这5种运算符的相关介绍如下。

### 1．算术运算符

算术运算符是定义数学运算的符号，通常在数学表达式中使用。算术运算符主要包括加（+）、减（-）、乘（*）、除（/）、取模（%）、自增（++）、自减（--）等运算符，具体如表14-5所示。

表14-5 常用的算术运算符

| 算术运算符 | 描 述 |
| --- | --- |
| + | 加运算符 |
| - | 减运算符 |
| * | 乘运算符 |
| / | 除运算符 |
| % | 取模运算符 |
| ++ | 自增运算符。该运算符有i++（i为定义的变量，在使用i之后，使i的值加1）和++i（在使用i之前，先使i的值加1）两种 |
| -- | 自减运算符。该运算符有i--（在使用i之后，使i的值减1）和--i（在使用i之前，先使i的值减1）两种 |

表14-5列举了常用的算术运算符，关于算术运算符的具体使用可参见下面的示例代码。

```
alert(220+230);              //输出结果：450
alert(2*3+25/5 - 1);         //输出结果：10
alert(2*(3+25)/5 - 1);       //输出结果：10.2
```

需要注意的是，算术运算符看似简单，也容易理解，但是在实际应用过程中还需要注意以下几点。

● 进行四则混合运算时，运算顺序要遵循数学中"先算乘除后算加减"的原则。

● 在进行取模运算时，运算结果的正负取决于被模数（%左边的数）的符号，与模数（%右边的数）的符号无关。例如，(−8)%7= −1，而8%(−7)= 1。

● 在开发中尽量避免使用小数进行运算，有时可能因JavaScript的精度导致结果的偏差。例如，1.66+1.77，理想中的值应该是3.43，但是JavaScript的计算结果却是3.4299999999999997。此时，可以将参与运算的数据转换为整数，计算后再转换为小数即可。例如，将1.66和1.77分别乘以100，相加后再除以100，即可得到3.43。

● "+"和"−"在算术运算时还可以表示正数或负数，例如，(+2.1) + (−1.1)的运算结果为1。

● 运算符（++或−−）放在操作数前面时，会先进行自增或自减运算，再进行其他运算；如果运算符放在操作数后面时，则会先进行其他运算，再进行自增或自减运算。

● 递增和递减运算符仅对数值型和布尔型数据操作，操作时会将布尔值true当做1，false当做0。

### 2．比较运算符

比较运算符用于对两个数值或变量进行比较，其结果是一个布尔值，即true或false。常用的比较运算符如表14-6所示。

表14-6　常用的比较运算符

| 比较运算符 | 描　　　述 |
| --- | --- |
| < | 小于 |
| > | 大于 |
| <= | 小于等于 |
| >= | 大于等于 |
| == | 等于。只根据表面值进行判断，不涉及数据类型。例如，"27"==27的值为true |
| === | 全等于。同时根据表面值和数据类型进行判断。例如，"27"===27的值为false |
| != | 不等于。只根据表面值进行判断，不涉及数据类型。例如，"27"!=27的值为false |
| !== | 不绝对等于。同时根据表面值和数据类型进行判断。例如，"27"!==27的值为true |

表14-6列举了常用的比较运算符，这些比较运算符的使用，示例代码如下：

```
alert(22>33);                //输出结果：false
alert(22<33);                //输出结果：true
alert(22==33);               //输出结果：false
alert(22==22);               //输出结果：true
```

需要注意的是，比较运算符的使用虽然很简单，但是在实际开发中还需要注意以下两点。

● 不同类型的数据进行比较时，首先会自动将其转换成相同类型的数据后再进行比较。例如：字符串'123'与123进行比较时，首先会将字符串'123'转换成数值型，然后再与123进行比较。

● 运算符 "=="和 "!="与运算符 "==="和 "!=="在进行比较时，前两个元素符只比较数据的值是否相同，而后两个运算符不仅要比较值是否相等，还要比较数据的类型是否相同。

### 3．逻辑运算符

逻辑运算符常用于布尔型的数据进行操作，当操作数都是布尔值时，返回值也是布尔值；当操作数不是布尔值时，运算符 "&&"和 "||"的返回值就是一个特定操作数的值。具体如表14-7所示。

表14-7　逻辑运算符

| 逻辑运算符 | 描　述 |
| --- | --- |
| && | 逻辑与，只有当两个操作数a、b的值都为true时，a&&b的值才为true；否则为false |
| \|\| | 逻辑或，只有当两个操作数a、b的值都为false时，a\|\|b的值才为false；否则为true |
| ! | 逻辑非，!true的值为false，而!false的值为true |

逻辑运算符在使用时，会按照从左到右的顺序进行求值，因此运算时可能会出现不执行右边表达式的情况，具体介绍如下。

● 当使用 "&&"连接两个表达式时，如果左边表达式的值为false，则右边的表达式不会执行，逻辑运算结果为false。

● 当使用 "||"连接两个表达式时，如果左边表达式的值为true，则右边的表达式不会执行，逻辑运算结果为true。

### 4．赋值运算符

赋值运算符用于对变量进行赋值，最基本的赋值运算符是等于号 "="。其他运算符可以和赋值运算符 "="联合使用，构成组合赋值运算符。常用的赋值运算符如表14-8所示。

表14-8　常见的赋值运算符

| 赋值运算符 | 描　述 |
| --- | --- |
| = | 将右边表达式的值赋给左边的变量。例如，username="name" |
| += | 将运算符左边的变量加上右边表达式的值赋给左边的变量。例如，a+=b，相当于a=a+b |
| −= | 将运算符左边的变量减去右边表达式的值赋给左边的变量。例如，a−=b，相当于a=a−b |
| *= | 将运算符左边的变量乘以右边表达式的值赋给左边的变量。例如，a*=b，相当于a=a*b |
| /= | 将运算符左边的变量除以右边表达式的值赋给左边的变量。例如，a/=b，相当于a=a/b |
| %= | 将运算符左边的变量与右边表达式的值求模，并将结果赋给左边的变量。例如，a%=b，相当于a=a%b |

表14-8列举了常用的赋值运算符，关于赋值运算符的具体使用，示例代码如下：

```
var num1=2, num2='2';
num1+=3;
num2+=3;
console.log(num1,num2);              //输出结果为：5 "23"
```

上述示例代码中，变量num1是数值型数据，所以和3进行相加运算，结果为5；而变量num2是字符串型数据2，所以和3进行字符串拼接，结果为23。

**5．条件运算符**

条件运算符又称三目运算符（有时也称三元运算符），其运算的结果根据给定条件决定。条件运算符的基本语法格式如下：

```
条件表达式?结果1：结果2
```

在上面的语法中，如果条件表达式的值为true，则整个表达式的结果为"结果1"，否则为"结果2"。例如，下面的示例代码就是对条件运算符的演示。

```
var a=5;
var b=5;
alert((a==b)?true: false);
```

上述示例代码中，首先定义两个变量，设置初始值都为5，然后判断两个变量是否相等，如果相等则返回true，否则则返回false。

> **注意**：在JavaScript中，可以使用运算符（+）对两个字符串进行连接运算，即将两个字符串连接起来。

### 14.6.3　运算符的优先级与结合性

JavaScript运算符均有明确的优先级与结合性。优先级较高的运算符将先于优先级较低的运算符进行运算。结合性是指具有同等优先级的运算符将按照怎样的顺序进行运算。结合性有向左结合和向右结合两种。例如，表达式a+b+c，向左结合就是先计算a+b，即(a+b)+c；而向右结合就是先计算b+c，即a+(b+c)。JavaScript运算符的优先级与结合性如表14-9所示。

表14-9　JavaScript运算符的优先级与结合性

| 优先级 | 结合性 | 运　算　符 |
|---|---|---|
| 最高 | 向左 | .、[ ]、（ ） |
| 由高到低依次排列 | 向右 | ++、--、-、!、delete、new、typeof、void |
| | 向左 | *、/、% |
| | 向左 | +、- |
| | 向左 | <<、>>、>>> |
| | 向左 | <、<=、>、>=、in、instanceof |

续表

| 优先级 | 结合性 | 运 算 符 |
|---|---|---|
| 由高到低依次排列 | 向左 | ==、!=、===、!=== |
| | 向左 | & |
| | 向左 | ^ |
| | 向左 | \| |
| | 向左 | && |
| | 向左 | \|\| |
| | 向右 | ?: |
| | 向右 | = |
| | 向右 | *=、/=、%=、+=、-=、<<=、>>=、>>>=、&=、^=、\|= |
| 最低 | 向左 | , |

表14-9中，在同一单元格的运算符具有相同的优先级，左结合方向表示同级运算符的执行顺序为从左向右，右结合方向则表示执行顺序为从右向左。

值得一提的是，表达式中有一个优先级最高的运算符——圆括号()，它可以提高圆括号内部运算符的优先级；且当表达式中有多个圆括号时，最内层圆括号中的表达式优先级最高。具体示例如下：

```
console.log(8+6*3);        //输出结果：26
console.log((8+6)*3);      //输出结果：42
```

上述实例中，表达式"8+6*3"按照运算符优先级的顺序，先执行乘法"*"，再执行加法"+"，因此结果为26。而加了圆括号的表达式"(8+6)*3"的执行顺序是先执行圆括号内加法"+"运算，再执行乘法，因此输出的结果为42。

由此可见，为复杂的表达式适当的添加圆括号，可避免复杂的运算符优先级法则，让代码更为清楚，并且可以避免错误的发生。

# 14.7　流程控制语句

在生活中，人们需要通过大脑来支配自身行为。同样，在程序中也需要相应的控制语句来控制程序的执行流程。在JavaScript中主要的流程控制语句有条件语句、循环语句和跳转语句等。本节将针对这几种语句进行详细讲解。

## 14.7.1　条件语句

在实际生活中经常需要对某一事件做出判断。例如，开车来到一个十字路口，这时需要对红绿灯进行判断，如果前面是红灯，就停车等候，如果是绿灯，就通行。JavaScript中有一种特殊的语句叫做条件语句，它也需要对一些事件做出判断，从而决定执行哪一段代码。条件语句分为if条件语句和switch条件语句，具体讲解如下。

### 1．if条件语句

if条件语句是最基本、最常用的条件语句。通过判断条件表达式的值为true或者false来确定是否执行某一条语句。if条件语句主要包括单向判断语句、双向判断语句和多向判断语句，具体介绍如下。

1）单向判断语句

单向判断语句是结构最简单的条件语句，其基本语法格式如下：

```
if(判断条件){
    执行语句
}
```

上述格式中，if可以理解为"如果"，只有判断条件为真，才会执行{}中的执行语句。

单向判断语句执行流程如图14-21所示。

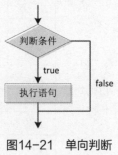

图14-21　单向判断
语句执行流程

扫码看案例

课堂体验：电子案例 14-2
单向判断语句演示——比较数字大小

2）双向判断语句

双向判断语句是if条件语句的基础形式，只是在单向判断语句基础上增加了一个从句，其基本语法格式如下：

```
if(判断条件){
    执行语句1
}else{
    执行语句2
}
```

在上面的语法格式中，如果判断条件成立，则执行"执行语句1"，否则执行"执行语句2"。

双向判断语句执行流程如图14-22所示。

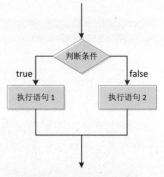

图14-22　双向判断语句
执行流程

扫码看案例

课堂体验：电子案例 14-3
双向判断语句演示——比较数字大小

3）多向判断语句

多向判断语句可以根据表达式的结果判断一个条件，然后根据返回值做进一步的判断，其基本语法格式如下：

```
if(执行条件1){
    执行语句1
}else if(执行条件2){
    执行语句2
}
else if(执行条件3){
    执行语句3
}
...
```

在多向判断语句的语法中，通过else if语句可以对多个条件进行判断，并且根据判断的结果执行相关事件。多向判断语句执行流程如图14-23所示。

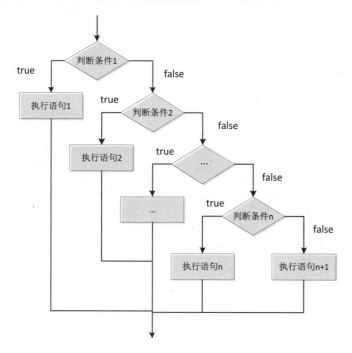

图14-23　多向判断语句执行流程

**课堂体验：电子案例 14-4**

多向判断语句演示——学生成绩等级划分

扫码看案例

### 2. switch条件语句

switch条件语句是典型的多路分支语句，其作用与if语句类似，不同的是switch条件语句只能针对某个表达式的值做出判断，从而决定执行哪一段代码。switch条件语句的基本语法格式如下：

```
switch(表达式){
    case 目标值1:
        执行语句1;
        break;
    case 目标值2:
        执行语句2;
        break;
    ...
    case 目标值n:
        执行语句n;
        break;
    default:
        执行语句n+1;
        break;
}
```

在上面的语法结构中，switch语句将表达式的值与每个case中的目标值进行匹配，如果找到了匹配的值，会执行对应case后的执行语句；如果没找到任何匹配的值，就会执行default后的执行语句。switch语句中的break是一个关键字，它的作用是跳出switch语句。

扫码看案例

**课堂体验：电子案例 14-5**
switch 条件语句演示——班级成绩查询

### 14.7.2  循环语句

在实际生活中，经常会将同一件事情重复做很多次。例如，打乒乓球时重复挥拍的动作。在JavaScript中有一种特殊的语句叫做循环语句，它可以将一段代码重复执行。循环语句分为while循环语句、do…while循环语句和for循环语句三种。接下来，我们将对这三种循环语句做具体讲解。

#### 1．while循环语句

while语句是最基本的循环语句，其基本语法格式如下：

```
while(循环条件){
    执行语句
    ...
}
```

上面的语法结构中，"{}"中的执行语句称作循环体，循环体是否执行取决于循环条件。当循环条件为true时，循环体就会执行。循环体执行完毕时会继续判断循环条件，如条件仍为true则会继续执行，直到循环条件为false时，整个循环过程才会结束。

while循环执行流程如图14-24所示。

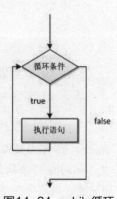

图14-24  while循环
执行流程

扫码看案例

> **课堂体验：电子案例14-6**
>
> while 循环语句演示——文本重复输出

## 2．do…while循环语句

do…while循环语句也称后测试循环语句，该循环语句也是利用一个条件来控制是否要继续执行该语句。do…while循环语句的基本语法格式如下：

```
do {
    执行语句
    …
} while(循环条件);
```

在上面的语法结构中，关键字do后面"{}"中的执行语句是循环体。do…while循环语句将循环条件放在了循环体的后面。这也就意味着，循环体会无条件执行一次，然后再根据循环条件来判断是否继续执行。

do…while循环执行流程如图14-25所示。

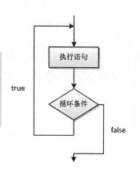

图14-25　do…while循环执行流程

> **课堂体验：电子案例14-7**
>
> do…while 循环语句演示——数字自增循环

扫码看案例

## 3．for循环语句

> 注意：do…while循环语句结尾处的while语句括号后面有一个分号"；"，在书写过程中一定不要漏掉，否则JavaScript会认为循环是一个空语句。

for循环语句也称计次循环语句，一般用于循环次数已知的情况，其基本语法格式如下：

```
for(初始化表达式；循环条件；操作表达式){
    执行语句
    …
}
```

在上面的语法结构中，for关键字后面的"()"中包括了三部分内容：初始化表达式、循环条件和操作表达式，它们之间用"；"分隔，"{}"中的执行语句为循环体。

接下来分别用①表示初始化表达式、②表示循环条件、③表示操作表达式、④表示循环体，通过序号来具体分析for循环的执行流程。具体代码如下：

```
for(① ; ② ; ③){
    ④
}
```

第一步，执行①。

第二步，执行②，如果判断结果为true，执行第三步，如果判断结果为false，退出循环。

第三步，执行④。

第四步，执行③，然后重复执行第二步。

第五步，退出循环。

扫码看案例

**课堂体验：电子案例 14-8**

for 循环语句演示——计算 100 以内所有奇数和

### 14.7.3 跳转语句

跳转语句用于实现程序执行过程中的流程跳转。在Javascript中的跳转语句有break语句和continue语句，对它们的具体讲解如下。

#### 1．break语句

在switch条件语句和循环语句中都可以使用break语句。当在switch条件语句中使用break语句时，break语句的作用是终止某个case并跳出switch结构。break语句的基本语法格式如下：

```
break;
```

扫码看案例

**课堂体验：电子案例 14-9**

break 语句演示——自然数求和

#### 2．continue语句

continue语句的作用是终止本次循环，执行下一次循环。其基本语法格式如下：

```
continue;
```

扫码看案例

**课堂体验：电子案例 14-10**

continue 语句演示——数字循环跳出

# 14.8 函　　数

在JavaScript程序中，经常会将一些功能多次重复操作，这就需要重复书写相同的代码，这样不仅加重了开发人员的工作量，而且增加了代码后期的维护难度。为此，JavaScript提供了函数，它可以将程序中烦琐的代码模块化，提高程序的可读性。下面，将针对函数的相关知识进行讲解。

## 14.8.1 认识函数

说起函数，其实在前面的学习中大家就已经接触过了。我们前面学习的alert()输出语句就是一个函数。其中alert是函数名称，小括号用于接收输入的参数，例如下面的示例代码：

```
alert(123);
```

上面的示例代码表示将数字123传入给alert()函数。函数执行后就会弹出一个警告框，并将123显示出来。在JavaScript中像alert()这样的函数是浏览器内核自带的，不用任何函数库引入就可以直接使用，这样的函数也称"内置函数"。常见的内置函数还有prompt()、parseInt()、confirm()等。

除了直接调用JavaScript内置函数，用户还可以自己定义一些函数，用于封装代码。在JavaScript中，使用关键字function来定义函数，其语法格式如下：

```
function 函数名(参数1,参数2,…){
   函数体
}
```

从上述语法格式可以看出，函数由关键字"function""函数名""参数""函数体"四部分组成，关于这四部分的解释如下。

● function：在声明函数时必须使用的关键字。

● 函数名：创建函数的名称，函数名称是唯一的。

● 参数：在定义函数时使用的参数，目的是用来接收调用该函数时传进来的实际参数，这类参数称"形参"。在定义函数时参数是可选项，当有多个参数时，各参数用逗号","分隔。

● 函数体：函数定义的主体，专门用于实现特定的功能。

对函数定义的语法格式有所了解后，下面演示定义一个简单的函数show()，具体示例如下：

```
function show(){
   alert("轻松学习JavaScript");
}
```

上述代码定义的show()函数比较简单，函数中没有定义参数，并且函数体中仅使用alert()语句返回一个字符串。

## 14.8.2 调用函数

当函数定义完成后，要想在程序中发挥函数的作用，必须调用这个函数。函数的调用非常简单，只需引用函数名，并传入相应的参数即可。函数调用的语法格式如下：

> 函数名称(参数1,参数2,…)

在上述语法格式中，参数可以是一个或多个也可以省略。值得一提的是，调用函数使用的参数和定义函数的参数不同，调用函数的参数必须具有确定的值，以便把这些值传送给形参，这类参数称为"实参"。

扫码看案例

**课堂体验：电子案例 14-11**
调用函数的方法演示

### 14.8.3　函数中变量的作用域

函数中的变量需要先定义后使用，但这并不意味着定义变量后就可以随意使用。变量需要在它的作用范围内才可以被使用，这个作用范围称为变量的作用域。在JavaScript中，根据作用域的不同，变量可分为全局变量和局部变量，对它们的具体解释如下。

- 全局变量：定义在所有函数之外，作用于整个程序的变量。
- 局部变量：定义在函数体之内，作用于函数体的变量。

扫码看案例

**课堂体验：电子案例 14-12**
全局变量和局部变量的作用域

# 习　题

一、判断题

1. 表达式可以是各种类型的数据、变量和运算符的集合。　　　　　　　　（　　）
2. 在JavaScript中，变量username与变量userName是两个不同的变量。　（　　）
3. 在HTML中运用<style>标记及其相关属性可以嵌入JavaScript脚本代码。（　　）
4. 常量的特点是一旦被定义就不能被修改，只能重新定义。　　　　　　　（　　）
5. 全局变量是指在函数之外，作用于该函数体的变量。　　　　　　　　　（　　）

二、选择题

1. （多选）在JavaScript中，根据函数中变量作用域的不同，可以把变量分为（　　）。

　　A. 全局变量　　　　B. 局部变量　　　　C. 数据变量　　　　D. 分类变量

2. （多选）下列选项中，属于JavaScript引入方式的是（　　）。

　　A. 行内式　　　　　B. 嵌入式　　　　　C. 外链式　　　　　D. 导入式

3. （多选）下列选项中，属于JavaScript常用输出语句的是（　　）。

　　A. alert()　　　　　　　　　　　　　　B. console.log()

C. document.write()　　　　　　　　D. Object.prototype.toString.call()

4. （多选）下列选项中，属于JavaScript中主要的流程控制语句的是（　　　）。

　　A. 条件语句　　　　B. 循环语句　　　　C. 跳转语句　　　　D. 判断语句

5. （多选）下列选项中，属于JavaScript基本数据类型的是（　　　）。

　　A. 数值型　　　　B. 字符串型　　　　C. 布尔型　　　　D. 空型

三、简答题

1. 简要描述JavaScript三种引入方式。

2. 简要描述常量和变量的区别。

# 第 15 章 JavaScript对象与事件

**学习目标：**

◎掌握创建对象的方法，能够运用不同方法创建对象。

◎掌握数组对象的相关知识，能够对数组对象进行创建、访问等基本操作。

◎了解什么是JavaScript事件，能够对事件处理程序进行调用。

◎掌握JavaScript常用事件，如鼠标事件、表单事件、键盘事件、页面事件等。

在JavaScript中，对象和事件是两个非常重要的概念。在JavaScript中执行大多数操作时都会涉及对象。事件是JavaScript与网页之间交互的桥梁，当事件发生时，可以通过JavaScript代码执行相关的操作。本章将对JavaScript对象和事件做详细讲解。

## 15.1 对 象 概 述

JavaScript是一种基于对象的脚本语言。在JavaScript中，除了语言结构、关键字以及运算符之外，其他所有事物都是对象。对象在JavaScript中扮演着重要的角色，本节将针对对象的相关知识进行详细讲解。

### 15.1.1 认识对象

说起对象，对于一些JavaScript初学者可能会感到陌生。如果把对象放在计算机领域外的生活中，对象意味着什么呢？其实在生活中，我们接触到的形形色色的事物都是对象，例如桌子、衣服、汽车、手机等。那么这些对象的基本特点是什么呢？下面我们以手机为例，做具体分析，如图15-1所示。

在图15-1所示的手机中，首先手机有自身的形状、颜色，这些可以看作手机的属性；其次手机具有语音通话、4G网络等功能，这些可以看作手机的方法。而我们进行语音通话、4G上网，就是在使用手机对象的方法。

语音通话功能

白色

圆角矩形

图15-1 手机

在计算机领域，对象也十分常见。例如，网页可以看作一个对象，它既包含背景色、布局、标题等属性，也包含打开、跳转、关闭等使用方法。

可见对象就是属性和方法的集合。作为一个实体，对象包含属性和方法两个要素，具体解释如下。

- 属性：用来描述对象特性的数据，即若干变量。
- 方法：用来操作对象的若干动作，即若干函数。

在JavaScript中，属性作为对象成员的变量，表明对象的状态；方法作为对象成员的函数，表明对象所具有的行为。通过访问或设置对象的属性，调用对象的方法，就可以对对象进行各种操作，从而获得需要的功能。

在程序中若要调用对象的属性或方法，则需要在对象后面加上一个点"."，然后再加上属性名或方法名即可。例如下面的示例代码：

```
screen.width        //调用对象属性
Math.sqrt(x)        //调用对象方法
```

在上述代码中，第一行代码用于调用对象的属性，表示通过screen对象的width属性获取宽度。第二行代码用于调用对象的方法，表示通过Math对象的sqrt()方法获取x的算术平方根。

## 15.1.2 创建对象

每个JavaScript对象都拥有自己的属性和方法，要使用这些属性和方法，就需要把数据定义为这些对象中的一个，也就是创建对象。创建对象的方法主要有两种：一种是使用new关键字创建对象，另一种是通过"{ }"语法创建对象，具体讲解如下。

### 1. 使用new关键字创建对象

在JavaScript中，可以使用new关键字创建各类对象，创建对象的示例代码如下：

```
var sss=new Date();
```

上述示例代码中，赋值运算符左边运用var关键字定义了一个名称为sss的变量；右边由两部分组成，首先是关键字new，它用于创造一个新对象，然后是Date()，它是Date对象的构造函数（构造函数是JavaScript创建对象的一种方式）。

**课堂体验：电子案例 15-1**
使用 new 关键字创建对象

扫码看案例

### 2. 通过"{ }"语法创建对象

在JavaScript中，还可以通过"{ }"语法来创建对象，对象的成员以键值对的形式存放在{}中，多个成员之间使用逗号分隔。例如，下面的示例代码就是通过"{ }"语法创建的对象。

```
var time={};                    //创建一个空对象
var time={name: "小明"};        //创建含有name属性的对象
var time={name: "小明",age: 19,gender: '男' };        //创建3个属性的对象
```

当对象的成员比较多时，为了让代码阅读更加流畅，可以对代码格式进行缩进与换行，具体如下：

```
var time={
  name: "小明",
  age: 19,
  gender: '男'
};
```

# 15.2　常用对象

为了方便程序开发，JavaScript提供了很多对象，包括与字符串相关的String对象、与数值相关的Number对象、与数学相关的Math对象、与日期相关的Date对象、与数组相关的Array对象，以及BOM对象和DOM对象等。本节将对JavaScript中这些常用的对象做具体讲解。

## 15.2.1　Date对象

在JavaScript中，Date对象用于处理日期和时间。常见创建Date对象的方式有两种，具体介绍如下。

（1）创建不带参数的Date对象，示例代码如下：

```
var d=new Date();
```

在上述代码中，创建了一个含有系统当前日期和时间的Date对象。

（2）创建一个指定日期的Date对象，示例代码如下：

```
var d=new Date(2015,1);
```

在上述示例代码中"2015"表示年份，"1"表示月份，运用这种方式可以分别传入年、月、日、时、分、秒（月的范围是0~11，即真实月份减去1），例如下面的示例代码：

```
var d=new Date(2015,7,3,10,20,30,50);
```

在上述代码中，创建了一个包含确切日期和时间的Date对象，即2015年8月3日10点20分30秒50毫秒。需要注意的是，在创建指定日期的Date对象时，最少需要指定年、月两个参数，后面的参数在省略时会自动使用默认值。

值得一提的是，通过字符串也可以传入事件和日期，其创建方式如下：

```
var d=new Date('2017-10-01 11: 53: 04');
```

在上述示例代码中，系统会自动识别字符串，转换为日期和时间。需要注意的是，使用字符串传入日期时，至少要指定年份。

了解创建对象的常见方式之后，接下来介绍Date对象的常用方法，如表15-1所示。

表15-1 Date对象的常用方法

| 方　　法 | 作　　用 |
| --- | --- |
| getFullYear() | 获取表示年份的4位数字，如2020 |
| setFullYear(value) | 设置年份 |
| getMonth() | 获取月份，范围为0~11（0表示一月，1表示二月，依此类推） |
| setMonth(value) | 设置月份 |
| getDate() | 获取月份中的某一天，范围为1~31 |
| setDate(value) | 设置月份中的某一天 |
| getDay() | 获取星期，范围为0~6（0表示星期日，1表示星期一，依此类推） |
| getHours() | 获取小时数，范围为0~23 |
| setHours(value) | 设置小时数 |
| getMinutes() | 获取分钟数，范围为0~59 |
| setMinutes(value) | 设置分钟数 |
| getSeconds() | 获取秒数，范围为0~59 |
| setSeconds(value) | 设置秒数 |
| getMilliseconds() | 获取毫秒数，范围为0~999 |
| setMilliseconds(value) | 设置毫秒数 |
| getTime() | 获取从1970-01-01 00:00:00距离Date对象所代表时间的毫秒数 |
| setTime(value) | 通过从1970-01-01 00:00:00计时的毫秒数来设置时间 |

**课堂体验：电子案例 15-2**

Date 对象的常用方法

扫码看案例

## 15.2.2　Math对象

Math对象用于对数值进行数学运算。和其他对象不同的是，Math对象不是一个构造函数，通过把Math作为对象使用就可以调用其所有属性和方法。Math对象的常用属性和方法如表15-2所示。

表15-2 Math对象的常用属性和方法

| 成　　员 | 作　　用 |
| --- | --- |
| PI | 获取圆周率，结果为3.141592653589793 |
| abs(x) | 获取x的绝对值，可传入普通数值或是用字符串表示的数值 |
| max([value1[,value2, ...]]) | 获取所有参数中的最大值 |
| min([value1[,value2, ...]]) | 获取所有参数中的最小值 |

续表

| 成　　员 | 作　　用 |
| --- | --- |
| pow(base, exponent) | 获取基数（base）的指数（exponent）次幂，即 $base^{exponent}$ |
| sqrt(x) | 获取x的平方根 |
| ceil(x) | 获取大于或等于x的最小整数，即向上取整 |
| floor(x) | 获取小于或等于x的最大整数，即向下取整 |
| round(x) | 获取x的四舍五入后的整数值 |
| random() | 获取大于或等于0.0且小于1.0的随机值 |

扫码看案例

**课堂体验：电子案例 15-3**
Math 对象的使用

### 15.2.3　String对象

在JavaScript中，String对象用于操作和处理字符串，它的创建方法和Date对象类似，并且String对象同样提供了一些对字符串进行处理的属性和方法，具体如表15-3所示。

表15-3　String对象的常用属性和方法

| 成　　员 | 作　　用 |
| --- | --- |
| length | 获取字符串的长度 |
| charAt(index) | 获取index位置的字符，位置从0开始计算 |
| indexOf(searchValue) | 获取searchValue在字符串中首次出现的位置 |
| lastIndexOf(searchValue) | 获取searchValue在字符串中最后出现的位置 |
| substring(start[, end]) | 截取从start位置到end位置之间的一个子字符串 |
| substr(start[, length]) | 截取从start位置开始到length长度的子字符串 |
| toLowerCase() | 获取字符串的小写形式 |
| toUpperCase() | 获取字符串的大写形式 |
| split([separator[, limit]) | 使用separator分隔符将字符串分隔成数组，limit用于限制数量 |
| replace(str1, str2) | 使用str2替换字符串中的str1，返回替换结果 |

扫码看案例

**课堂体验：电子案例 15-4**
String 对象的常用属性和方法

## 15.2.4　Number对象

Number对象用于处理整数、浮点数等数值，其常用属性和方法如表15-4所示。

表15-4　Number对象的常用属性和方法

| 成　　员 | 作　　用 |
| --- | --- |
| MAX_VALUE | 在JavaScript中所能表示的最大数值 |
| MIN_VALUE | 在JavaScript中所能表示的最小正值 |
| toFixed() | 使用定点表示法来格式化一个数值 |

表15-4列举了Number对象的常用属性和方法，下面通过具体代码演示Number对象的使用。

```
var num=12345.6789;
num.toFixed();          //四舍五入，不包括小数部分，返回结果：12346
num.toFixed(1);         //四舍五入，保留1位小数，返回结果：12345.7
num.toFixed(6);         //用0填充不足的小数位，返回结果：12345.678900
Number.MAX_VALUE;       //获取最大值，返回结果：1.7976931348623157e+308
Number.MIN_VALUE;       //获取最小正值，返回结果：5e-324
```

在上述示例中，MAX_VALUE和MIN_VALUE可以直接通过构造函数Number进行访问。

## 15.2.5　Array数组对象

数组是JavaScript中最常用的数据类型之一，是JavaScript常用对象中需要重点掌握的部分。JavaScript也是通过数组来保存具有相同类型的数据，如一组数字、一组字符串、一组对象等。数组也是一种JavaScript对象，同样具有相应的属性和方法。下面将从认识数组、数组的常见操作、数组的属性和方法、二维数组等方面，详细讲解数组的相关知识。

### 1．初识数组

在JavaScript中，经常需要对一批数据进行操作。例如，统计50人的平均身高，在使用数组之前要完成这个任务就需要定义50个变量分别保存这50人的身高，再将变量进行相加得到总值，最后除以50得到平均身高。这种做法有很明显的弊端，过多的变量不方便管理，而且极易出错。此时使用数组，可以很好地解决这个弊端。

使用数组将50人的信息保存起来只需定义一个变量，并且数组可以进行循环遍历，能够十分便捷地获取其中保存的数据。将50人的身高数据保存到数组中，其大概结构如图15-2所示。

数组中的每个值称为一个元素，而每个元素在数组中有一个位置，这样的位置会以数字表示，称为索引。例如，图15-2中的1.58就是一个元素，它的索引是49。

### 2．数组的常见操作

数组的常见操作包括创建数组和访问数组元素，具体介绍如下。

1）创建数组

在JavaScript中创建数组有两种方

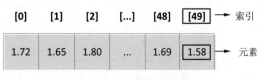

图15-2　数组结构图

式：一种是使用new关键字创建数组；一种是直接使用"[]"创建数组。

● 使用new关键字创建数组，示例代码如下：

```
//元素值类型为字符型
var area=new Array('Beijing','Shanghai','Shenzhen');
//元素值类型为数值型
var score=new Array(56,68,98,44);
//元素值类型为混合型
var mix=new Array(123,'abc',null,true,undefined);
//空数组
var arr1=new Array();   //或     var arr2=new Array;
```

上述代码中，索引默认都是从0开始，依次递增加1。例如，area变量中数组元素的索引依次为0、1、2。在必要时，还可利用上面提供的方式创建空数组，如arr1和arr2。

● 使用"[]"创建数组的方式和使用new关键字创建数组的方式类似，只需将new Array()替换为[]即可，具体示例如下：

```
var arr1=[3,9,19,20,18];         //每个元素以英文", "分割
var arr2=['hello',true, 1.3];    //元素可以是任意数据类型
var weather=['wind','fine',];    //相当于: new Array('wind','fine',)
var empty=[];                    //相当于: new Array
var mood=['sad',,,,'happy'];
```

从上面的示例代码中可以看出，在创建数组时，最后一个元素后的逗号可以存在，也可以省略。需要注意的是，直接使用"[]"创建数组与使用new关键字创建数组有一定的区别，使用"[]"可以创建含有空存储位置的数组，如创建的mood中含有三个空存储位置；使用new关键字不可以。

2）访问数组元素

数组创建完成后，若想要查看数组中某个具体的元素，可以通过"数组名[索引]"的方式获取指定位置的数组元素。例如，下面的示例代码：

```
var arr=['hello','JavaScript',19,22.48,true];
console.log(arr[0]);
console.log(arr[3]);
console.log(arr[4]);
```

上述代码中arr[0]、arr[3]、arr[4]分别获取到了arr数组中索引为0、3、4的数组元素，并通过console.log()方法输出，结果如图15-3所示。

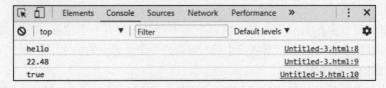

图15-3　访问数组元素

使用索引访问数组元素的方法虽然方便简单，但并不适用一些含有数组元素较多的复杂开发。为此，JavaScript提供了另外一种访问数组的方式——遍历数组。遍历数组就

是依次访问数组中所有元素的操作。在JavaScript中通过for…in语句实现遍历数组，基本语法格式如下：

```
for(变量 in 对象){
    //此处为JavaScript代码
}
```

在上面的语法格式中，"变量"可以是数组元素，也可以是对象的属性。for…in语句使用示例代码如下：

```
1    var a,b;
2    a=new Array("HTML","CSS","JavaScript");    //定义Array数组对象
3    for(b in a) {
4        document.write(a[b]+"<br/>");
5    }
```

上述代码中，第2行代码定义了Array数组对象，第4行代码变量b的值即为数组的索引，分别为0、1、2。示例代码的运行结果，如图15-4所示。

图15-4　遍历数组

**3．数组的常用属性和方法**

通过对数组的学习，相信大家已经对JavaScript中数组的基本使用有所掌握，但是要灵活使用数组还需要学习数组的常用属性和方法。表 15-5所示为数组的常用属性和方法。

表15-5　数组的常用属性和方法

| 常用属性/方法 | 功　能　描　述 |
|---|---|
| length | 设置或返回数组中元素的数目 |
| push() | 将一个或多个元素添加到数组的末尾，并返回数组的新长度 |
| unshift() | 将一个或多个元素添加到数组的开头，并返回数组的新长度 |
| pop() | 从数组的末尾移出并返回一个元素，若是空数组则返回undefined |
| shift() | 从数组的开头移出并返回一个元素，若是空数组则返回undefined |

表15-5列举了数组的常用属性和方法，其中length是Array数组的属性，余下的是Array数组的方法。对数组的常用属性和方法的具体介绍如下。

1）length属性

数组的length属性可以说是数组最常用的属性，该属性的值代表了数组中元素的个数，由于数组索引是从0开始计算的，因此length属性值比数组中最大的索引大1。使用length的示例代码如下：

```
var arr=[3,8,19];
var len=arr.length;        //获取arr数组的length属性值，并赋值给len变量
console.log(len);
```

上述代码中，第2行代码通过length属性获取元素个数，并将数值赋值给len变量。示例代码的运行结果，如图15-5所示。

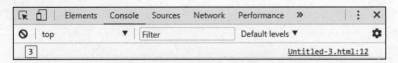

图15-5　获取数组length属性值

2）push()方法、unshift()方法

push()方法和unshift()方法用于向数组中添加元素。其中，push()方法是在数组的尾部加入元素，而unshift()方法是在数组的头部加入元素。相关示例代码如下：

```
var arr=['HTML','CSS'];            //定义初始数组
console.log(arr);
arr.push('营销');                   //使用push()方法向数组尾部添加元素
console.log(arr);
arr.unshift('产品','设计');          //使用shift()方法向数组头部添加元素
console.log(arr);
```

通过console.log()方法输出数组，结果如图15-6所示。

```
▶ (2) ["HTML", "CSS"]
▶ (3) ["HTML", "CSS", "营销"]
▶ (5) ["产品", "设计", "HTML", "CSS", "营销"]
```

图15-6　push()、unshift()添加数组元素

从图15-6可以看出，push()方法在原有数组的尾部添加了"营销"这个元素，而unshift()方法又在改变后的数组头部添加了"产品""设计"两个元素。

3）pop()方法、shift()方法

pop()方法和shift()方法用于删除数组中的元素。其中pop()方法用于删除数组最后一个元素，而shift()方法用于删除数组第一个元素。相关示例代码如下：

```
var arr=['C/C++','iOS','C#','PHP','java'];//定义初始数组
console.log(arr);
arr.pop();                  //使用pop()方法删除最后一个元素
console.log(arr);
arr.shift();                //使用shift()方法删除第一个元素
console.log(arr);
```

通过console.log()方法输出数组，结果如图15-7所示。

```
▶ (5) ["C/C++", "iOS", "C#", "PHP", "java"]
▶ (4) ["C/C++", "iOS", "C#", "PHP"]
▶ (3) ["iOS", "C#", "PHP"]
```

图15-7　pop()、shift()删除数组元素

从图15-7中可以看出，pop()方法删除了原有数组最后一个元素，而shift()方法又删除了改变后的数组第一个元素。需要注意的是，pop()方法和shift()方法一次只能移除一个元素。

> 注意：push()、unshift()、pop()、shift()这4个方法在增加和删除数组元素的同时，会改变数组的length属性。

 多学一招：delete关键字删除数组元素

pop()方法和shift()方法在删除数组元素的时候，仍然有一定的局限性，因为这两个方法只能删除固定位置的数组元素。想要删除指定位置的数组元素，可以使用delete关键字实现。关于delete关键字用法的示例代码如下：

```
var arr=['C/C++','iOS','C#','PHP','java'];//创建数组
delete arr[3];//使用delete删除数组中索引为3的元素
console.log(arr);
```

使用console.log()方法输出数组，结果如图15-8所示。

**图15-8　delete删除指定数组元素**

从图15-8中可以看出，数组索引为3的元素已经被删除，显示为empty。为什么会显示empty呢？这是因为delete虽然删除了数组元素，但是并不会将该元素占用的数组空间一并删除，而是以empty填充。

### 4．二维数组

二维数组是指数组中的元素仍然是数组（普通数组的元素一般为数据或字符串）。在JavaScript中，二维数组主要用于处理一些复杂的数据关系，在描述一些信息的时候经常用到。

例如，要保存一个班级所有人的姓名、年龄、身高、性别等，对于这些较为复杂的数据，使用二维数组就可以很方便地保存。创建二维数组的示例代码如下：

```
var arr=[                //创建一个二维数组
    ['张三','18岁','1.80米','男'],
    ['李四','16岁','1.73米','男'],
    ['王五','17岁','1.69米','女'],
];
console.log(arr);
```

通过console.log()方法输出这个二维数组，输出结果如图15-9所示。

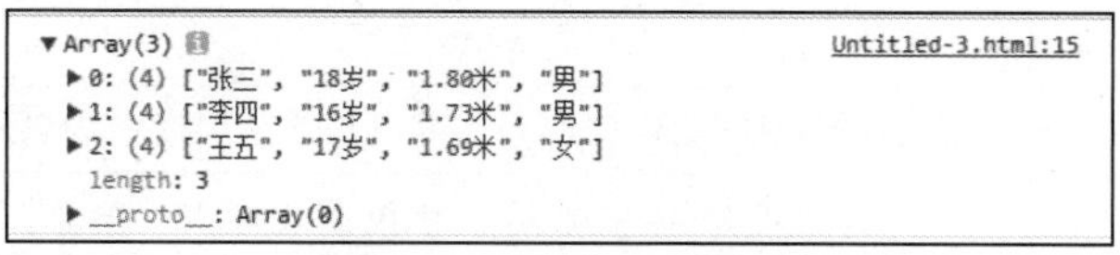

**图15-9　创建二维数组**

从图15-9可以看出，arr数组中有三个数组元素，而每个数组元素又是一个数组，这样的数组就是二维数组。

二维数组的使用和普通数组没有任何区别，只是在访问数组元素的时候需要使用两个"[]"。例如，要获取"李四"这个元素的值，代码如下：

```
arr[1][0];
```

arr[1]表示arr数组中索引为1的元素，也就是"李四"所在的数组。而"李四"这个元素在这个数组中的索引为0，因此就是arr[1][0]。

**扫码看案例**

**课堂体验：电子案例 15-5**
二维数组求和

## 15.2.6 BOM对象

在实际开发中，JavaScript经常需要操作浏览器窗口及窗口上的控件，实现用户和页面的动态交互。为此，浏览器提供了一系列内置对象，这些内置对象统称浏览器对象；各内置对象之间按照某种层次组织起来的模型统称BOM浏览器对象模型（简称BOM对象）。BOM对象包括window（窗口）、navigator（浏览器程序）、screen（屏幕）、location（地址）、history（历史）和document（文档）等对象，它们的层次结构如图15-10所示。

图15-10　BOM对象层次结构

在图15-10所示的层次结构中，window对象是BOM的顶层（核心）对象，其他对象都是以属性的方式添加到window对象下，也可以称为window的子对象。接下来对BOM中包含的各个对象做具体讲解。

### 1. window对象

window对象表示整个浏览器窗口，用于获取浏览器窗口的大小、位置，或设置定时器等。window对象常用的属性和方法如表15-6所示。

表15-6　window对象常用的属性和方法

| 属性/方法 | 说　　明 |
| --- | --- |
| document、history、location、navigator、screen | 返回相应对象的引用。例如document属性返回document对象的引用 |
| parent、self、top | 分别返回父窗口、当前窗口和最顶层窗口的对象引用 |
| screenLeft、screenTop、screenX、screenY | 返回窗口的左上角、在屏幕上的X、Y坐标。Firefox不支持screenLeft、screenTop，IE8及更早的IE版本不支持screenX、screenY |

续表

| 属性/方法 | 说　　明 |
|---|---|
| innerWidth、innerHeight | 分别返回窗口文档显示区域的宽度和高度 |
| outerWidth、outerHeight | 分别返回窗口的外部宽度和高度 |
| closed | 返回当前窗口是否已被关闭的布尔值 |
| opener | 返回对创建此窗口的窗口引用 |
| open()、close() | 打开或关闭浏览器窗口 |
| alert()、confirm()、prompt() | 分别表示弹出警告框、确认框、用户输入框 |
| moveBy()、moveTo() | 以窗口左上角为基准移动窗口，moveBy()是按偏移量移动，moveTo()是移动到指定的屏幕坐标 |
| scrollBy()、scrollTo() | scrollBy()是按偏移量滚动内容，scrollTo()是滚动到指定的坐标 |
| setTimeout()、clearTimeout() | 设置或清除普通定时器 |
| setInterval()、clearInterval() | 设置或清除周期定时器 |

表15-6中列举了window对象常用的属性和方法，对初学者来说可能稍有难度。下面通过代码演示，对其中的属性进行详细讲解。

1）window对象的基本使用

在前面的学习中，我们经常使用alert()弹出一个警告提示框，实际上完整的写法应该是window.alert()，即调用window对象的alert()方法。因为window对象是最顶层的对象，所以调用它的属性或方法时可以省略window。

下面演示了window对象的基本使用，示例代码如下：

```
//获取文档显示区域宽度
var width=window.innerWidth;
//获取文档显示区域高度(省略window)
var height=innerHeight;
//调用alert输出
window.alert(width+"*"+height);
//调用alert输出(省略window)
alert(width+"*"+height);
```

上述代码输出了文档显示区域的宽度和高度。当浏览器的窗口大小改变时，输出的数值就会发生改变。

2）打开和关闭窗口

window.open()方法用于打开新窗口，window.close()方法用于关闭窗口。示例代码如下：

```
//弹出新窗口
var newWin=window.open("new.html");
//关闭新窗口
newWin.close();
//关闭本窗口
window.close();
```

上述代码中，window.open("new.html")表示打开一个新窗口，并使新窗口访问new.html。该方法返回了新窗口的对象引用，因此可以通过调用新窗口对象的close()方法关闭新窗口。

3）setTimeout()定时器的使用

setTimeout()定时器可以实现延时操作，即延时一段时间后执行指定的代码。示例代码如下：

```
//定义show()函数
function show(){
    alert("2秒已经过去了");
}
//2秒后调用show()函数
setTimeout(show,2000);
```

上述代码实现了当网页打开后，停留2 s就会弹出alert()提示框。setTimeout(show,2000)的第一个参数表示要执行的代码，第二个参数表示要延时的毫秒值。

当需要清除定时器时，可以使用clearTimeout()方法。示例代码如下：

```
function showA(){
    alert("定时器A");
}
function showB(){
    alert("定时器B");
}
//设置定时器t1, 2 s后调用showA()函数
var t1=setTimeout(showA,2000);
//设置定时器t2, 2 s后调用showB()函数
var t2=setTimeout(showB,2000);
//清除定时器t1
clearTimeout(t1);
```

上述代码设置了两个定时器:t1和t2，如果没有清除定时器，则两个定时器都会执行，如果清除了定时器t1，则只有定时器t2可以执行。在代码中，setTimeout()的返回值是该定时器的ID值，当清除定时器时，将ID值传入clearTimeout()的参数中即可。

4）setInterval()定时器的使用

setInterval()定时器用于周期性执行脚本，即每隔一段时间执行指定的代码，通常用于在网页上显示时钟、实现网页动画、制作漂浮广告等。需要注意的是，如果不使用clearInterval()清除定时器，该方法会一直循环执行，直到页面关闭为止。

## 2．screen对象

screen对象用于获取用户计算机的屏幕信息，例如屏幕分辨率、颜色位数等。screen对象的常用属性如表15-7所示。

表15-7　screen对象的常用属性

| 属　　性 | 说　　明 |
| --- | --- |
| width、height | 屏幕的宽度和高度 |

续表

| 属　　性 | 说　　明 |
|---|---|
| availWidth、availHeight | 屏幕的可用宽度和可用高度（不包括Windows任务栏） |
| colorDepth | 屏幕的颜色位数 |

表15-7中列举了screen对象的常用属性。在使用时，可以通过screen或window.screen表示该对象。下面演示screen对象的使用示例。

```
//获取屏幕分辨率
var width=screen.width;
var height=screen.height;
//判断屏幕分辨率
if(width<800 || height<600){
    alert("您的屏幕分辨率不足800*600，不适合浏览本页面");
}
```

上述代码可以实现当用户的屏幕分辨率低于800×600px时，弹出警告框以提醒用户功能。

### 3．location对象

location对象用于获取和设置当前网页的URL地址，其常用属性和方法如表15-8所示。

表15-8　location对象的常用属性和方法

| 属性/方法 | 说　　明 |
|---|---|
| hash | 获取或设置URL中的锚点，例如 "#top" |
| host | 获取或设置URL中的主机名，例如 "itcast.cn" |
| port | 获取或设置URL中的端口号，例如 "80" |
| href | 获取或设置整个URL，例如 "http://www.itcast.cn/1.html" |
| pathname | 获取或设置URL的路径部分，例如 "/1.html" |
| protocol | 获取或设置URL的协议，例如 "http:" |
| search | 获取或设置URL地址中的GET请求部分，例如 "?name=haha&age=20" |
| reload() | 重新加载当前文档 |

表15-8中列举了location对象的常用属性和方法。在使用时，可以通过location或window. location表示该对象。下面演示location对象的几个使用示例。

1）跳转到新地址

```
location.href="http://www.itcast.cn";
```

当上述代码执行后，当前页面将会跳转到 "http://www.itcast.cn" 这个URL地址。

2）进入指定的锚点

```
location.hash="#down";
```

当上述代码执行后，如果用户当前的URL地址为 "http://test.com/index.html"，则代码执行后URL地址变为"http://test.com/index.html#down"。

3）检测协议并提示用户

```
if(location.protocol== "http: "){
    if(confirm("您在使用不安全的http协议,是否切换到更安全的https协议?")){
        location.href="https: //www.123.com"
    }
}
```

上述代码实现了当页面打开后自动判断当前的协议。当用户以http协议访问时,会弹出一个提示框提醒用户是否切换到https协议。

### 4．history对象

history对象最初的设计和浏览器的历史记录有关,但出于隐私方面的问题,该对象不再允许获取到用户访问过的URL历史。history对象主要的作用是控制浏览器的前进和后退,其常用方法如表15-9所示。

表15-9　history对象的常用方法

| 方　　法 | 说　　明 |
| --- | --- |
| back() | 加载历史记录中的前一个URL（相当于后退） |
| forward() | 加载历史记录中的后一个URL（相当于前进） |
| go() | 加载历史记录中的某个页面 |

表15-9列举了history对象的常用方法。在使用时,可以通过history或window. history表示该对象。下面演示history对象的使用示例。

```
history.back();        //后退
history.go(-1);        //后退1页
history.forward();     //前进
history.go(1);         //前进1页
history.go(0);         //重新载入当前页,相当于 location.reload()
```

上述代码实现了控制浏览器的前进与后退。其中,history.go(-1)与history.back()的作用相同,history.go(1)与history.forward()的作用相同。

### 5．document对象

document对象用于处理网页文档,通过该对象可以访问文档中所有的标记document对象的常用属性和方法如表15-10所示。

表15-10　document对象的常用属性和方法

| 属性/方法 | 说　　明 |
| --- | --- |
| body | 访问&lt;body&gt;标记 |
| lastModified | 获得文档最后修改的日期和时间 |
| referrer | 获得该文档的URL地址,当文档通过超链接被访问时有效 |
| title | 获得当前文档的标题 |
| write() | 向文档写HTML或JavaScript代码 |

表15-10中列举了document对象的常用属性和方法。在使用时，通过document或window. document即可表示该对象。由于document对象既属于BOM又属于DOM，在接下来的DOM小节里会继续讲解该对象在DOM中的使用。

### 15.2.7 DOM对象

在JavaScript中可以利用DOM对象操作HTML标记和CSS样式。例如，改变盒子的大小、标签栏的切换、购物车等。下面将从DOM节点、节点的访问以及元素对象、属性、内容、样式的操作，详细讲解DOM对象的使用。

#### 1. HTML DOM节点

HTML DOM节点是指DOM中为操作HTML文档提供的属性和方法，其中，文档（Document）表示HTML文件，文档中的标记称为元素（Element），同时也将文档中的所有内容称为节点（Node）。因此，一个HTML文件可以看作所有标记组成的一个节点树（节点树是指关联节点组成的树状结构），各标记节点之间有级别的划分。例如，下面的HTML代码。

```
<!DOCTYPE html>
<html>
  <head>
<meta charset="UTF-8">
    <title>测试</title>
  </head>
  <body>
    <a href="#">链接</a>
    <p>段落...</p>
  </body>
</html>
```

在上述代码中，DOM根据HTML中各节点的不同作用，可将其分别划分为标记节点、文本节点和属性节点。其中，标记节点也称元素节点，HTML文档中的注释则单独称为注释节点。节点树效果如图15-11所示。

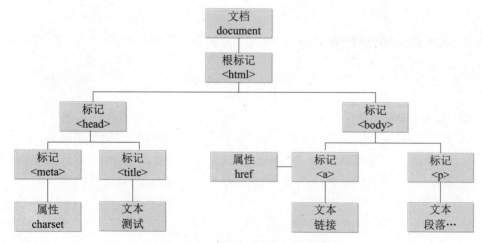

图15-11 DOM HTML 节点树

图15-11展示了DOM HTML节点树中各节点之间的关系，下面以<head>、<body>与<html>节点为例进行介绍，具体介绍如下。

- 根节点：<html>标记是整个文档的根节点，有且仅有一个。
- 子节点：指的是某一个节点的下级节点，例如，<head>和<body>是<html>节点的子节点。
- 父节点：指的是某一个节点的上级节点，例如，<html>标记则是<head>和<body>的父节点。
- 兄弟节点：两个节点同属于一个父节点，例如，<head>和<body>互为兄弟节点。

### 2．节点的访问

由于HTML文档可以看作一个节点树，因此可以利用操作节点的方式操作HTML中的标记。其中常用节点访问属性如表15-11所示。

表15-11　常用节点访问属性

| 属　　性 | 说　　明 |
| --- | --- |
| firstChild | 访问当前节点的第一个子节点 |
| lastChild | 访问当前节点的最后一个子节点 |
| nodeName | 访问当前节点的名称 |
| nodeValue | 访问当前节点的值 |
| tagName | 访问当前节点的标记名 |
| parentNode | 访问当前节点的父节点 |
| childNodes | 访问当前节点的所有子节点（数组形式） |
| nextSibling | 返回位于相同节点树层级的下一个节点 |
| previousSibling | 返回位于相同节点树层级的上一个标记 |

表15-11列举了常用的节点访问属性。需要注意的是，document对象是所有DOM对象的访问入口，当进行节点访问时需要从document对象开始。

扫码看案例

**课堂体验：电子案例15-6**
节点的访问

### 3．元素对象常用操作

元素对象表示HTML标记，例如，DOM中的一个<div>元素对象就表示网页文档中的一个<div>标记。一个元素对象可以拥有元素节点、文本节点、子节点，或其他类型的节点。元素对象的常用操作如表15-12所示。

表15-12 元素对象的常用操作

| 类 型 | 方 法 | 说 明 |
|---|---|---|
| 访问指定节点 | getElementById() | 获取拥有指定ID的第一个标记对象的引用 |
| | getElementsByName() | 获取带有指定名称的标记对象集合 |
| | getElementsByTagName() | 获取带有指定标签名的标记对象集合 |
| | getElementsByClassName() | 获取指定class的标记对象集合。（不支持IE6~8浏览器） |
| 创建节点 | createElement() | 创建标记节点 |
| | createTextNode() | 创建文本节点 |
| 节点操作 | appendChild() | 为当前节点增加一个子节点（作为最后一个子节点） |
| | insertBefore() | 为当前节点增加一个子节点（插入指定子节点之前） |
| | removeChild() | 删除当前节点的某个子节点 |

表15-12列举了元素对象的常用操作方法，为了使读者更好地掌握这些方法，接下来分别从"访问指定节点"和"节点的创建与操作"两个方面进行案例演示。

1）访问指定节点

通过getElementById()、getElementsByTagName()等方法可以实现指定节点的访问。

**课堂体验：电子案例 15-7**
访问指定节点

扫码看案例

2）节点的创建与操作

通过元素对象的createElement()、createTextNode()、appendChild()方法可以实现节点的创建和追加操作。

**课堂体验：电子案例 15-8**
节点的创建与操作

扫码看案例

### 4．元素属性和内容操作

元素对象除了节点操作，还具有一些属性和内容的操作方法，常用的操作方法如表15-13所示。

表15-13　元素属性和内容操作

| 类　　型 | 属性/方法 | 说　　明 |
| --- | --- | --- |
| 元素内容 | innerHTML | 获取或设置元素的HTML内容 |
| 样式属性 | className | 获取或设置元素的class属性 |
| | style | 获取或设置元素的style样式属性 |
| 位置属性 | offsetWidth、offsetHeight | 获取或设置元素的宽和高（不含滚动条） |
| | scrollWidth、scrollHeight | 获取或设置元素的完整的宽和高（含滚动条） |
| | offsetTop、offsetLeft | 获取或设置包含滚动条，距离上或左边滚动过的距离 |
| | scrollTop、scrollLeft | 获取或设置元素在网页中的坐标 |
| 属性操作 | getAttribute() | 获得元素指定属性的值 |
| | setAttribute() | 为元素设置新的属性 |
| | removeAttribute() | 为元素删除指定的属性 |

扫码看案例

**课堂体验：电子案例 15-9**
元素属性和内容操作

### 5．元素样式操作

除了前面讲解的元素属性外，对于元素对象的样式，还可以直接通过"style.属性名称"的方式操作。在操作样式名称时，需要去掉CSS样式名中的横线"-"，并将第二个英文首字母大写。例如，设置背景颜色的background-color，在style属性操作中，需要修改为backgroundColor。表15-14列举了style属性中CSS样式名称的书写及说明。

表15-14　style属性中CSS样式

| 名　　称 | 说　　明 |
| --- | --- |
| background | 设置或返回元素的背景属性 |
| backgroundColor | 设置或返回元素的背景色 |
| display | 设置或返回元素的显示类型 |
| height | 设置或返回元素的高度 |
| left | 设置或返回定位元素的左部位置 |
| listStyleType | 设置或返回列表项标记的类型 |
| overflow | 设置或返回如何处理呈现在元素框外面的内容 |
| textAlign | 设置或返回文本的水平对齐方式 |
| textDecoration | 设置或返回文本的修饰 |
| width | 设置或返回元素的宽度 |
| textIndent | 设置或返回文本第一行的缩进 |

# 15.3 事 件 概 述

事件被看作JavaScript与网页之间交互的桥梁，当事件发生时，可以通过JavaScript代码执行相关的操作。例如，用户可以通过鼠标拖拽登录框，单击"注册"按钮时，以及单击"登录"按钮时，会弹出相应的界面。本节将对JavaScript中的事件进行详细讲解。

## 15.3.1 事件和事件处理

采用事件驱动是JavaScript语言的一个最基本的特征。所谓事件，是指用户在访问页面时执行的操作。当浏览器探测到一个事件（例如，单击鼠标动作）时可以触发与这个事件相关联的JavaScript对象。

说到事件就不得不提到"事件处理"。事件处理是指与事件关联的JavaScript对象，当与页面特定部分关联的事件发生时，事件处理器就会被调用。事件处理的过程通常分为三步，具体步骤如下。

- 发生事件。
- 启动事件处理程序。
- 事件处理程序作出反应。

值得一提的是，在上面的事件处理过程中，要想事件处理程序能够启动，就需要调用事件处理程序。

## 15.3.2 事件处理程序的调用

在使用事件处理程序对页面进行操作时，最主要的是如何通过对象的事件来指定事件处理程序。在JavaScript中，指定事件处理程序的方法有两种：一种是在JavaScript中调用事件处理程序，另一种是在HTML中调用事件处理程序，具体介绍如下。

### 1. 在JavaScript中调用事件处理程序

在JavaScript中调用事件处理程序，首先需要获得处理对象的引用，然后将要执行的处理函数赋值给对应的事件。

### 2. 在HTML中调用事件处理程序

在HTML中分配事件处理程序，只需要在HTML标记中添加相应的事件，并在HTML中执行要执行的代码或函数名即可。例如下面的示例代码：

```
<input type="button" name="btn" value="点击按钮" onclick="alert('轻
松学习JavaScript事件');"/>
```

运行示例代码后,单击"点击按钮",将弹出"轻松学习JavaScript事件"警示框。

# 15.4 常 用 事 件

JavaScript是基于对象的脚本语言,它的一个最基本的特征就是采用事件驱动。例如,当鼠标指针经过某个按钮或者用户在文本框中输入某些信息时,都可以设置相应的JavaScript事件来完成某些特殊效果。下面,将对JavaScript中的常用事件进行详细讲解。

## 15.4.1 鼠标事件

鼠标事件是指通过鼠标动作触发的事件,鼠标事件有很多,下面列举几个常用的鼠标事件,如表15-15所示。

表15-15 JavaScript中常用的鼠标事件

| 类别 | 事 件 | 事 件 说 明 |
|------|------|-----------|
| 鼠标事件 | onclick | 鼠标单击时触发此事件 |
| | ondblclick | 鼠标双击时触发此事件 |
| | onmousedown | 鼠标按下时触发此事件 |
| | onmouseup | 鼠标弹起时触发的事件 |
| | onmouseover | 鼠标移动到某个设置了此事件的元素上时触发此事件 |
| | onmousemove | 鼠标移动时触发此事件 |
| | onmouseout | 鼠标从某个设置了此事件的元素上离开时触发此事件 |

扫码看案例

**课堂体验:电子案例15-12**
鼠标事件演示

## 15.4.2 键盘事件

键盘事件是指用户在使用键盘时触发的事件。例如,用户按【Esc】键关闭打开的状态栏,按【Enter】键直接完成光标的上下切换等。下面列举几个常用的键盘事件,如表15-16所示。

表15-16 JavaScript中常用的键盘事件

| 类别 | 事 件 | 事 件 说 明 |
|------|------|-----------|
| 键盘事件 | onkeydown | 当键盘上的某个按键被按下时触发此事件 |
| | onkeyup | 当键盘上的某个按键被按下后弹起时触发此事件 |
| | onkeypress | 当输入有效的字符按键时触发此事件 |

**课堂体验：电子案例 15-13**
键盘事件演示

扫码看案例

### 15.4.3　表单事件

表单事件是指对Web表单操作时发生的事件。例如，表单提交前对表单的验证，表单重置时的确认操作等。下面列举几个常用的表单事件，如表15-17所示。

表15-17　JavaScript中常用的表单事件

| 类别 | 事　件 | 事　件　说　明 |
| --- | --- | --- |
| 表单事件 | onblur | 当前元素失去焦点时触发此事件 |
| | onchange | 当前元素失去焦点并且元素内容发生改变时触发此事件 |
| | onfocus | 当某个元素获得焦点时触发此事件 |
| | onreset | 当表单被重置时触发此事件 |
| | onsubmit | 当表单被提交时触发此事件 |

**课堂体验：电子案例 15-14**
表单事件演示

扫码看案例

### 15.4.4　页面事件

在项目开发中，经常需要JavaScript对网页中的DOM元素进行操作，而页面的加载又是按照代码的编写顺序，从上到下依次执行的。因此，若在页面还未加载完成的情况下，就使用JavaScript操作DOM元素，会出现语法错误，例如下面的示例代码：

```
<script>
  document.getElementById('demo').onclick=function () {
    alert('单击');
  }
</script>
<button id="demo">单击显示弹框</button>
```

在上述代码中，第2行代码利用getElementById()获取id为demo的元素，并为其添加onclick事件；第3行代码用于弹出"单击"弹框；第6行代码定义了一个用于单击的按钮。当用户单击按钮时，页面就会弹出一个提示框。

运行该示例代码，对应的效果如图15-12所示。

图15-12　访问出错

图15-12显示的是浏览器控制台的错误提示（按【F12】键打开浏览器控制台查看错误提示）。原因是页面在加载的过程中，没有获取到相应的元素对象。为了解决此类问题，JavaScript提供了页面事件。页面事件可以改变JavaScript代码的执行时间。表15-18中列举了常用的页面事件。

表15-18　页面事件

| 类别 | 事件 | 事件说明 |
|------|------|----------|
| 页面事件 | onload | 当页面加载完成时触发此事件 |
| | onunload | 当页面卸载时触发此事件 |

在表15-18中，load事件用于body内所有标记都加载完成后才触发，又因其无须考虑页面加载顺序的问题，所以常常在开发具体功能时添加。unload事件用于页面关闭时触发，开发中经常用于清除内存时使用。

接下来，将上述JavaScript代码放到load事件的处理程序中，具体代码如下：

```
<script>
window.onload=function() {
  document.getElementById('demo').onclick=function () {
    alert('单击');
  }
}
</script>
<button id="demo">单击显示弹框</button>
```

此时，示例代码对应的运行结果如图15-13所示。

从图15-13可以看出，此时控制台没有任何错误提示。单击"单击显示弹框"按钮，即可弹出图15-14所示的弹框。

图15-13　正常访问

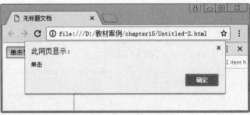

图15-14　执行成功

# 习　题

一、判断题

1. 在JavaScript中，属性作为对象成员的变量，表明对象的状态。　　　　（　　）

2. 在JavaScript中，把Math作为对象使用就可以直接调用其所有属性和方法。（　　）

3. 在数组中，length属性用于向数组中添加元素。　　　　　　　　　　（　　）

4. 在JavaScript中，数组索引从1开始计算。　　　　　　　　　　　　　（　　）

5. 在JavaScript中，String对象用于处理日期和时间。　　　　　　　　　　（　　）

二、选择题

1. （多选）下列选项中，Number对象常用属性包含（　　　）。

　A. MAX_VALUE　　　　　　　　　　　B. MIN_VALUE

　C. toFixed()　　　　　　　　　　　　D. push()

2. （多选）下列选项中，BOM对象包括（　　　）。

　A. window（窗口）　　　　　　　　　B. navigator（浏览器程序）

　C. screen（屏幕）　　　　　　　　　D. location（地址）

3. （多选）下列选项中，对象包含的要素是（　　　）。

　A. 关闭　　　　　　B. 属性　　　　　　C. 打开　　　　　　D. 方法

4. （多选）下列选项中，属于JavaScript中指定事件处理程序方法的是（　　　）。

　A. 在JavaScript中调用事件处理程序

　B. 在HTML中调用事件处理程序

　C. 在CSS中调用事件处理程序

　D. 在HTML中引入JavaScript

5. （多选）下列选项中，JavaScript常用事件包括（　　　）。

　A. 鼠标事件　　　　B. 键盘事件　　　　C. 表单事件　　　　D. 页面事件

三、简答题

1. 简要描述创建对象的方法并举例。

2. 简要描述事件处理的过程。

# 第 16 章 动态网站开发技术

**学习目标：**

◎ 了解动态网站的特点，能够区分动态网站和静态网站。

◎ 掌握动态网站开发环境的搭建技术，能够安装配置Apache、PHP并进行测试。

◎ 掌握PHP的基本语法，能够书写简单的PHP语句。

通过前面的学习，我们已经能够使用HTML+CSS+JavaScript技术制作网站了。但是这样制作的网站，在建站时内容就已经确定了，后期维护人员想要更新页面内容，就需要在本地修改，并上传到服务器空间，操作十分烦琐。这时就可以使用动态网站开发技术通过后台程序更新网页内容。什么是动态网站？该如何运用动态网站开发技术呢？本章将对动态网站开发的相关知识做具体讲解。

## 16.1　动态网站基础知识

在前面的学习中，我们通过网站的性质，可以对网站进行简单的分类，例如将网站分类为企业类网站、资讯门户类网站、购物类网站、个人网站等。但是随着技术学习的不断深入，根据网站开发所使用的语言的不同，网站又有了新的分类——静态网站和动态网站，对它们的具体讲解如下。

### 1. 静态网站

静态网站是指由HTML、CSS、JavaScript等静态化的页面代码组成的网站。在静态网站中所有的内容均包含在网页文件中。需要注意的是静态网站并不是指网页中的元素全部是不动的，在静态网站中，也可以出现各种视觉动态效果，如GIF动画、Flash动画等，一般静态网站的文件均以htm、html为扩展名。

静态网站的内容是相对固定的，因此更新起来比较麻烦，往往适用于一些更新较少的展示型网站。图16-1所示就是一个家具展示的静态网站。

在图16-1所示的家居静态网站中，不管访问者什么时间浏览网站，网站显示的内容都是一致的。如果要修改网页的内容，就必须修改网页源代码，然后重新上传到服务器上。

图16-1 家居展示静态网站

静态网页的工作流程可以分为以下5个步骤。

（1）编写一个静态文件，并在Web服务器上发布。

（2）用户在浏览器的地址栏中输入该静态网页的URL地址。

（3）浏览器发送请求到Web服务器。

（4）Web服务器找到此静态文件的位置，并将它传送到用户的浏览器。

（5）浏览器收到HTML页面，编译后显示此网页的内容。

图16-2展示了静态网站的工作原理。

图16-2 静态网站的工作原理

## 2．动态网站

动态网站并不是指具有动画功能的网站，而是指网站内容可根据不同情况动态变更的网站。在动态网站中，会包含一些特定功能的程序代码，这些程序代码可以使浏览器与服务器之间进行交互，使服务器根据客户端的请求自动生成静态网页内容。图16-3所示即为动态网站的工作原理。

图16-3　动态网站的工作原理

从图16-3可以看出，用户浏览动态网页时，客户端就会发送请求，服务端接收请求后会找到动态页面，执行程序代码，将含有程序代码的动态网页转化为标准的静态网页，最后把静态网页发送给用户。

和静态网站一样，动态网页也有扩展名，它的扩展名通常由使用的编程语言决定。常用的技术有ASP、JSP、PHP、ASP.NET，对应扩展名为.asp、.jsp、.php、.aspx。在动态网站开发所使用的编程语言中，以开源的PHP语言最为流行，因此本书将以PHP语言为例，详细讲解。图16-4所示就是扩展名为.php的文件。

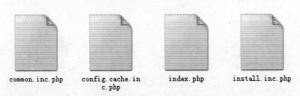

图16-4　.php文件

此外，动态网站可以根据不同的时间、不同的浏览者显示不同的信息。网上常见的留言板、论坛、贴吧等都是通过动态网站开发技术实现的。通常动态网页的工作流程分为以下5个步骤。

（1）编写动态网页文件，其中包括程序代码，并在Web服务器上发布。

（2）用户在浏览器的地址栏中输入该动态网页的URL地址。

（3）浏览器发送访问请求到Web服务器。

（4）Web服务器找到此动态网页的位置，并执行其中的程序代码，建立HTML页面传送到用户浏览器。

（5）浏览器接收HTML页面，编译后显示此网页的内容。

## 16.2　开发环境的搭建

在使用PHP语言开发程序之前，首先要在系统中搭建开发环境并安装数据库管理系统。通常情况下开发人员使用的都是Windows平台，在Windows平台上搭建PHP环境需要安装Apache服务器和PHP软件。在数据库管理系统中，以MySQL和PHP的契合度最好，因此本书将使用MySQL数据库管理系统。

## 16.2.1 安装Apache

Apache是一款开源软件，具备跨平台性和安全性，和PHP的兼容性极好。目前Apache有2.2和2.4两种版本，本书以Apache 2.4版本为例，讲解Apache软件的安装步骤，具体介绍如下。

### 1．获取Apache

我们可以从Apache公布的其他网站中获取编译后的软件。例如Apache Lounge网站。打开浏览器，输入网址"https://www.apachelounge.com/"，单击左侧菜单栏中的Downloads（见图16-5），即可进入下载页面。

图16-5 下载选项

该网站提供了VC11、VC14、VC15等版本的软件下载，如图16-6所示。本书采用VC14这一版本。

图16-6 从Apache Lounge获取软件

在图16-6所示页面中找到"httpd-2.4.29-win64-VC15.zip"这个版本进行下载即可。由于版本仍然在更新，通常读者选择2.4.x的更新版本并不会影响到学习。

VC14版本软件使用Microsoft Visual C++ 2015运行库进行编译，因此在安装Apache前需要先在Windows系统中安装此运行库。目前最新版本的Apache已经不支持XP系统，XP用户可以选择VC9编译的旧版本。

### 2．解压文件

首先创建C:\web\apache2.4作为Apache的安装目录，然后打开httpd-2.4.29-win64-VC15.zip压缩包，将里面的Apache24目录中的文件解压复制到安装目录下，如图16-7所示。

在图16-7中，conf和htdocs是需要重点关注的两个目录，当Apache服务器启动后，通过浏览器访问本机时，就会看到htdocs目录中的网页文档。conf目录是Apache服务器的配置目录，保存了主配置文件httpd.conf和extra目录下的若干辅配置文件。默认情况下，配置文件是不开启的。

图16-7 Apache安装目录

### 3．配置Apache

#### 1）配置安装路径

将Apache解压后，需要配置安装路径，才可以使用。使用Dreamweaver CS6打开con文件夹中的httpd.conf配置文件。按【Ctrl+F】组合键打开"查找和替换"对话框，执行文本替换，将c:/Apache24全部替换为c:/web/apache2.4，如图16-8所示。

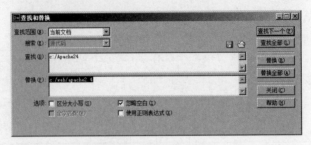

图16-8　替换指定文本

#### 2）配置服务器域名

在安装步骤中，服务器域名的配置并不是必需的，但如果没有配置域名，在安装Apache服务时会出现提醒。配置域名时，同样需要打开"查找和替换"对话框，搜索ServerName，找到如下所示的配置代码：

```
#ServerName www.example.com: 80
```

上述代码开头的"#"表示该行代码是注释文本，应删去"#"使代码生效，修改后的示例代码如下：

```
ServerName www.example.com: 80
```

上述配置中，www.example.com是一个示例域名，若不需要指定域名，也可以更改为本机地址，例如改为127.0.0.1或localhost。

### 4．安装Apache

Apache的安装是指将Apache安装为Windows系统的服务项，具体步骤如下。

（1）单击"开始"菜单，选择"所有程序→附件"找到"命令提示符"并右击，在弹出的快捷菜单中选择"以管理员身份运行"命令，启动命令行窗口。

（2）在命令模式中，切换到Apache安装目录下的bin目录，切换的命令代码如下（输入示例代码后，按【Enter】键）：

```
cd C: \web\apache2.4\bin
```

（3）输入以下命令开始安装：

```
httpd.exe -k install
```

上述步骤执行后，安装成功的效果如图16-9所示。

从图16-9可以看出，Apache安装的服务名称为Apache2.4，该名称在系统服务中不能重复，否则会安装失败。另外，如需卸载Apache服务，使用httpd.exe –k uninstall命令进行卸载即可。

图16-9 通过命令行安装Apache服务

#### 5．启动Apache服务

Apache服务安装后，就可以作为Windows的服务项进行启动或关闭了。管理Apache服务有两种方式，具体介绍如下。

1）通过命令行启动Apache服务

在以管理员身份运行的命令行，执行如下命令可进行管理：

```
net start Apache2.4          # 启动Apache2.4服务
net stop Apache2.4           # 停止Apache2.4服务
net restart Apache2.4        # 重新启动Apache2.4服务
```

Apache服务启动成功后，效果如图16-10所示。

2）通过Apache Service Monitor启动Apache服务

Apache提供了服务监视工具Apache Service Monitor，用于管理Apache服务，程序位于bin\ApacheMonitor.exe。打开程序后，在Windows系统任务栏右下角状态栏会出现Apache的小图标管理工具，在图标上单击可以弹出控制菜单，如图16-11所示。

图16-10 命令方式启动Apache服务

图16-11 启动Apache服务

在图16-11所示的菜单中，选择Start命令即可启动Apache服务，当小图标由红色变为绿色 时，表示启动成功。

#### 6．访问测试

通过浏览器访问本机站点http://localhost，如果看到图16-12所示的画面，说明Apache正常运行。

图16-12所示的"It works!"是Apache默认站点下的首页，相当于htdocs\index.html这个网页的显示结果。读者也可以将其他网页放到htdocs目录下，然后通过"http://localhost/网页文件名"进行访问。

图16-12 在浏览器中访问localhost

### 16.2.2　安装PHP

PHP模块是开发和运行PHP脚本的核心。当安装完Apache之后，就可以安装PHP了。在Windows中，PHP有两种安装方式：一种方式是PHP以CGI的方式安装到 Apache；另一种方式是PHP以模块的方式安装到Apache。在实际开发中，第二种方式较为常见。下面我们将讲解PHP作为模块安装的具体方法。

#### 1．获取PHP

PHP的官方网站（http://php.net）提供了PHP最新版本的下载，如图16-13所示。

从图16-13中可以看出，PHP目前正在发布5.6、7.0、7.1、7.2这4种版本。本书选择7.1版本进行讲解，因为该版本和我们之前的Apache VC14版本对应。

在导航栏中选择Downloads，进入到下载页面，选择Windows downloads进入Windows下载页面。在Windows下载页面，PHP提供了Thread Safe（线程安全）和Non Thread Safe（非线程安全）两种选择。在与Apache搭配时，应选择

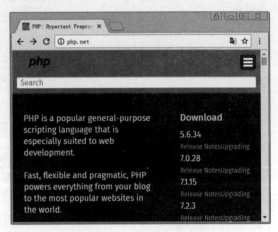

图16-13　PHP官方网站

Thread Safe（线程安全）版本下载（在下载时，同样要注意计算机系统版本是32位还是64位），下载完成后会得到一个名称为php-7.1.15-Win32-VC14-x64的压缩文件。

#### 2．解压文件

解压下载的php-7.1.15-Win32-VC14-x64压缩文件，保存到C:\web\php7.1目录中，如图16-14所示。

图16-14　PHP安装目录

图16-14所示是PHP的目录结构，一些常用的文件或文件夹解释如下。

● ext是PHP扩展文件所在的目录。

- php.exe是PHP的命令行应用程序。
- php7apache2_4.dll是用于Apache的DLL动态链接模块。
- php.ini-development是PHP预设的配置模板，适用于开发环境。
- php.ini-production也是配置模板，适合网站上线时使用。

### 3．创建php.ini配置文件

PHP提供了开发环境和上线环境的配置模板。在PHP的学习阶段，推荐选择开发环境的配置模板。在使用默认配置模板时，最好在PHP安装目录下复制一份php.ini-development文件，并命名为php.ini，将该文件作为PHP的配置文件。这样在配置文件出错时，就可以使用配置模板进行恢复。

### 4．在Apache中引入PHP模块

在C:\web\apache2.4\conf\httpd.conf位置打开Apache配置文件，在任意位置引入PHP为Apache提供的DLL模块，具体代码如下：

```
LoadModule php7_module "C: /web/php7.1/php7apache2_4"
<FilesMatch "\.php$">
    setHandler application/x-httpd-php
</FilesMatch>
PHPIniDir "C: /web/php7.1"
```

上述代码中，第1行代码表示将PHP作为Apache的模块来加载，其中LoadModule是加载模块的指令，php7_module是模块名称。模块文件路径指向了PHP目录下的php7apache2_4.dll文件；第2~4行代码用于添加对PHP文件的解析，利用正则表达式匹配.php扩展名的文件，然后通过setHandler提交给PHP处理；第5行的PHPIniDir用于指定php.ini文件的保存目录。

配置代码添加后如图16-15所示。

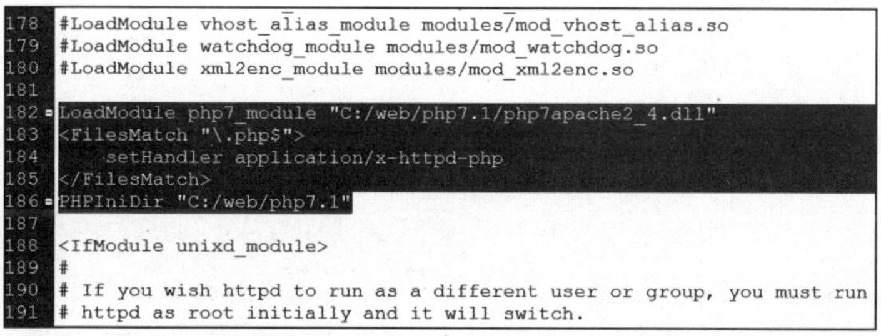

```
178 #LoadModule vhost_alias_module modules/mod_vhost_alias.so
179 #LoadModule watchdog_module modules/mod_watchdog.so
180 #LoadModule xml2enc_module modules/mod_xml2enc.so
181
182 LoadModule php7_module "C:/web/php7.1/php7apache2_4.dll"
183 <FilesMatch "\.php$">
184     setHandler application/x-httpd-php
185 </FilesMatch>
186 PHPIniDir "C:/web/php7.1"
187
188 <IfModule unixd_module>
189 #
190 # If you wish httpd to run as a different user or group, you must run
191 # httpd as root initially and it will switch.
```

图16-15　在Apache中引入PHP模块

接下来配置Apache的索引页。索引页是指当访问一个目录时，自动打开哪个文件作为索引。例如，访问http://localhost实际上访问到的是http://localhost/index.html，这是因为index.html是默认索引页，所以可以省略索引页的文件名。

在配置文件中搜索DirectoryIndex，找到以下代码。

```
<IfModule dir_module>
    DirectoryIndex index.html
</IfModule>
```

上述代码中，第2行的index.html即默认索引页，下面将index.php也添加默认索引

页，具体代码如下：

```
<IfModule dir_module>
    DirectoryIndex index.html index.php
</IfModule>
```

上述配置代码表示在访问目录时，首先检测是否存在index.html，如果有，则显示，否则就继续检查是否存在index.php。

**5．重新启动Apache服务**

修改Apache配置文件后，需要重新启动Apache服务，才能使配置生效。通过命令行方式或Apache Service Monitor重启服务即可。

以上步骤已经将PHP作为Apache的一个扩展模块，并随Apache服务器一起启动。如果想检查PHP是否安装成功，可以在Apache的Web站点目录htdocs下，使用Dreamweaver创建一个名为test.php的文件，并在文件中写入下面的内容。

```
<?php
phpinfo();
?>
```

上述代码用于将PHP的配置信息输出到网页中。代码编写完成后保存文件，如图16-16所示。

然后使用浏览器访问地址http://localhost/test.php，如果看到如图16-17所示的PHP配置信息，说明PHP配置成功。

图16-16　保存test.php

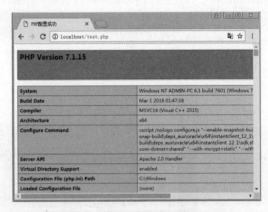

图16-17　显示PHP配置信息

## 16.2.3　Web服务器配置

在前面的小结已经详细讲解了Apache和PHP的安装方法，除了安装步骤本身之外，服务器的配置也是十分重要的。本节将对Web服务器的一些常见配置进行讲解。

**1．Apache目录结构**

在配置Apache之前，先了解一下Apache的目录结构。各目录的作用及说明如表16-1所示。

表16-1 Apache目录说明

| 目 录 名 | 说 明 |
|---|---|
| bin | Apache可执行文件目录，如httpd.exe、ApacheMonitor.exe等 |
| cgi-bin | CGI网页程序目录 |
| conf | Apache配置文件目录 |
| error | 错误页面目录，存放各类错误页面的预设模板 |
| htdocs | 默认站点的网页文档目录 |
| icons | Apache预设的一些小图标存放目录 |
| logs | 日志文件目录，主要包括访问日志access.log和错误日志error.log |
| manual | 帮助手册目录 |
| modules | Apache动态加载模块目录 |

### 2．Apache配置文件

Apache配置文件中的指令非常多，在Apache官方网站提供的在线手册中有详细的介绍。下面通过表16-2列举一些常用的配置指令。

表16-2 Apache的常用配置

| 配 置 项 | 说 明 |
|---|---|
| ServerRoot | Apache服务器的根目录，即安装目录 |
| Listen | 服务器监听的端口号，如80、8080 |
| LoadModule | 需要加载的模块 |
| <IfModule> | 如果指定模块存在，执行块中的指令 |
| ServerAdmin | 服务器管理员的邮箱地址 |
| ServerName | 服务器的域名 |
| <Directory> | 针对某个目录进行配置 |
| DocumentRoot | 网站根目录 |
| ErrorLog | 记录错误日志 |
| Include | 将另一个配置文件中的配置包含到当前配置中 |

对于上述配置，使用者可根据实际需要进行修改，但要注意每次修改配置需要重启Apache服务才会生效，如果修改错误，会造成Apache无法启动。若需要恢复默认配置，可以在conf\original目录中获取Apache提供的配置文件备份。

### 3．配置虚拟主机

虚拟主机是Apache提供的一个功能，通过虚拟主机可以在一台服务器上部署多个网站。通常一台服务器的IP地址是固定的，而不同的域名可以解析到同一个IP地址上。因此，当用户通过不同的域名访问同一台服务器时，虚拟主机功能就可以让用户访问到不同的网站。Apache虚拟主机的具体配置步骤如下。

1）配置域名

由于申请真实域名比较麻烦，为了便于学习和测试，可以更改系统hosts文件，实现将任意域名解析到指定IP。在操作系统中，hosts文件用于配置域名与IP之间的解析关系，当请求域名在hosts文件中存在解析记录时，直接使用该记录；不存在时，再通过DNS域名解析服务器进行解析。

在Windows系统中以管理员身份运行Dreamweaver，然后选择"文件→打开"命令，将路径C:\Windows\System32\drivers\etc\hosts粘贴到"文件名"位置，如图16-18所示。单击"打开"按钮，即可打开hosts文件。

| 文件名(N): | C:\Windows\System32\drivers\etc\hosts |
|---|---|
| 文件类型(T): | All Documents (*.htm;*.html;*.shtm;*.shtml;*.hta; |

图16-18 粘贴路径

配置域名和IP地址的映射关系，具体代码如下（代码可放置在任意位置）：

```
127.0.0.1 php.test
127.0.0.1 www.php.test
127.0.0.1 www.admin.com
```

经过上述配置后，就可以在浏览器上通过域名来访问本机的Web服务器，这种方式只对本机有效。在配置虚拟主机前，通过任何域名访问到的都是Apache的默认主机。

🔊 脚下留心：

在配置域名时，如果没有使用管理员身份运行Dreamweaver，在保存配置好的文件时会出现图16-19所示的提示框，导致不能保存修改文件。因此一定要使用管理员身份运行。

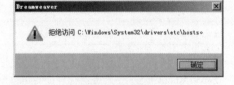

图16-19 提示框

2）启用辅配置文件

辅配置文件是Apache配置文件httpd.conf的扩展文件，用于将一部分配置抽取出来便于修改，但默认并没有启动。在C:\web\apache2.4\conf路径下打开httpd.conf文件，找到如下所示的一行配置，取消"#"注释即可启用：

```
#Include conf/extra/httpd-vhosts.conf
```

3）配置虚拟主机

打开C:\web\apache2.4\conf\extra\httpd-vhosts.conf路径的虚拟主机配置文件，可以看到Apache提供的默认配置，具体如下：

```
1  <VirtualHost *: 80>
2      ServerAdmin webmaster@dummy-host.example.com
3      DocumentRoot "c: /Apache24/docs/dummy-host.example.com"
4      ServerName dummy-host.example.com
5      ServerAlias www.dummy-host.example.com
6      ErrorLog "logs/dummy-host:example.com-error_log"
7      CustomLog "logs/dummy-host.example.com-access_log" common
8  </VirtualHost>
```

上述配置中，第1行代码的"*:80"表示该主机通过80端口访问；第2行代码的ServerAdmin是管理员邮箱地址；第3行代码的DocumentRoot是该虚拟主机的文档目录；第4行代码的ServerName是虚拟主机的域名；第5行代码的ServerAlias用于配置多个域名别名（用空格分隔），支持形如"*.example.com"的泛解析二级域名；第6行代码的ErrorLog是错误日志；第7行代码CustomLog是访问日志，其后的common表示日志格式为通用格式。

接下来，将Apache提供的默认配置注释掉（用"#"号注释），然后以默认配置代码为参考对象，编写如下配置代码：

```
<VirtualHost *: 80>
    DocumentRoot "c: /web/apache2.4/htdocs"
    ServerName localhost
</VirtualHost>
<VirtualHost *: 80>
    DocumentRoot "c: /web/apache2.4/htdocs/test"
    ServerName www.php.test
    ServerAlias php.test
</VirtualHost>
```

上述配置实现了两个虚拟主机，分别是localhost和www.php.test（访问时要输入http://www.php.test），并且这两个虚拟主机的站点目录指定在了不同的路径下。同时利用ServerAlias针对域名为www.php.test的网站起了一个别名，即不论用户访问的是www.php.test还是php.test，访问的都是同一个网站。

接下来创建C:\web\apache2.4\htdocs\test目录，并在目录中放一个简单的网页(网页内容文本为welcome PHP)，然后重启Apache服务。为了验证配置是否生效，通过浏览器访问测试，效果如图16-20所示。

图16-20　访问虚拟主机

### 4．访问权限控制

Apache可以控制服务器中的哪些路径允许被外部访问，在httpd.conf中，默认站点目录htdocs已经配置为允许外部访问，但如果要将其他目录设置为允许访问时，就需要使用者手动进行配置。接下来将通过虚拟主机www.admin.com来介绍如何进行访问权限控制。

找到C:\web\apache2.4\conf\extra路径下的httpd-vhost.conf文件，在配置虚拟主机的同时，配置站点目录的访问权限，具体配置代码如下：

```
<VirtualHost *: 80>
    DocumentRoot "c: /web/www.admin.com"
    ServerName www.admin.com
</VirtualHost>
```

```
<Directory "c: /web/www.admin.com">
    Require local
</Directory>
```

上述配置代码将虚拟主机的站点目录指定到C:/web/www.admin.com目录下，并通过<Directory>指令为其配置了目录访问权限。其中，第6行代码中的Require local表示只允许本地访问，若允许所有访问可设为Require all granted，若拒绝所有访问可设为Require all denied。

首先在web文件夹里面创建一个名为www.admin.com的文件夹，然后在该文件夹中创建一个index.html文件。最后在浏览器中访问进行测试（测试时一定要先重启Apache）。当用户没有访问权限时，效果如图16-21所示；当用户有权限访问并且该目录下存在index.html时，效果如图16-22所示。

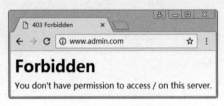

图16-21　没有访问权限　　　　　　　　图16-22　访问成功

### 5．分布式配置文件

分布式配置文件是为目录单独进行配置的文件，可以实现在不重启服务器的前提下更改某个目录的配置。接下来，编辑C:\web\apache2.4\conf\extra路径下的httpd-vhosts.conf文件，在www.admin.com目录配置中开启分布式配置文件的代码（直接放置在任意位置即可）。

```
<Directory "c: /web/www.admin.com">
    Require local
    AllowOverride All
</Directory>
```

当上述配置添加AllowOverride All之后，Apache就会到站点下的各个目录中读取名称为.htaccess的分布式配置文件，该文件中的配置将会覆盖原有的目录配置。在分布式配置文件中可以直接编写<Directory>中的大部分配置，如Options、ErrorDocument指令。

Apache分布式配置文件虽然方便了网站管理员对目录的管理，但是会影响服务器的运行效率。因此，若想将Apache分布式配置文件关闭，则将AllowOverride All改为AllowOverride None即可。

### 6．目录浏览功能

当开启Apache目录浏览功能时，如果访问的目录中没有默认索引页（如index.html），就会显示目录中的文件列表。下面在目录C:\web\www.admin.com中创建名称为.htaccess文件，编写如下配置：

```
Options Indexes
```

上述配置代码中，Options指令用于配置目录选项，Indexes表示启用文件列表。

当配置生效后，在www.admin.com文件夹中放置几个文件，文件夹包含文件如

图16-23所示，文件列表的显示效果如图16-24所示。

图16-23　文件夹列表

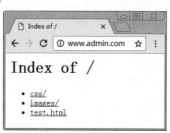

图16-24　测试目录浏览功能

图16-24的文件列表项和图16-23中的文件是一一对应的。此时，若要关闭目录浏览功能时，只需将Options Indexes修改为Options –Indexes即可。

**7．自定义错误页面**

在Web开发中，HTTP状态码用于表示Web服务器的响应状态，由三位数字组成。常见的HTTP状态码有403（Forbidden，拒绝访问）、404（Not Found，页面未找到）、500（Internal Server Error，服务器内部错误）等。当遇到错误时，Apache会使用error目录中的模板显示一个简单的错误页面，并支持将一个URL地址或站点目录下的某个文件作为自定义错误页面。

例如，打开一个不存在的页面http://www.admin.com/123/，如果不自定义错误页面，会出现图16-25所示的错误页面提示。

图16-25所示为默认的错误页面提示模板。如果开发人员想要自定义错误页面，可以打开C:\web\apache2.4\conf\extra路径下的

图16-25　默认错误页面提示

httpd-vhosts.conf文件，找到含有Directory的代码，例如下面的代码结构：

```
<Directory "c: /web/www.admin.com">
    Require local
    AllowOverride All
</Directory>
```

在上述代码结构中，通过ErrorDocument指令可以配置每种错误码对应的页面，示例配置代码如下：

```
ErrorDocument 403 /403.html
ErrorDocument 404 /404.html
ErrorDocument 500 /500.html
```

在<Directory>或分布式配置文件中进行上述配置后，当遇到错误时，就会自动显示站点目录中相应的网页文件。

以404错误页面提示为例，在www.admin.com文件夹中自定义错误页面（404.html），输入URL，即可出现图16-26所示的错误页面提示。

图16-26　自定义错误页面

**8．配置PHP扩展**

在PHP的安装目录中，ext文件夹保存的是PHP的扩展。在安装后的默认情况下，PHP扩展是全部关闭的，用户可以根据情况手动打开或关闭扩展。在php.ini中，搜索，"extension="可以找到载入扩展的配置，其中"；"表示该行配置是注释，只有删去"；"才可以使配置生效。常用的PHP扩展如下：

```
extension=php_curl.dll
extension=php_gd2.dll
extension=php_mbstring.dll
extension=php_mysqli.dll
extension=php_pdo_mysql.dll
```

上述配置代码指定了PHP扩展的文件名，没有指定扩展文件所在的路径。当extension_dir中已经指定扩展路径时，可以省略路径只填写文件名，否则需要填写完整的文件路径。因此，还需要在php.ini中搜索文本extension_dir，找到下面一行配置：

```
; extension_dir="ext"
```

将这行配置取消"；"注释，并修改成PHP扩展的文件保存路径，具体代码如下：

```
extension_dir="c: /web/php7.1/ext"
```

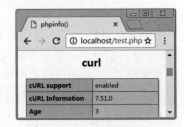

图16-27　查看扩展是否开启

当开启扩展后，在浏览器中输入http://localhost/test.php可以查询到这些扩展的信息，如图16-27所示。

**9．PHP的常用配置**

PHP的配置文件php.ini中有许多复杂的配置，主要包括PHP的核心配置及各种扩展模块的配置。下面通过表16-3介绍一些常用配置。此处读者仅了解即可。

表16-3　php.ini的常用配置

| 配 置 项 | 说 明 |
| --- | --- |
| output_buffering | 输出缓冲区的大小（字节数） |
| open_basedir | 限制PHP脚本只能访问指定路径的文件，默认无限制 |
| disable_functions | 禁止PHP脚本使用哪些函数 |
| max_execution_time | 限制PHP脚本最长时间限制（秒数） |
| memory_limit | 限制PHP脚本最大内存使用限制（如128 MB） |
| b | 是否输出错误信息 |
| log_errors | 是否开启错误日志 |
| error_log | 错误日志保存路径 |
| post_max_size | 限制PHP接收来自客户端POST方式提交的最大数据量 |
| default_mimetype | 输出时使用的默认MIME类型 |
| default_charset | 输出时使用的默认字符集 |
| file_uploads | 是否接收来自客户端的文件上传 |

续表

| 配　置　项 | 说　　　明 |
| --- | --- |
| upload_tmp_dir | 接收客户端上传文件时的临时保存目录 |
| upload_max_filesize | 限制来自客户端上传文件的最大数据量 |
| allow_url_fopen | 限制PHP脚本是否可以打开远程文件 |
| date.timezone | 时区配置（如UTC、PRC、Asia/Shanghai） |

### 16.2.4　安装MySQL

MySQL数据库管理系统的安装主要包括下载文件、解压文件、安装MySQL和启动MySQL服务几个步骤，具体介绍如下。

**1．下载文件**

打开MySQL的官方网站https://www.mysql.com。在网站首页中单击Downloads进入下载页面，可以看到MySQL各种版本的下载地址，如图16-28所示。

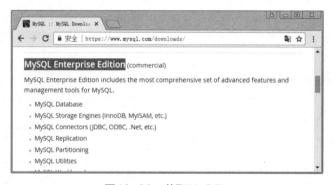

图16-28　获取MySQL

在下载页面，MySQL主要提供了企业版（Enterprise Edition）和社区版（Community Edition）产品，其中社区版是通过GPL协议授权的开源软件，可以免费使用，而企业版是需要收费的商业软件。本书选择MySQL社区版进行讲解，在下载页面找到MySQL Community Server版本进行下载，如图16-29所示。

图16-29　下载MySQL

选择图16-29红框标示的版本，单击Download按钮进入下载页面，如图16-30所示。选择直接下载。

图16-30 下载页面

## 2．解压文件

首先创建C:\web\mysql5.7作为MySQL的安装目录，然后打开mysql-5.7.21-winx64压缩包，将里面的mysql-5.7.21-winx64目录中的文件解压到C:\web\mysql5.7路径下，如图16-31所示。

在图16-31所示的目录结构中，bin目录和my-default.ini文件较为重要。其中bin是MySQL的应用程序目录，保存了MySQL的服务程序mysqld.exe、命令行工具mysql.exe等；而my-default.ini是MySQL的默认配置文件，用于保存默认设置。

图16-31 MySQL安装目录

## 3．安装MySQL

MySQL安装是指将MySQL安装为Windows系统的服务项，可以通过MySQL的服务程序mysqld.exe来进行安装，具体步骤如下。

（1）执行"开始→所有程序→附件"，找到"命令提示符"并右击，在弹出的快捷菜单中选择"以管理员身份运行"命令，启动命令行窗口。

（2）在命令窗口中，输入如下命令，切换到MySQL安装目录下的bin目录：

```
cd C: \web\mysql5.7\bin
```

（3）切换目录成功后，在命令窗口输入以下命令开始安装：

```
mysqld.exe -install
```

默认情况下，MySQL将自动读取安装目录下的my.ini配置文件。安装效果如图16-32所示。

值得一提的是，如果需要卸载MySQL服务，可以使用mysqld.exe –remove命令进行卸载。

## 4．启动MySQL服务

### 1）初始化数据库

在安装MySQL后，数据文件目录c:\web\

图16-32 通过命令行安装MySQL

mysql5.7\data还没有创建。因此，接下来要通过MySQL的初始化功能，自动创建数据文件目录。在命令窗口中输入如下命令：

```
mysqld.exe --initialize-insecure
```

在上述命令中，"--initialize"表示初始化数据库，"-insecure"表示忽略安全性。当省略"-insecure"时，MySQL将自动为默认用户root生成一个随机的复杂密码，含有"-insecure"时，root用户的密码为空。

2）启动或关闭MySQL服务器

MySQL安装后，就可以作为Windows的服务项进行启动或关闭了。启动或关闭MySQL服务器的方法有两种，具体介绍如下。

● 通过控制面板管理。

选择Windows系统中的"控制面板→管理工具→服务"命令（将控制面板的查看方式切换成小图标模式，容易找到"服务"选项），即可在服务面板中找到MySQL（见图16-33），右击并选择"启动"命令即可启动或关闭MySQL服务器。

图16-33　启动MySQL服务1

● 通过命令窗口实现。

打开"命令提示符"，输入下面的命令，可以启动、停止或重新启动MySQL服务器。

```
net start MySQL
    #启动"MySQL"服务
net stop MySQL
    #停止"MySQL"服务
net restart MySQL
    #重新启动"MySQL"服务
```

当MySQL服务成功启动后，命令窗口会出现图16-34所示的提示。

图16-34　启动MySQL服务2

# 16.3　PHP快速入门

PHP是一种简单易学的服务器端编程语言，具有强大的扩张性。随着PHP的不断发展，越来越多的初学者选择用PHP作为网页开发的首选语言。本节将从PHP的基本语法着手，带领大家快速入门。

## 16.3.1　PHP标记与注释

PHP是嵌入式脚本语言，它经常会和HTML内容混编在一起，因此为了区分HTML与PHP代码，需要使用标记将PHP代码包裹起来。例如下面的示例代码：

```php
<?php
    echo "Hello PHP";   //输出一句话
?>
```

在上述代码中，"<?php echo "Hello, PHP"; ?>"是一段嵌入在HTML中的PHP代码。其中，"<?php"和"?>"是PHP标记，"<?php"是开始标记，"?>"是结束标记。php结束符仅仅用于在php与html混写时表示php代码的结束，而对于纯PHP文件来说，这个文件结束了，代码就结束了，没必要加上结束符。

需要注意的是，PHP语言同样拥有注释标记，在上述代码中"//"为单行注释，用于对代码的解释说明，注释会在程序解析时被解析器忽略。同时，PHP中除了单行注释外，还有多行注释"/*……*/"。在使用时需要注意，多行注释中可以嵌套单行注释，但是不能再嵌套多行注释。

## 16.3.2　PHP常用输出语句

同JavaScript一样，PHP也提供了一系列的输出语句，其中常用的有echo、print、print_r()和var_dump()。下面将对这几种常用的输出语句进行详细介绍。

1）echo

echo可将紧跟其后的一个或多个字符串、表达式、变量和常量的值输出到页面中，多个数据之间使用逗号","分隔。使用示例如下：

```php
echo'true';                    //方式1，输出结果：true
echo'result=',4+3*3;           //方式2，输出结果：result=13
```

2）print

print与echo的用法相同，唯一的区别是print只能输出一个值。具体示例如下：

```php
print'best';                   //输出结果：best
```

3）print_r()

print_r()是PHP的内置函数，它可以输出任意类型的数据，如字符串、数组等，示例如下：

```php
print_r('hello');              //输出结果：hello
```

4）var_dump()

var_dump()不仅可以打印一个或多个任意类型的数据，还可以获取数据的类型和元素个数。具体示例如下：

```
var_dump(2);              //输出结果: int(2)
var_dump('PHP', 'C');     //输出结果: string(3) "PHP" string(1) "C"
```

读者此处只需了解这些输出语句的使用方式即可，关于上述提到的各类专业名词，如字符串、变量、函数、数组等概念，会在后续的小节中进行详细讲解。

### 16.3.3 变量

变量就是保存可变数据的容器。在PHP中，变量是由$符号和变量名组成的。由于PHP是弱类型语言，所以变量不需要事先声明，就可以直接进行赋值使用。PHP中的变量赋值分为两种：一种是默认的传值赋值，另一种是引用赋值。具体示例如下：

1）传值赋值

```
$price=58;              //定义变量$price，并且为其赋值为58
$cost=$price;          //定义变量$cost，并将$price的值赋值给$cost
$price=100;            //为变量$price重新赋值为100
echo $cost;            //输出$cost的值，结果为58
```

在上述示例中，通过传值赋值的方式定义了两个变量$price和$cost，当变量$price的值修改为100时，$cost的值依然是58。

2）引用赋值

相对于传值赋值，引用赋值的方式相当于给变量起一个别名，当一个变量的值发生改变时，另一个变量也随之变化。使用时只需在要赋值的变量前添加"&"符号即可。具体示例如下：

```
$age=12;              //定义变量$age，并且为其赋值为12
$num=&$age;          //定义变量$num，并将$age值的引用赋值给$num
$age=100;            //为变量$age重新赋值为100
echo $num;            //输出$num的值，结果为：100
```

值得一提的是，在PHP中，为了方便在开发时动态地改变一个变量的名称，提供了一种特殊的变量用法——可变变量。通过可变变量，可以将另外一个变量的值作为该变量的名称，具体示例如下：

```
$a='hello';
$hello='PHP';
$PHP='best';
echo $a;              //输出结果：hello
echo $$a;            //输出结果：PHP
echo $$$a;          //输出结果：best
```

从上述代码可知，可变变量的实现很简单，只需在一个变量前多加一个美元符号"$"即可。需要注意的是，若变量$a的值是数字，则可变变量$$a就会出现非法变量名的情况。因此，开发时可变变量的运用，请酌情考虑。

### 16.3.4 运算符

在程序开发中，经常会对数据进行运算。为此，PHP语言提供了多种类型的运算符，

用于告诉程序执行特定运算或逻辑操作。根据运算符的作用,可以将PHP语言中常见的运算符分为7类,如表16-4所示。

表16-4 常见的运算符类型及其作用

| 运算符类型 | 作　　用 |
|---|---|
| 算术运算符 | 用于处理四则运算 |
| 赋值运算符 | 用于将表达式的值赋给变量 |
| 比较运算符 | 用于表达式的比较并返回一个布尔类型的值,true或false |
| 逻辑运算符 | 根据表达式的值返回一个布尔类型的值,true或false |
| 递增或递减运算符 | 用于自增或自减运算 |
| 字符串运算符 | 用于连接字符串 |
| 位运算符 | 用于处理数据的位运算 |

表16-4列举了PHP中常用的运算符类型,并且每种类型运算符的作用都不同,表16-5列举了一些运算符。

表16-5 常用运算符示例

| 运　算　符 | | 运　　算 | 范　　例 | 结　　果 |
|---|---|---|---|---|
| 算术运算符 | + | 加 | 5+5 | 10 |
| | − | 减 | 6−4 | 2 |
| | * | 乘 | 3*4 | 12 |
| | / | 除 | 3/2 | 1.5 |
| | % | 取模(即算术中的求余数) | 5%7 | 5 |
| 字符串运算符 | . | 用于拼接字符串 | | |
| 赋值运算符 | = | 赋值 | $a=3; $b=2; | $a=3; $b=2; |

## 16.3.5 PHP基础数据类型

数据类型是PHP的基础知识。初学者在学习PHP时,首先要明白的就是PHP的数据类型以及不同数据类型的差别。图16-35所示为PHP基础数据类型。

PHP中的基础数据类型和JavaScript中的基本数据类型较为相似,具体介绍如下。

● 布尔型:是PHP中较常用的数据类型之一,通常用于逻辑判断。布尔型只有true和false两个值,表示事物的"真"和"假",并且不区分大小写。

● 整型:可以由十进制、八进制和十六进制数指定,用来表示整数。

● 浮点型:是程序中表示小数的一种方法。在PHP中,通常使用标准格式和科学记数法格式表示浮点数(例如, $fnum3= 3.14E6;表示科学记数法格式$3.14 \times 10^6$)。

基础数据类型
bool(布尔型)
int(整型)
float(浮点型)
string(字符串型)

图16-35 数据类型

● 字符串型：是由连续的字母、数字或字符组成的字符序列。PHP提供了4种表示字符串的方式，分别为单引号、双引号、heredoc语法结构和nowdoc语法结构。

## 16.3.6 选择结构语句

选择结构语句指的就是需要对一些条件作出判断，从而决定执行指定的代码。PHP中常用的选择结构语句有if、if…else、if…elseif…else等，具体介绍如下。

### 1. if单分支语句

if条件判断语句也称单分支语句，当满足某种条件时，就进行某种处理。例如，只有年龄大于等于18周岁，才输出已成年，否则无输出。具体语法和示例如下：

```
if(判断条件){
    代码段
}
```

```
if($age>=18){
    echo'已成年';
}
```

在上述语法中，判断条件是一个布尔值，当该值为true时，执行"{}"中的代码段，否则不进行任何处理。其中，当代码块中只有一条语句时，"{}"可以省略。

### 2. if…else语句

if…else语句也称双分支语句，当满足某种条件时，就进行某种处理，否则进行另一种处理。例如，判断一个学生的年龄，大于等于18岁则是成年人，否则是未成年人。具体语法和示例如下：

```
if(判断条件){
    代码段1;
}else{
    代码段2;
}
```

```
if($age>=18){
    echo'已成年';
}else{
    echo'未成年';
}
```

在上述语法中，当判断条件为true时，执行代码段1；当判断条件为false时，执行代码段2。

除此之外，PHP还有一种特殊的运算符：三元运算符（又称三目运算符），它也可以完成if…else语句的功能，其语法和示例如下。

```
条件表达式?表达式1:表达式2
```

```
echo $age>=18?'已成年':'未成年';
```

在上述语法格式中，先求条件表达式的值，如果为真，则返回表达式1的执行结果；如果条件表达式的值为假，则返回表达式2的执行结果。

值得一提的是，当表达式1与条件表达式相同时，可以简写，省略中间的部分。例如，在规定学生的年龄 $age是自然数（>=0）的情况下，示例如下：

```
条件表达式?:表达式2
```

```
echo $age?:'还未出生';
```

### 3. if…elseif…else语句

if…elseif…else语句称多分支语句，用于针对不同情况进行不同的处理。例如，对一个学生的考试成绩进行等级的划分，若分数在90~100分为优秀，分数在80~90分为良好，分数在70~80分为中等，分数在60~70分为及格，分数小于60则为不及格。具体语法如下：

```
if(条件1) {
    代码段1;
} elseif(条件2) {
    代码段2;
}
...
elseif(条件n) {
    代码段n;
} else {
    代码段n+1;
}
```

```
if($score>=90) {
    echo'优秀';
} elseif($score>=80){
    echo'良好';
} elseif($score >=70){
    echo'中等';
} elseif($score>=60){
    echo'及格';
} else{
    echo'不及格';
}
```

上述语法中，当判断条件1为true时，则执行代码段1；否则继续判断条件2，若为true，则执行代码段2，依此类推；若所有条件都为false，则执行代码段n+1。

### 4. 跳转语句

跳转语句用于实现程序执行过程中的流程跳转。PHP中常用的跳转语句有break和continue语句。接下来分别进行详细讲解。

1）break语句

break语句可应用在switch和循环语句中：其作用是终止当前语句的执行，跳出switch选择结构或循环语句，执行后面的代码。

2）continue语句

continue语句与break语句的区别在于：前者用于结束本次循环的执行，开始下一轮循环的执行操作；后者用于终止当前循环，跳出循环体。例如，下面是计算1~100以内奇数的和的示例代码：

```
for($i=1,$sum=0;$i<=100;++$i) {
    if ($i%2==0) {          //若为偶数，则不累加
        continue;              //结束本次循环
    }
    $sum+=$i;                  //累加奇数
}
echo'$sum=' . $sum;
```

上述代码中，使用for循环1~100以内的数，遇到偶数时，使用continue结束本次循环，$i不进行累加；遇到奇数时，对$i的值进行累加，最终累加结果为2500。

运行示例代码，运行结果如图16-36所示。

若将示例中的continue修改为break，则当$i递增到2时，该循环终止执行，最终输出的结果为1。运行结果如图16-37所示。

图16-36　continue语句

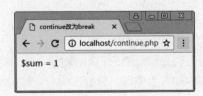

图16-37　将continue改为break

### 16.3.7　函数

在PHP中，函数可以将程序中烦琐的代码模块化，提高程序的可读性，并且便于后期维护。要想使用函数，首先要定义函数，然后再对函数进行调用。在PHP语言中，定义函数的基本语法格式如下：

```
function 函数名([参数1,参数2,…])
{
    函数体…
}
```

从上述语法格式可以看出，函数的定义由关键字function、函数名、参数和函数体4部分组成，关于这4部分的相关说明具体如下。

- function：在声明函数时必须使用的关键字。
- 函数名：函数名称的定义要符合PHP的标识符，且函数名是唯一的，不区分大小写。
- [参数1, 参数2,…]：外界传递给函数的值，它是可选的，多个参数之间使用逗号","分隔。
- 函数体：函数定义的主体，专门用于实现特定功能的代码段。其中，若想要得到一个处理结果，即函数的返回值，需要使用return关键字将需要返回的数据传递给调用者。

当定义好函数之后，就可以调用函数了。在PHP中调用函数的方法十分简单，只需要引用函数名，并赋予正确的参数即可，调用函数的基本语法格式如下：

```
函数名(参数1,参数2,…)
```

需要注意的是，函数必须在定义之后才能调用。

**课堂体验：电子案例 16-1**
函数的嵌套和调用

扫码看案例

### 16.3.8　数组

在程序中，经常需要对一批数据进行操作。例如，统计某公司100位员工的平均工资。如果使用变量来存放这些数据，就需要定义100个变量，显然这样做很麻烦，而且容易出错。这时，可以使用数组进行处理。

在使用数组前，首先需要定义数组，在PHP中可以使用array()进行定义。数组中的元素通过"键=>值"的形式表示，各个元素之间使用逗号分隔。具体示例如下：

```
//定义索引数组
$color=array('red','blue');            //省略键时，默认使用0、1作为键
$fruit=array(2=>'apple',5=>'grape');  //指定键
//定义关联数组
```

```
$card=array('id'=>100,'name'=>'Tom');     //使用字符串作为键
//定义空数组、混合型数组
$empty=array();                           //空数组
$mixed=array(0,'str',true,array(1,2));    //数组元素支持多种数据类型，支持
多维数组
$data=array('name'=>'test',123);          //此时123省略键，默认使用0作为键
$list=array(5=>'a','id'=>'b',123);        //此时123省略键，默认使用6作为键
(即5+1)
```

从上述代码可以看出，当不指定数组的"键"时，默认"键"从0开始，依次递增，但当其前面有用户指定的索引时，PHP会自动将前面最大的整数下标加1，作为该元素的下标。需要注意的是，在定义数组时，数组元素的键只有整型和字符串两种类型。

另外，从PHP 5.4版本起，新增了定义数组的简写语法"[ ]"，具体示例如下：

```
$color=['red','blue'];     //相当于: array('red','blue')
$fruit=['a'=>'apple','b'=>'grape'];
//相当于: array('a'=>'apple','b'=>'grape')
$number=[[1,2],[3,4]];     //相当于: array(array(1,2),array(3,4))
```

从上述代码可以看出，使用简写语法"[ ]"定义数组的语法与array()语法类似，但书写更加方便。

数组定义完成后，若想要查看数组中某个具体的元素，则可以通过"数组名[键]"的方式获取，例如下面的示例代码：

```
$sub=['PHP','Java','C','Android'];
$data=['goods'=>'clothes','num'=>49.90,'sales'=>500];
echo $sub[1];              //输出结果: Java
echo $sub[3];              //输出结果: Android
echo $data['goods'];       //输出结果: clothes
echo $data['sales'];       //输出结果: 500
```

通过上述代码可以看出。当省略键时，会默认使用0、1等数字作为键。当制定字符作为键时，可以通过调用字符键获取数组元素。

## 16.4 MySQL快速入门

MySQL自带命令行管理工具（命令行管理工具可以理解为和计算机进行交互的命令窗口），当启动服务器后，在命令窗口中通过命令行操作MySQL进行数据库创建，管理用户权限、执行查询等。虽然命令行工具没有提供图形化的便利性，但是性能快捷，不需要安装第三方插件，适合本地的MySQL数据库管理员。本节将对MySQL的基本操作进行具体讲解，带领大家快速入门。

### 16.4.1 MySQL登录与密码设置

想要使用MySQL管理数据库，首先要登录MySQL数据库，同时为了数据库的安全，还需要为数据库设置密码。下面将介绍登录MySQL的方法和密码设置的方法。

1）登录MySQL

在访问和操作数据前，首先要登录数据库，在"命令提示符"窗口先输入如下代码：

```
cd C: \web\mysql5.7\bin
```

待切换到bin目录下再输入如下所示命令（不设置密码使用该命令）：

```
mysql -h localhost -u root
```

在上述命令中，-h localhost表示登录的服务器主机地址为localhost（本地服务器），可换成服务器的IP地址，如127.0.0.1，也可以省略，MySQL在默认情况下会自动访问本地服务器；-u root表示以root用户的身份登录。成功登录MySQL服务器后，运行效果如图16-38所示。

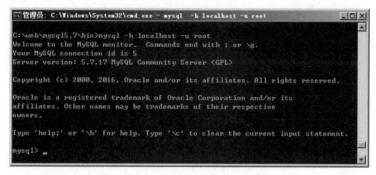

图16-38 登录MySQL数据库

值得一提的是，如果需要退出MySQL，直接使用exit或quit命令即可。

2）设置密码

为了保护数据库的安全，需要为登录MySQL服务器的用户设置密码。下面以设置root用户的密码为例，具体执行的命令如下：

```
SET PASSWORD FOR'root'@'localhost'=PASSWORD('123456');
```

上述命令表示为localhost主机中的root用户设置密码，密码为123456。当设置密码后，退出MySQL，然后重新登录时，就需要输入刚才设置的密码。

在登录有密码的用户时，需要使用的命令如下：

```
mysql -h localhost -u root -p123456
```

在上述命令中，-p123456表示使用密码123456进行登录。如果在登录时不希望被直接看到密码，可以省略-p后面的密码，然后按【Enter】键，MySQL会显示Enter password：提示输入密码。如果想要取消设置的密码，可以使用下面的命令。

```
SET PASSWORD FOR'root'@'localhost'='';
```

## 16.4.2 数据库管理

数据库的管理是指使用数据库管理命令对数据库进行查看、创建、选择以及删除等操作。表16-6列举了常用的数据库管理命令。

表16-6　常用的数据库管理命令

| 功能 | 示　例 | 描　述 |
| --- | --- | --- |
| 查看数据库 | SHOW DATABASES; | 显示MySQL数据库服务器中已有的数据库 |
| 创建数据库 | CREATE DATABASE `itheima`; | 创建一个名称为itheima的数据库 |
| 选择数据库 | USE `itheima`; | 选择数据库itheima进行操作 |
| 删除数据库 | DROP DATABASE `itheima`; | 删除数据库itheima |

在创建和删除指定数据库时，为了防止创建的数据库已存在或删除的数据库不存在，导致程序报错，可以在操作的数据库名称前添加IF NOT EXISTS或IF EXISTS，具体代码如下：

```
CREATE DATABASE IF NOT EXISTS 'itheima';
DROP DATABASE IF EXISTS 'itheima';
```

需要注意的是，为了避免用户自定义的名称与系统命令冲突，最好使用反引号（`）包裹数据库名称、字段名称和数据表名称。在键盘中，反引号（`）与单引号（'）是两个不同的键，如图16-39所示。

图16-39　反引号与单引号的键盘位置

### 16.4.3　数据表管理

数据表是数据库中最基本的数据对象，用于存放数据。在MySQL中同样可以使用一些命令对数据表进行操作。下面将从创建数据表和数据表的其他操作两方面，详细讲解数据表的管理方法。

#### 1．创建数据表

若想要使用数据表，首先要选择数据库，确定是在哪个数据库中创建的数据表；其次要根据项目需求创建数据表，然后才能对数据表中的数据进行具体操作。MySQL中数据表的基本创建方式如下。

1）创建并选择数据库

```
CREATE DATABASE IF NOT EXISTS 'itheima';
USE'itheima';
```

2）创建学生信息表

```
CREATE TABLE IF NOT EXISTS 'student' (
 'id' INT UNSIGNED PRIMARY KEY AUTO_INCREMENT COMMENT '学号',
 'name' VARCHAR(32) NOT NULL COMMENT '姓名',
```

```
'gender' ENUM('男', '女') DEFAULT'男' NOT NULL COMMENT '性别'
) DEFAULT CHARSET=utf8;
```

上述SQL语句中，关键字CREATE TABLE用于创建数据表，创建的表名为student，字段名分别为id、name和gender，关于字段后的描述，具体如表16-7所示。

表16-7　SQL语句解读

| 语　　句 | 说　　明 |
|---|---|
| INT | 常规整数，有符号取值范围：$-2^{31}$~$2^{31}-1$，无符号取值范围：$0$~$2^{32}-1$ |
| VARCHAR(32) | 用于表示可变长度的字符串，最多保存32个字符 |
| ENUM('男','女') | 枚举类型，其值只能男或女 |
| UNSIGNED | 用于设置字段数据类型是无符号的 |
| PRIMARY KEY | 用于设置主键，唯一标识表中的某一条记录 |
| AUTO_INCREMENT | 用于表示自动增长，每增加一条记录，该字段会自动加1 |
| NOT NULL | 表示该字段不允许出现NULL值 |
| DEFAULT | 用于设置字段的默认值 |
| DEFAULT CHARSET=utf8 | 用于设置该表的默认字符编码为utf8 |
| COMMENT | 用于表示注释内容 |

表16-7对SQL语句中的数据类型、约束等内容进行了简单的讲解。SQL的相关知识还有很多，这里不再一一介绍，读者可查看其他资料进行系统学习。

**2．数据表的其他操作**

对于一个创建好的数据表，可以进行查看表结构、修改表结构，或者删除不需要的数据表等操作。数据表的常用操作如表16-8所示。

表16-8　数据表的常用操作

| 功能 | 示　　例 | 描　　述 |
|---|---|---|
| 查看数据表 | SHOW TABLES; | 查看数据库中已有的表 |
| 查看表结构 | DESC \`student\`; | 查看指定表的字段信息 |
| | DESC \`student\` \`name\`; | 查看指定表的某一列信息 |
| | SHOW CREATE TABLE \`student\`\G | 查看数据表的创建语句和字符编码 |
| | SHOW COLUMNS FROM \`student\`; | 查看表的结构 |
| 修改表结构 | ALTER TABLE \`student\` ADD \`area\` VARCHAR(100); | 添加字段 |
| | ALTER TABLE \`student\` CHANGE \`area\` \`desc\` CHAR(50); | 修改字段名称 |
| | ALTER TABLE \`student\` MODIFY \`desc\` VARCHAR(255); | 修改字段类型 |
| | ALTER TABLE \`student\` DROP \`desc\`; | 删除指定字段 |
| | ALTER TABLE \`student\` RENAME \`stu\`; | 修改数据表名称 |

续表

| 功能 | 示 例 | 描 述 |
|------|------|------|
| 重命名 | RENAME TABLE \`stu\` TO \`student\`; | 将名字为stu的表重命名为student |
| 删除数据表 | DROP TABLE IF EXISTS \`student\`; | 删除存在的数据表student |

### 16.4.4 数据管理

数据管理是指对数据进行添加、查询、修改以及删除等操作，这些操作在项目开发中是必不可少的操作过程。下面从添加数据、查询数据、修改数据、删除数据几个方面对数据管理的基本知识做具体讲解。

**1．添加数据**

为数据表添加数据时，可以根据实际需求确定是指定字段插入还是省略字段插入。例如，有一个名称为student的学生姓名和性别的信息统计表，如果想要在这个数据表添加数据，可以使用以下两种方式添加数据。

1）指定字段插入

```
INSERT INTO 'student' VALUES ('name','gender')
('Tom','男'),('Lucy','女'),('Jimmy','男'),('Amy','女');
```

2）省略字段插入

```
INSERT INTO 'student' VALUES
(NULL,'Elma','女'),(NULL,'Ruth','女');
```

在上面两种添加数据的方式中，当省略字段列表执行插入操作时，则必须严格按照数据表定义字段时的顺序，在值列表中为字段指定相应的数据。若字段设置为自动增长，添加数据时可以使用NULL进行占位。

**2．查询数据**

在对数据进行查询时，不仅可以查询所有数据，还可以指定字段或按照特定条件进行查询。下面演示几种常用的查询示例。

```
SELECT * FROM 'student';                        #查询表中所有数据
SELECT ' name' FROM 'student';                  #查询表中指定字段
SELECT * FROM 'student' WHERE 'id'=2;           #查询id等于2的学生信息
SELECT * FROM 'student' WHERE 'id' IN(4,5);     #查询id为4或5的学生信息
SELECT * FROM 'student' WHERE NAME LIKE '%y';   #查询名字以y结尾的学生信息
SELECT * DROP FROM 'student' ORDER BY 'name' ASC;  #将查询结果按照名字升序排序
SELECT * FROM 'student' LIMIT 1,2;              #查询结果从第2个开始，至多有2个
SELECT'gender ',COUNT(*) FROM 'student' GROUP BY 'gender';
                                                #按性别查询男女各有多少人
```

在上述语句中，FROM用于指定待查询的数据表，WHERE用于指定查询条件，IN关键字用于判断某个字段的值是否在指定集合中；LIKE用于模糊查询，"%"表示一个或多个字符；ORDER BY用于将查询结果按照指定字段进行排序，ASC表示升序，DESC表示

降序，LIMIT用于限定查询结果，GROUP BY用于按照指定字段进行分组查询。

### 3．修改数据

修改数据是数据库中常见的操作。例如，将学生信息表中学号为6的学生改名为Tess，具体代码如下：

```
UPDATE 'student ' SET'name'='Tess' WHERE 'id'=6;   #有条件修改
UPDATE 'student ' SET'name'='Tess';                #无条件修改
```

需要注意的是，在执行UPDATE语句时，若没有使用WHERE语句限定，数据表会更新表中所有记录的指定字段，因此在实际开发中请谨慎使用。

### 4．删除数据

在数据库中，若有些数据已经失去意义或者错误时，就需要将它们删除。常用的几种方式如下：

```
DELETE FROM 'student ' WHERE 'gender'='女';   #删除部分数据
DELETE FROM 'student ';                        #删除全部数据
TRUNCATE 'student';                            #清空数据表
```

在上述SQL语句中，DELETE和TRUNCATE的区别是：前者可以加上WHERE子句，只删除满足条件的部分记录，再次向表中添加记录时，不影响自动增长值；而后者只能用于清空表中的所有记录，且再次向表中添加记录时，自动增加字段的默认初始值将重新由1开始。

## 16.4.5　phpMyAdmin的使用

在对MySQL数据库直接操作时，命令行工具的使用对于初学者来说相对比较困难，也不方便。因此，大多数开发者会选择直接使用图形化管理工具进行操作。其中，以PHP为基础的MySQL数据库管理工具phpMyAdmin是初学者常用的工具之一。下面将分步骤讲解如何使用phpMyAdmin管理MySQL数据库。

### 1．部署phpMyAdmin

在phpMyAdmin的官方网站http://www.phpmyadmin.net下载软件，下载后解压到C:\web\apache2.4\htdocs\phpmyadmin目录中即可，如图16-40所示。

图16-40　部署phpMyAdmin

### 2.访问phpMyAdmin

在访问phpMyAdmin时，要确保php.ini中已经开启了下面的PHP扩展代码，否则将不能访问。

```
extension=php_mbstring.dll
extension=php_mysqli.dll
```

在访问phpMyAdmin时需要输入登录密码，如果没有设置密码，需要为服务器设置登录密码，例如我们设置123456为登录密码。

在浏览器中访问，可以看到phpMyAdmin的登录页面，如图16-41所示。在phpMyAdmin的登录页面中输入MySQL服务器的用户名root和密码123456进行登录即可。

如果此时phpMyAdmin无法启动并提示缺少上述扩展，则修改php.ini文件开启扩展即可。

图16-41 访问phpMyAdmin

### 3.phpMyAdmin面板

在登录后，即可看到phpMyAdmin的主界面，如图16-42所示。phpMyAdmin有中文语言界面，管理数据库非常简单和方便，可以进行SQL语句的调试、数据导入导出等操作。

图16-42 phpMyAdmin窗口

在图16-42所示的phpMyAdmin窗口中，左侧列出的是最近使用的数据库列表，单击某数据库名称就会切换到该数据库的管理窗口。上方是导航按钮，可以进行主页、数据库等的切换。中间是设置面板，可以进行一些常规设置以及数据库的一些基本操作。

右侧是信息面板，用于显示数据库服务器以及网站服务器等的相关信息，如类型、版本等。

# 16.5　PHP访问MySQL

## 16.5.1　PHP的相关扩展

PHP作为一门编程语言，其本身并不具备操作数据库的功能。因此，若想要在项目开发中，完成PHP应用和MySQL数据库之间的交互，需要借助PHP提供的数据库扩展。在PHP中提供了多种数据库扩展，其中常用的有MySQL扩展、MySQLi扩展和PDO扩展，它们各自的特点如下。

1）MySQL扩展

MySQL扩展是针对MySQL 4.1.3或更早版本设计的，是PHP与MySQL数据库交互的早期扩展。其不支持MySQL数据库服务器的新特性，且安全性差，在项目开发中不建议使用，可用MySQLi扩展代替。在PHP 7中，已经彻底淘汰了MySQL扩展。

2）MySQLi扩展

MySQLi扩展是MySQL扩展的增强版，它不仅包含了所有MySQL扩展的功能函数，还可以使用MySQL新版本中的高级特性。例如，多语句执行和事务的支持，预处理方式解决了SQL注入问题等。MySQLi扩展只支持MySQL数据库，如果不考虑其他数据库，该扩展是一个非常好的选择。

虽然MySQLi扩展默认情况下已经安装，但使用时需要开启。打开PHP的配置文件php.ini，找到如下一行配置取消注释，然后重新启动Apache服务使配置生效：

```
;extension=php_mysqli.dll
```

接着编写一个测试文件，通过调用phpinfo()函数，查看MySQLi扩展是否开启成功，成功即可看到如图16-43所示的信息。

3）PDO扩展

PDO是PHP Data Objects（PHP数据对象）的简称，它提供了一个统一的API接口，只要修改其中的DSN（数据源），就可以实现PHP应用与不同类型数据库服务器之间的交互。PDO扩展解决了早期PHP版本中，不同数据库扩展的应用程序接口互不兼容的特点，提高了程序的可维护性和可移植性。

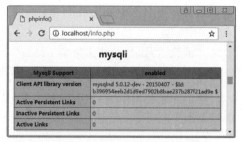

图16-43　查看MySQLi扩展

## 16.5.2　PHP访问MySQL的基本步骤

通过前面的学习，我们了解到，想要完成对MySQL数据库的操作，首先需要启动MySQL数据库服务器，然后输入用户名和密码，最后选择要操作的数据库，执行具体SQL语句获取到结果。

同样的，在PHP应用中，要想完成与MySQL服务器的交互，也需要经过上述步骤。

PHP访问MySQL的基本步骤具体如图16-44所示。

图16-44　PHP访问MySQL的基本步骤

# 16.6　MySQLi扩展的使用

MySQLi扩展根据PHP操作MySQL的基本操作步骤，提供了大量的函数，用于完成对应步骤的功能实现，让项目开发变得轻松便捷。接下来本节将针对MySQLi扩展的常用函数进行讲解。

## 16.6.1　连接数据库

MySQLi扩展为PHP与数据库的连接提供了mysqli_connect()函数，其声明方式如下：

```
mysqli mysqli_connect(
    string $host=ini_get('mysqli.default_host'),        //主机名或IP
    string $username=ini_get('mysqli.default_user'),    //用户名
    string $passwd=ini_get('mysqli.default_pw'),        //密码
    string $dbname='',                                  //数据库名
    int $port=ini_get('mysqli.default_port'),           //端口号
    string $socket=ini_get('mysqli.default_socket')     //socket通信
)
```

上述语法中，mysqli_connect()函数共有6个可选参数，当省略参数时，将自动使用php.ini中配置的默认值。连接成功时，该函数返回一个表示数据库连接的对象；连接失败时，函数返回false，并提示Warning级错误信息。其中，参数$ socket表示mysql.sock文件路径（用于Linux环境），通常不需要手动设置。

为了让读者更好地掌握mysqli_connect()函数的用法，接下来通过一个示例来演示如何将数据库的连接，具体代码如下：

```php
<?php
//连接数据库
$link=mysqli_connect('localhost','root','123456','itheima',
'3306');
//查看连接数据库是否正确
echo $link?'连接数据库成功': '连接数据库失败';
```

上述代码表示连接的MySQL服务器主机为localhost，用户为root，密码为123456，选择的数据库为itheima，端口号为3306。其中，在数据库连接时，若服务器的端口号为

3306，则可以省略此参数的传递。

接下来在浏览器中运行此文件，连接成功时返回"连接数据库成功"的提示；但若将密码修改为abc则会出现如图16-45所示的连接失败提示。

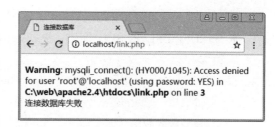

图16-45 连接数据库失败

从图16-45中可以看出，当数据库连接失败时，mysqli_connect()函数给出的错误提示信息并不友好。为此，修改示例的第3行代码，利用"@"屏蔽错误信息，让程序只输出指定的提示信息，具体代码如下：

```
$link=@mysqli_connect('localhost','root','1') or exit('数据库连接失败');
```

上述代码中，or是比较运算符，只有左边表达式的值为false时，才会执行右边的表达式；exit用于停止脚本，同时可以输出错误信息。另外，当需要详细的错误信息时，可以通过mysqli_connect_error()函数来获取。

值得一提的是，在使用MySQL命令行工具操作数据库时，需要使用SET NAMES设置字符集，同样在PHP中也需要设置字符集。具体代码如下：

```
//连接数据库
$link=mysqli_connect('localhost','root','123456');
//设置字符集
mysqli_set_charset($link,'utf8');  //成功返回true，失败返回false
```

上述代码通过mysqli_set_charset()函数将字符集设置为utf8。

> 注意：只有保持PHP脚本文件、Web服务器返回的编码、网页的<meta>标记、PHP访问MySQL使用的字符集都统一时，才能避免中文出现乱码问题。

## 16.6.2 执行SQL语句

完成PHP与MySQL服务器的连接后，就可以通过SQL语句操作数据库了。在MySQLi扩展中，通常使用mysqli_query()函数发送SQL语句，获取执行结果。函数的声明方式如下：

```
mixed mysqli_query (
  mysqli $link,                      //数据库连接
  string $query,                     //SQL语句
  int $resultmode=MYSQLI_STORE_RESULT  //结果集模式(可选)
)
```

在上述声明中，$link表示通过mysqli_connect()函数获取的数据库连接，$query表示SQL语句。当函数执行SELECT、SHOW、DESCRIBE或EXPLAIN查询时，返回值是查询结果集，而对于其他查询，执行成功返回true，否则返回false。此外，可选参数$resultmode表示结果集模式，其值可以是以下两种常量。

- MYSQLI_STORE_RESULT模式：会将结果集全部读取到PHP端。
- MYSQLI_USE_RESULT模式：仅初始化结果集检索，在处理结果集时进行数据读取。

接下来通过一个示例来演示如何使用函数mysqli_query()执行SQL语句，具体代码如下：

```php
1  <?php
2  //连接数据库
3  $link=mysqli_connect('localhost','root','123456');
4  mysqli_set_charset($link,'utf8');              //设置字符集
5  mysqli_query($link,'USE'itheima'');            //选择数据库
6  //执行SQL语句，并获取结果集
7  $result=mysqli_query($link,'SHOW TABLES');
8  if(!$result) {
9    exit('错误信息：' . mysqli_error($link));
10 }
```

在上述代码中，第5行代码用于通过mysqli_query()函数实现数据库的选择；第7行用于查询当前数据库itheima中已有的数据表；第8行代码用于对获取的结果集进行判断，若$result的值为false，说明SQL执行失败，然后在第9行调用mysqli_error()函数获取错误信息。

### 16.6.3　处理结果集

由于函数mysqli_query()在执行SELECT、SHOW、EXPLAIN或DESCRIBE的SQL语句后，返回的是一个资源类型的结果集，因此需要使用函数从结果集中获取信息。MySQLi扩展中常用的处理结果集的函数如表16-9所示。

表16-9　MySQLi扩展中常用的处理结果集的函数

| 函 数 名 | 描　　述 |
| --- | --- |
| mysqli_num_rows() | 获取结果中行的数量 |
| mysqli_fetch_all() | 获取所有的结果，并以数组方式返回 |
| mysqli_fetch_array() | 获取一行结果，并以数组方式返回 |
| mysqli_fetch_assoc() | 获取一行结果，并以关联数组方式返回 |
| mysqli_fetch_row() | 获取一行结果，并以索引数组方式返回 |

在表16-9中，函数mysqli_fetch_all()和mysqli_fetch_array()的返回值都支持关联数组和索引数组两种形式，它们的第一个参数表示结果集，第二个参数是可选参数，用于设置返回的数组形式，其值是一个常量，具体形式如下。

- MYSQLI_ASSOC：表示返回的结果是一个关联数组。
- MYSQLI_NUM：表示返回的结果是一个索引数组。
- MYSQLI_BOTH：表示返回的结果中包含关联和索引数组，该常量为默认值。

### 16.6.4　其他操作函数

MySQLi扩展不仅为PHP连接数据库、执行SQL语句提供了函数，还为方便开发提供很多其他常用的操作函数。例如，获取插入操作时产生的ID号、SQL语句中特殊字符的

转义等。表16-10所示列举了MySQLi扩展的其他常用操作函数，读者也可以参考PHP手册了解更多内容。

表16-10　MySQLi扩展的其他常用操作函数

| 函　　数 | 描　　述 |
|---|---|
| mysqli_insert_id() | 获取上一次插入操作时产生的ID号 |
| mysqli_affected_rows() | 获取上一次操作时受影响的行数 |
| mysqli_real_escape_string() | 用于转义SQL语句字符串中的特殊字符 |
| mysqli_error() | 返回最近函数调用的错误代码 |
| mysqli_free_result() | 释放结果集 |
| mysqli_close() | 关闭数据库连接 |

在表16-10中，mysqli_free_result()函数用于释放结果集占用的系统内存资源，mysqli_close()函数用于释放打开的数据库连接。需要注意的是，由于PHP访问MySQL使用了非持久连接，因此，当PHP脚本执行结束时会自动释放，一般情况下就不再需要使用mysqli_close()函数了。

**多学一招：对比MySQLi与MySQL扩展**

MySQLi扩展支持两种语法：一种是面向过程语法，另一种是面向对象语法。其中，上面讲解的都是MySQLi面向过程的语法，它与MySQL扩展用法非常相似，都是用函数完成PHP与MySQL的交互。

下面以PHP操作MySQL的基本操作步骤所涉及的函数为例，对比MySQL扩展和MySQLi扩展的使用区别，具体如表16-11所示。

表16-11　对比MySQLi与MySQL扩展

| 基本步骤 | MySQL扩展 | MySQLi扩展 |
|---|---|---|
| 连接和选择数据库 | mysql_connect() | mysqli_connect() |
| 执行SQL语句 | mysql_query() | mysqli_query() |
| 处理结果集 | mysql_num_rows() | mysqli_num_rows() |
| | mysql_fetch_array() | mysqli_fetch_array() |
| | mysql_fetch_assoc() | mysqli_fetch_assoc() |
| | mysql_fetch_row() | mysqli_fetch_row() |
| 释放结果集 | mysql_free_result() | mysqli_free_result() |
| 关闭连接 | mysql_close() | mysqli_close() |

从表16-11可以看出，MySQLi扩展在函数名上保持了和MySQL扩展相同的风格，可以帮助只会用MySQL扩展的开发者快速上手使用MySQLi扩展。

# 习　题

一、判断题

1. PHP需要单独存放在一个文件中，不能嵌入HTML结构代码内部。　　（　　　）
2. 在PHP中，通过var声明变量。　　　　　　　　　　　　　　　　（　　　）
3. 在管理数据表时，SHOW DATABASES;用于查看数据表。　　　　（　　　）
4. 使用指定字段方式插入数据时，必须严格按照数据表定义字段时的顺序。（　　　）
5. PHP提供的数据扩展方式有两种，分别为MySQL扩展和MySQLi扩展。　（　　　）

二、选择题

1. （多选）下列选项中，属于PHP输出语句的是（　　　）。

　　A. echo　　　　　　　　B. print　　　　　　　C. print_r()　　　　　　D. var_dump()

2. （多选）下列选项中，属于PHP基础数据类型的是（　　　）。

　　A. Bool　　　　　　　　B. int　　　　　　　　C. float　　　　　　　　D. string

3. （多选）下列选项中，属于PHP跳转语句的是（　　　）。

　　A. break　　　　　　　　B. continue　　　　　　C. else　　　　　　　　D. until

4. （多选）下列选项中，属于数据库管理命令的是（　　　）。

　　A. SHOW DATABASES;　　　　　　　　　B. CREATE DATABASE `itheima`;

　　C. USE `itheima`;　　　　　　　　　　　　D. DROP DATABASE `itheima`;

5. （多选）关于MySQLi扩展的描述，下列选项正确的是（　　　）。

　　A. MySQLi扩展是MySQL扩展的增强版

　　B. MySQLi扩展仅包含了所有MySQL扩展的功能函数

　　C. MySQLi扩展只支持MySQL数据库

　　D. MySQLi扩展只支持多种数据库

三、简答题

1. 简要描述静态网站和动态网站。
2. 简要描述PHP访问MySQL的基本步骤。

# 第 ⑰ 章 项目实战——手绘日记

**学习目标：**

◎熟悉网站规划的基本流程，能够整体规划网站页面。

◎了解Dreamweaver工具的使用，能够使用Dreamweaver工具建立站点和模板。

◎掌握网站静态页面的搭建技巧，完成"手绘日记"项目首页以及登录注册页面的搭建。

◎掌握JavaScript的使用技巧，能够制作焦点图自动切换效果。

◎了解动态网站开发技术，熟悉静态网站转变为动态网站的原理。

在深入学习了前面知识后，相信初学者已经熟练掌握了网站建设的相关技巧。本章将运用前面所学的知识开发一个网站项目——"手绘日记"。本章将制作"手绘日记"的首页、登录页、注册页等三个页面，详细讲解一个网站项目从无到有的制作过程。

## 17.1　网页设计规划

在网站建设之前，需要对网站进行一个整体的设计规划。本节将从确定网站的主题、规划网站的结构、搜集需要的素材、制作页面效果图4个方面对"手绘日记"网站做详细的设计规划。

### 17.1.1　确定网站主题

一般企业网站都会根据自己的产品或者业务领域来确定网站的主题。"手绘日记"是一家专门从事手绘培训的教育机构，是专为零基础的成年美术爱好者、艺术爱好者、想通过美术提高自己工作技能的美术工作者而成立的大型连锁美术培训机构。因此该网站的主题可已从业务领域来确定——艺术手绘教育类网站。确定了主题之后，就可以确定一些和网站相关的要素具体如下。

#### 1．网站定位

手绘日记是一个从事手绘教育培训的企业类网站，用于展示教育产品、教育服务和优秀师资，提升手绘日记的知名度，将手绘日记的优秀资源推广给更多的用户。

## 2．网站色调

手绘日记项目选取青色作为网站的主色调。青色取于蓝色和绿色之间，目前教育类网站多以蓝色和绿色为主，青色既有蓝色的稳重、睿智，又有绿色的希望、友善。同时将深灰色作为网站的辅助色，通过深灰色寓意体现了教育类网站的思考和探究。图17-1所示为网站的主色和辅助色。

图17-1　网站色调

## 3．网站风格

网站整体将采用扁平的设计风格，整体界面让人感觉简洁、清晰明了。在界面中通过模块来区别不同的功能区域，将各部分内容以最简单和直接的方式呈现出来，减少用户的认知障碍。

## 17.1.2　网站结构规划

在对网站进行结构规划时，可以在草稿或者XMind上做好企业网站的整体框架结构设计，设计的过程中要注意好企业网站基本结构中，每一个网页之间的层级关系，在兼顾页面关系之余还要考虑好网站后续的可扩充性，以确保网站在后期能够随时扩展。

企业类网站一般都有一些通用的模块，例如，首页、产品、新闻、联系我们等，根据企业类网站的特点和"手绘日记"网站的特殊需求，可以将网站框架初步划分为首页、课堂、文章、找灵感、关于我们、学员作品6类，如图17-2所示。

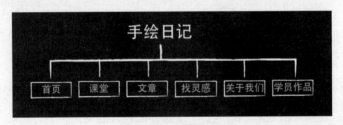

图17-2　网站框架

在图17-2所示的"手绘日记"网站框架中，首页在整个网站所占比重较大，因此应该首先规划首页的功能模块。首页的设计要求有重点、有特色的全面概述网站内容，使访问者全面、便捷地了解网站信息资源。子级页面要与首页保持色彩风格一致，仅仅是内容区域的变化，其余保持不变。

在设计网站界面之前，可以先勾勒网站的原型图。首页设计是整个网站的重中之重，不仅要将子级页面核心内容融于功能模块中，还要考虑结构布局。手绘日记网站首页信息量比较大，可以将内容划分为左、中、右三大块（也就是三列布局），如图17-3所示。

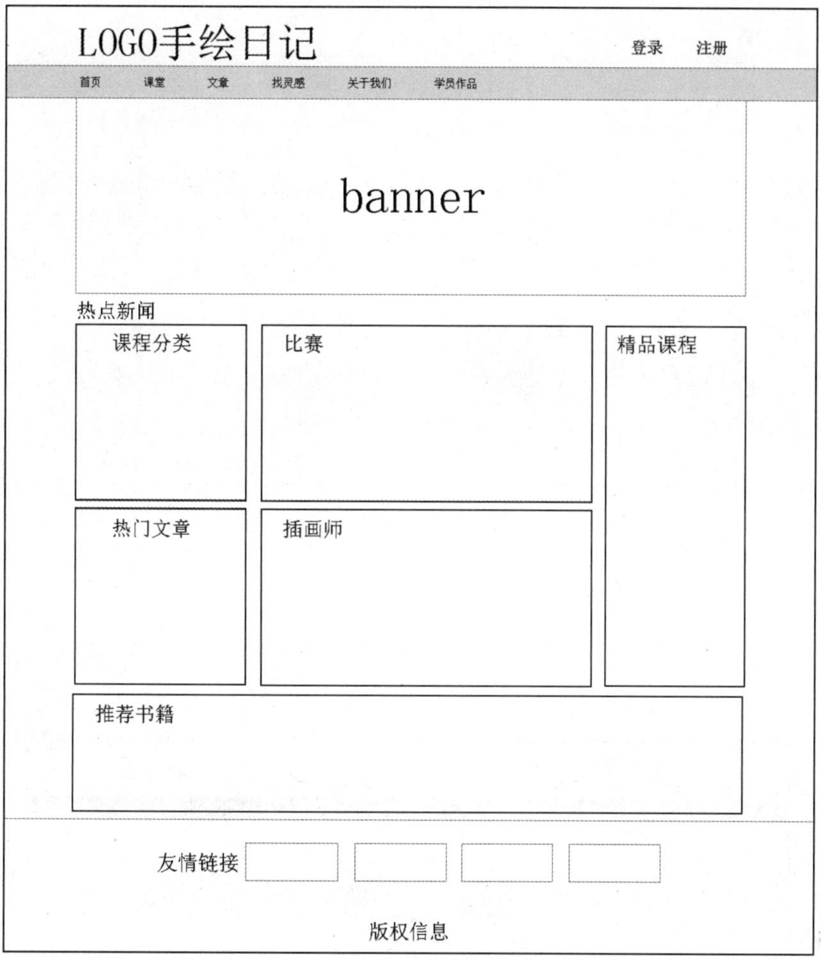

**图17-3 首页原型图**

## 17.1.3 收集素材

整体规划后进入收集素材阶段。可以根据需要搜集一些网站建设需要的素材，如文本素材、图片素材等。

### 1．文本素材

文本素材的收集渠道比较多，通过到同行、竞争者网站的收集整理。手绘日记是一个自学手绘的网站，可以到虎课网、视达网、优设网进行文本素材的搜集，然后分析总结出其他网站文本内容撰写的优缺点。值得一提的是，文本内容需要重新进行优化，将文章素材进行再加工转化为网站原创内容。

### 2．图片素材

搜集图片素材可以到千图网、觅元素、包图网、摄图网等免费设计素材图库网站。在搜集图片素材时要考虑是否和网站风格一致，以及图片是否清晰。图17-4所示为网站首页搜集修改的部分素材图片。

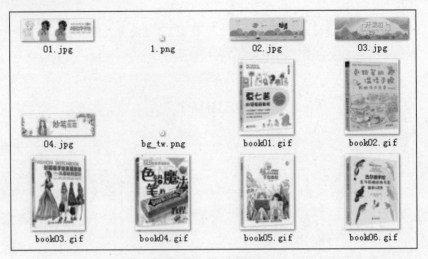

图17-4　素材图片

### 17.1.4　设计网页效果图

根据前期的准备工作，明确项目设计需求后，接下来就需要完成网页效果图。本章制作的效果图包括首页、注册页和登录页三个页面，效果分别如图17-5~图17-7所示。

图17-5　首页

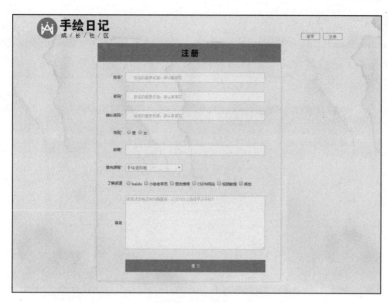

图17-6　注册页

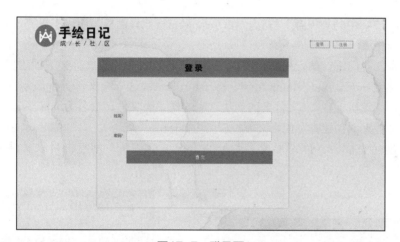

图17-7　登录页

## 17.2　使用Dreamweaver工具建立站点

站点对于制作维护一个网站很重要，它能够帮助我们系统地管理网站文件。一个网站，通常由HTML网页文件、图片、CSS样式表等构成。使用Dreamweaver工具建立"手绘日记"站点主要包括以下几个步骤。

1）创建网站根目录

在D盘新建一个文件夹作为网站根目录，将文件夹命名为shouhui。

2）在根目录下新建文件

打开网站根目录shouhui，在根目录下新建css文件夹、images文件夹和javascript文件夹，分别用于存放网站建设中的CSS样式文件、图像素材和JavaScript文件。

3）新建站点

打开Dreamweaver工具，在菜单栏中选择"站点→新建站点"命令，在弹出的对话框中输入站点名称（站点名称要和根目录名称一致）。然后，浏览并选择站点根目录的存储位置，如图17-8所示。

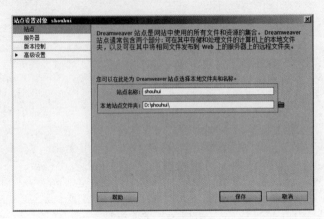

图17-8　新建站点

单击图17-8中的"保存"按钮，在Dreamweaver工具面板组中可查看到站点的信息，表示站点创建成功，如图17-9所示。

接下来，我们进行站点初始化设置。首先，在网站根目录文件夹下创建三个HTML5文件，命名为index.html、login.html、register.html，这三个文件分别表示首页、登录页、注册页。然后，在CSS文件夹内创建对应的样式表文件，命名为index.css。最后，在JavaScript文件夹内创建脚本代码文件，命名为index.js。

页面创建完成后，网站形成了明晰的组织结构关系，站点根目录文件夹结构如图17-10所示。

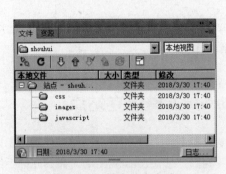

图17-9　站点建立完成

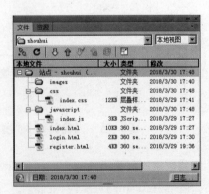

图17-10　站点根目录文件夹结构

# 17.3　切　　图

为了提高浏览器的加载速度，或是满足一些版面设计的特殊要求，通常需要把效果图中有用的部分剪切下来作为网页制作时的素材，这个过程称为"切图"。切图的目的是把设计效果图转化成网页代码。常用的切图工具主要有Photoshop和Fireworks。

**课堂体验：电子案例 17-1**
切片工具的使用方法

# 17.4 搭建静态页面

在上面的小节中，我们完成了制作网页所需的相关准备工作，接下来，本节将带领大家分析效果图，并完成页面的制作。

## 17.4.1 效果图分析

只有熟悉页面的结构及版式，才能更加高效地完成网页的布局和排版。下面对页面效果图的HTML结构、CSS样式和JavaScript特效进行分析，具体介绍如下。

### 1．HTML结构分析

观察首页效果图，可以看出整个页面大致可以分为头部、导航、banner焦点图、通知公告、主体内容、版权信息等6个模块，具体结构如图17-11所示。

图17-11　首页结构图

当单击首页的"登录"或"注册"按钮后，页面会跳转到登录页面或注册页面。接下来分析一下登录页面的基本结构。

观察注册页和登录页会发现两个页面的结构相似，均由头部和表单构成，其中头部为注册页和登录页共有的部分，因此可以将头部制作成模板。注册页和登录页的具体结构如图17-12和图17-13所示。

图17-12 注册页结构图

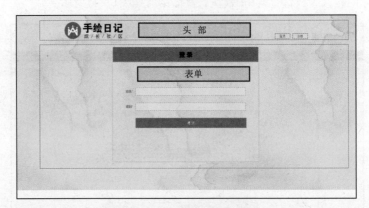

图17-13 登录页结构图

### 2．CSS样式分析

仔细观察页面的各个模块，可以看出，页面导航和版权信息模块通栏显示。经过对效果图的测量，发现其他模块均宽1000px且居中显示。也就是说，页面的版心为1000px。页面的其他样式细节，可以参照效果图，根据前面学习的静态网页制作的知识，分别进行制作。

### 3．JavaScript特效分析

在该页面中，分别在banner焦点图和主体内容部分添加了JavaScript特效。具体介绍如下。

1）banner焦点图

banner焦点图可实现自动轮播，当鼠标移动到轮播按钮时停止轮播，并显示当前轮

播按钮所对应的焦点图，同时按钮的样式发生改变。当鼠标移出时继续执行自动轮播效
果。例如，鼠标移上按钮3时的效果如图17-14所示。

图17-14 焦点图轮播效果展示

2）主体内容

主体内容部分主要实现tab栏切换效果，当鼠标移动到某个标题栏时显示对应的内容
信息，并改变当前标题栏的背景样式。例如，鼠标移动到"行业动态"时效果如图17-15
所示。

| 专业动态 | **行业动态** | | more > |
| --- | --- | --- | --- |
| | 辩论！中国最优秀的动画作品是哪一部？ | | 2018/07 |
| | 测试：你会转到哪所二次元学校读书？ | | 2018/07 |
| | 日宅：最能体现手绘技能的是什么？ | | 2018/06 |
| | 【手绘节操】你的手绘作是临摹哪部作品？ | | 2018/07 |
| | 手绘来袭，全新出击 | | 2018/06 |

图17-15 tab栏切换效果展示

## 17.4.2 页面制作

页面制作是将页面效果图转换为计算机能够识别的标记语言的过程。接下来，将分
步骤完成静态页面的搭建。

### 1. 页面布局

页面布局对于改善网站的外观非常重要，是为了使网站页面结构更加清晰、有条理，
而对页面进行的"排版"。

**课堂体验：电子案例 17-2**
手绘日记首页面进行整体布局

扫码看案例

### 2. 定义公共样式

为了清除各浏览器的默认样式，使得网页在各浏览器中显示的效果一致，在完成页
面布局后，首先要做的是对CSS样式进行初始化并声明一些通用的样式。

**课堂体验：电子案例17-3**

定义 CSS 公共样式

### 3．制作页面头部

网页的头部可以分为左（logo）、右（登录和注册按钮）两部分，如图17-16所示。

图17-16　头部效果图

接下来搭建网页的头部结构。打开index.html文件，在index.html文件内书写头部的HTML结构代码。

**课堂体验：电子案例17-4**

制作页面头部

### 4．制作页面导航

导航部分可以使用无序列表配合超链接制作。导航部分的效果如图17-17所示。

图17-17　页面导航

接下来搭建网页的导航结构。打开index.html文件，在index.html文件内书写导航模块的HTML结构代码。

**课堂体验：电子案例17-5**

制作页面导航

### 5．制作banner和通告

仔细观察效果图17-18，可以看出banner模块分为焦点图和按钮两部分，通告模块分为通知标题和通告内容两部分。

图17-18　banner和通告

接下来搭建网页的banner和通告的结构。打开index.html文件，在index.html文件内书写banner和通告的HTML结构代码。

**课堂体验：电子案例 17-6**
制作 banner 和通告

扫码看案例

### 6. 制作内容区域

仔细观察效果图17-19可以看出，主体内容模块大体上由上、下两部分构成，上面部分又可以分为左、中、右三部分，每部分都分别由两个上下结构的模块构成。下面部分是图书版块。

**图17-19　内容区域效果图**

接下来搭建网页的内容区域。

**课堂体验：电子案例 17-7**
制作网页内容区域

扫码看案例

### 7. 制作底部版权部分

由于其背景通栏显示，所以需要在内容外加上一层大盒子。网页底部版权区域的效果如图17-20所示。

图17-20　底部版权

接下来搭建网页的底部版权部分。

扫码看案例

**课堂体验：电子案例 17-8**
制作底部版权部分

### 8. 建立注册页和登录页头部模板

由于注册页和登录页头部相同，因此可以使用Dreamweaver建立一个名为template的公共模板。模板的效果如图17-21所示

图17-21　头部模板

接下来搭建头部模板结构。

扫码看案例

**课堂体验：电子案例 17-9**
制作注册页和登录页头部模板

### 9. 制作注册页面

打开register.html文件，切换到"资源"面板，拖拽template.dwt模板页面预览图至register.html页面中，并链接对应的样式表文件template.css。

接下来搭建注册页面的表单部分。

扫码看案例

**课堂体验：电子案例 17-10**
制作注册页表单部分

### 10. 制作登录界面

打开login.html文件，切换到"资源"面板，拖拽template.dwt模板页面预览图至login.html页面中，并链接对应的样式表文件template.css。

接下来搭建登录页面的表单部分。

扫码看案例

**课堂体验：电子案例 17-11**
制作登录界面

# 17.5 动态网站开发

在开发动态网站之前，为了便于本地查看和检测代码。首先应该搭建动态网站开发环境。在本书中，动态环境的搭建主要包括安装Apache、安装PHP、进行Web服务器配置和安装MySQL，具体安装和配置方法可以参考16.2小节，这里不再赘述。本节将直接演示动态网站的制作过程。

## 17.5.1 动态网站效果分析

本项目主要是制作注册、登录以及登录后首页登录状态显示的效果。具体流程如图17-22所示。

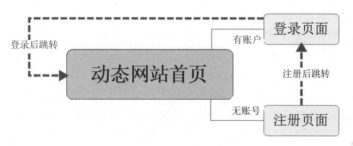

**图17-22 网站操作流程**

登录成功后，首页面的"登录"和"注册"按钮消失，显示登录的用户名称，如图17-23和图17-24所示。

**图17-23 登录前**

**图17-24 登录后**

## 17.5.2 Web表单数据交互

当用户在网站上填写了表单后，需要将数据提交给网站服务器对数据进行处理或保存，这种数据交互方式就是Web表单数据交互。通常表单都会通过method属性指定提交方式。当表单被提交时，表单中具有name属性的元素会将用户填写的内容提交给服务器。因此首先需要在表单中添加method属性和name属性。接下来分别为注册页和登录页添加method属性和name属性。

扫码看案例

**课堂体验：电子案例 17-12**
制作登录界面

### 17.5.3 制作HTML模板

动态网站需要将网页的各部分静态模块拆分，制作成HTML模板，然后通过PHP代码调用，生成新的页面。在路径chapter17\www.admin.com找到文件夹www.admin.com（该文件夹在第16章创建），清空里面的文件。将css、images、template、javascript文件夹复制到该目录下。然后创建一个html文件夹，用于存放拆分的html模板。接下来分别创建header.html（用于存放首页头部和nav模块）、index.html（用于存放首页banner、content等内容）、footer.html（用于存放首页的底部版权）、login.html（用于存放网站登录页表单内容）、register.html（用于存放网站注册页表单内容）、loginhead.html（用于存放注册页和登录页头部的共有模块），具体介绍如下。

#### 1. header.html

该页面主要用于存放网站的首页头部和nav模块，具体结构代码可参见路径chapter17\www.admin.com\html中的header.html文件代码，该结构代码和首页静态页面的结构代码基本相同，差别在于多出了一些PHP代码，具体代码如下：

```php
<?php
if(isset($message)){

    echo'<script type="text/javascript">alert("'.$message.'");
</script>';
}
?>
```

当PHP遇到错误时，例如验证用户输入的密码有误，这段代码用于将错误信息用JavaScript中的警告框弹出，提醒用户。同时header.html在登录、注册模块还嵌套了一些PHP代码，具体代码如下：

```php
<?php if(empty($_SESSION['user'])){?>
    <div id="test" class="home">
        <span></span>
        <a href="login.php" class="dc">登录</a>
        <em></em>
    </div>
    <div id="lx" class="fav">
        <span></span>
        <a href="register.php" class="dc">注册</a>
    </div>
```

```
        <?php}else{?>
        欢迎您, <?php echo
htmlspecialchars($_SESSION['user']); ?><a href="logout.php">退出</a>
    <?php}?>
```

该段代码用于获取登录时的用户信息，并将用户信息显示到首页中。

### 2. index.html

该页面主要用于存放首页banner、content等内容，具体结构代码可参见路径 chapter17\www.admin.com\html中的index.html文件代码，该结构代码和首页静态页面的结构代码基本相同，只是在头部和结尾引入了PHP代码，具体代码如下：

```
<?php require'./html/header.html'; ?>
<?php require'./html/footer.html'; ?>
```

在上述PHP代码中，第1行代码用于引入header.html模板，第2行代码用于引入footer.html模板，这两行代码引用的模板和index.html共同组成了首页。

### 3. footer.html

该页面主要用于存放首页的底部版权内容，具体结构代码可参见路径chapter17\www.admin.com\html中的footer.html文件代码，该结构代码和首页静态页面的结构代码完全相同。

### 4. login.html

该页面主要用于存放登录页表单模块，具体结构代码可参见路径chapter17\www.admin.com\html中的login.html文件代码，该结构代码为添加了method和name属性的表单代码，和静态登录页的表单代码基本相似。不同的是该代码头部添加了如下所示的PHP代码：

```
<?php require'./html/loginhead.html'; ?>
```

上述代码用于引入登录页和表单的头部模板。

### 5. register.html

该页面主要用于存放注册页表单模块，具体结构代码可参见路径chapter17\www.admin.com\html中的register.html文件代码，该结构代码同样为添加了method和name属性的表单代码，和静态注册页的表单代码基本相似。并且register.html页面也需要添加和login.html相同的PHP引入代码。

### 6. loginhead.html

该页面主要用于存放注册页和登录页头部的公共模块，具体结构代码可参见路径chapter17\www.admin.com\html中的loginhead.html文件代码，该结构代码添加了和header代码相同的PHP验证代码，具体代码如下：

```
<?php
if(isset($message)){
    echo'<script type="text/javascript">alert("'.$message.'");
</script>';
    }
    ?>
```

当PHP遇到错误时，这段代码用于将错误信息用JavaScript中的警告框弹出。

### 17.5.4　添加JavaScript表单验证功能

在用户进行注册或登录时，为了防止一些重要的信息漏填或信息输入不正确，在数据提交到数据库之前，需要使用JavaScript对HTML表单中输入的数据进行验证。接下来将分析需要的表单验证功能，并通过JavaScript实现这些功能。

在注册页中，用户名和密码是最为重要的信息，因此，通常需要验证用户名是否为空，密码是否为空、两次输入的密码是否一致。

**扫码看案例**

**课堂体验：电子案例 17-13**

添加 JavaScript 表单验证功能

### 17.5.5　制作PHP动态页面

PHP是一种服务器端脚本程序，可通过嵌入等方法与HTML文件混合，也可以通过类、函数封装等形式，以模板的方式对用户请求进行处理。接下来将使用PHP制作动态页面。

在www.admin.com文件夹中创建"数据库.sql""config.php""index.php""register.php""login.php"，并书写相应的代码，具体介绍如下。

#### 1. 数据库.sql

该文件用于保存数据和表单的一些操作命令，例如创建数据库、选择数据库、创建表单等信息，使用者可以直接复制、粘贴到数据库命令行。"数据库.sql"文件中写入的代码如下：

```
CREATE DATABASE 'itcast';
USE 'itcast';
CREATE TABLE'user' (
 'id' INT UNSIGNED NOT NULL AUTO_INCREMENT,
 'name' VARCHAR(100) NOT NULL COMMENT '用户名',
 'password' VARCHAR(100) NOT NULL COMMENT '密码',
 'sex' VARCHAR(20) DEFAULT'' NOT NULL COMMENT '性别',
 'email' VARCHAR(255) DEFAULT'' NOT NULL COMMENT '邮箱',
 'course' VARCHAR(255) DEFAULT'' NOT NULL COMMENT '意向课程',
 'channel' VARCHAR(255) DEFAULT'' NOT NULL COMMENT '了解渠道',
 'message' TEXT NOT NULL COMMENT'留言',
 PRIMARY KEY ('id'),          -- 主键
 UNIQUE KEY'name' ('name')     -- 用户名不能重复
) DEFAULT CHARSET=utf8 COMMENT='用户表';
```

#### 2. config.php

该文件是一个公共文件，用于保存数据库的连接配置，以方便其他PHP页面调用。

同时该文件另一个作用是开启session。config.php文件中写入的代码如下：

```php
<?php
//数据库连接信息
$host='localhost';          //数据库服务器主机名
$user='root';               //数据库用户名
$password='123456';         //数据库用户密码
$dbname='itcast';           //数据库名
//开启session
session_start();
```

在上述代码中，"session_start();"用于开启session。为什么需要session呢？这是因为当登录成功以后，如果下次再请求服务器，服务器并不会记住用户有没有登录，为了解决这个问题，就可以使用session存储用户的登录状态。例如，在index.php页面登录后，如果希望页面跳转到list.php后，也显示登录状态，就需要开启session存储用户的登录状态，然后在list.php中就可以检测用户是否登录。

### 3．index.php

该文件用于调用首页模板，引入公共文件开启session功能。index.php文件中写入的代码如下：

```php
<?php
require'./config.php';          //引入公共文件开启session功能
require'./html/index.html';     //调用内容模板
```

### 4．register.php

该文件是用于实现注册页面功能的php文件。在register.php文件中主要包括引入公共文件开启session、连接到数据库、接收注册的表单信息、通过服务器验证用户名是否注册以及执行数据库操作提示等功能，该文件中的具体代码可参见路径chapter17\www.admin.com中的register.php文件。

### 5．login.php

该文件是用于实现登录页面功能的PHP文件。在login.php文件中主要包括引入公共文件开启session、连接数据库、接收登录的表单信息、验证用户名密码是否正确以及提示处理结果等功能。当用户登录成功时，用户的信息会保存到session中，服务器会记住当前用户登录状态。login.php文件中的具体代码可参见路径chapter17\www.admin.com中的login.php文件。

### 6．logout.php

该页面主要用于退出用户的登录状态，页面中写入的代码如下：

```php
<?php
require'./config.php';
unset($_SESSION['user']);          //用户退出功能
header('Location: index.php');     //跳转页面
```

在上述代码中，第3行代码用于删除登录信息，完成登录状态的退出。

## 17.6　测试和上传

当网站建设完成之后，还需要进行本地测试。以确保页面不会出现链接错乱，能够兼容不同的浏览器（以Chrome和Firefox为主），如果没有问题就可以上传到Web服务器上，此时网页就具备访问功能。网站测试和上传的基本步骤如下。

1）启动MySQL服务器（如果已经启动可忽略此步骤）

以管理员身份打开"命令提示符"，输入下面的命令。

```
net start MySQL
```

2）登录MySQL服务器

输入以下命令登录MySQL服务器。

```
cd C: \web\mysql5.7\bin
mysql -h localhost -u root -p
```

然后在弹出的"password"中输入相应的密码（第16章设置密码为123456）。

3）粘贴"数据库.sql"中的命令

可直接打开"数据库.sql"中的命令复制，并粘贴到命令行。

4）启动Apache服务

打开位于C:\web\apache2.4\bin的ApacheMonitor.exe启动Apache。

5）浏览器测试

打开Chrome和Firefox浏览器，在地址栏中输入www.admin.com进行本地测试。例如测试页面跳转、注册登录、表单验证等。

6）上传

网站上传可参考第3章3.4节，使用FlashFXP工具上传，上传完成后，输入域名，就可以正常访问网站了。

需要注意的是，网站后期还会有一些推广和维护工作，具体可以参考第18章和第19章。

# 习　题

简答题

1. 简要描述如何搜集网站需要的素材。

2. 请简要描述一下如何规划网站结构。

# 第 ⑱ 章 网站的推广与优化

**学习目标:**

◎ 了解网站推广的目的、特点、方式,能够对网站推广有一个基本的认识。

◎ 熟悉搜索引擎优化技巧,能够对网站进行简单的优化。

网站创建好之后,如果希望让更多人知道并访问,就需要对网站进行推广和优化,否则网站就会淹没在众多网站中。良好的推广和优化有助于网站排名靠前,扩大网站知名度和影响力,树立品牌形象。接下来,本章将对网站的推广与优化进行详细讲解。

## 18.1 网站推广概述

所谓网站推广,就是为了让网站获得更多用户访问所采取的一系列方法,也是网络营销中极其重要的一部分。本节将对网站推广的相关知识进行讲解。

### 18.1.1 网站推广的目的

做任何事情都有一个目的,只有目的明确了,才能围绕目的去做事及去做决策。网站的推广目的为:获得目标用户、扩展网站知名度、获得客户、树立品牌。只有完成了一系列的流程,才算是成功的网站推广。这个指导思想会贯穿整个网站推广计划与实施中。

**1. 获得目标用户**

任何一个网站都有自己的目标用户,切记盲目地寻找目标用户,否则是劳而无功。因此必须根据自身的网站特色寻找适合的目标用户。例如,可以按照年龄、职位、性别、需求、分布地区划分等。分析了目标用户的特点还不够,还需要获得网站的目标用户常出现的地方,然后通过网站推广来获得目标用户。

**2. 扩展网站知名度**

扩展网站的知名度也是网站推广的目标之一,尤其是对于一些新站或者暂时不太知名的网站。在此时进行网站推广,是为了在用户群里形成一定的知名度,并且不断地扩展,才会使更多的目标用户来访问网站,让更多的人熟知网站,并且通过他们不断的传播形成口口相传的好口碑。

### 3．获得客户

当网站获得了目标用户，并且得到了一定的知名度，再进行网站推广，是为了获得客户。一个网站要生存，就必须盈利，盈利是建立网站的最终目标。一个网站只有在盈利后，才能生存下去。而获得客户是产生交易的前提，只有产生交易才能实现盈利。

### 4．树立品牌

当网站已经开始盈利，此时进行网站推广则是为了树立自身的品牌。在客户心里树立一个良好的品牌形象，提高客户对网站的信任度，有助于更好地向客户推销网站的产品和服务。

## 18.1.2　网站推广的特点

在网站推广的过程中，呈现出全方位和周期性两大特点，具体介绍如下。

### 1．全方位

网站推广不仅仅是对网址和网站首页的推广，还包含获取更多的潜在用户，从而提升企业品牌知名度和收益，是一个全方位的推广过程。

### 2．周期性

网站推广效果不是立竿见影，需要一定的时间才能看到效果，而且网站推广受到企业对网站推广的重视程度、资金和人力的预算、网站本身结构的影响，比如网站的结构、网站提供的内容和网站的功能都可能影响到网站的推广。

## 18.1.3　网站推广的方式

线上推广具有费用低、效果显著等特点，成为了互联网时代网站推广的不二选择。常见的网站线上推广方式主要包含QQ推广、电子邮件推广、论坛推广等，下面对网站推广方式进行讲解。

### 1．QQ推广

QQ作为IM即时通信工具中的代表和庞大的用户群体，可以利用其优势进行"病毒性"的推广，如单向聊天、QQ群推广、QQ空间和漂流瓶等。QQ推广的主要价值优势有着高适应性、精准性、易操作性、低成本等特点，如图18-1所示。企业可以根据自己相关产品特性加入有针对性的群组，发布相关消息，或者自建群组，用户针对性更强。

### 2．电子邮件推广

电子邮件推广是利用电子邮件与受众客户进行商业交流的一种方式，也是一种较为传统和成熟的方式。企业可以通过EDM向目标客户发送电子邮件，建立目标用户的沟通渠道，向其传达相关信息，用来宣传品牌或促进销售。电子邮件推广的方便之处在于邮件内容以及形式的多样化可以很灵活地选择，没有广告性质的限制，发布的时候不需要太多技巧性的东西，而且针对性强。

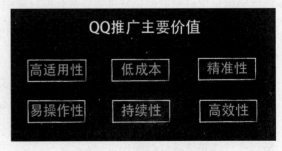

图18-1　QQ推广主要价值

### 3．企业黄页推广

传统黄页是国际通用的按照企业性质和产品类别编排的工商电话号码簿，相当于一个城市或地区的工商企业的户口本。而企业黄页则是将传统黄页搬到网上，以互联网为载体，在网上发行传播。企业黄页的优势是内容更完整广泛、信息更新及时、服务功能更多元化，对于企业广告宣传有着重要的营销作用。

### 4．论坛推广

论坛属于社会化媒体中的一种，具有超高人气，企业可以利用论坛话题的开放性和聚众能力，有效地为企业提供营销传播服务。企业在论坛通过文字、图片、视频、语言等方式发布企业的产品和服务信息，从而让目标客户更加深入地了解企业的产品和服务，最终达到宣传企业品牌、加深市场认知度的目的。

### 5．网站链接

同类网站可以通过友好协商相互交换链接，网站间的相互链接可以为用户获取延伸信息提供了方便，网站链接也就成为常用的免费推广方式之一。随着链接站点的增多，形成类似"蜘蛛网"的外链后，可以吸引大量的浏览者。彼此互相宣传，互相加强品牌知名度。

需要注意的是，除了上面提到的部分线上推广方法之外，还有很多可供选择的方法。

## 18.2　搜索引擎优化基础

用户在使用搜索引擎时通常只会关注前面的条目进行浏览，搜索引擎优化目的就是让网站信息在自然搜索结果中靠前显示，从而达到网络营销及品牌建设的目标。接下来，本节将对搜索引擎优化的相关知识进行讲解。

### 18.2.1　认识搜索引擎

随着互联网信息的爆炸性增长，搜索引擎作为信息查询工具得到越来越广泛的应用。下面对搜索引擎的工作原理和分类等基础知识进行详细讲解。

#### 1．什么是搜索引擎

搜索引擎（Search Engine）是指根据一定的策略、运用特定的计算机程序从互联网搜集信息，再对信息进行组织和处理后，为用户提供检索服务，将用户检索相关的信息展示给用户的系统。目前比较常用的搜索引擎有百度（Baidu）、谷歌（Google）等。

搜索引擎是网站建设中针对用户使用网站的便利性所提供的必要功能，同时也是研究网站用户行为的一个有效工具。高效的站内检索可以让用户快速准确地找到目标信息，从而更有效地促进产品和服务的销售。

#### 2．搜索引擎工作原理

用户通过搜索引擎进行关键词检索，能够在短短几秒钟内获得想要检索的内容。然而搜索引擎的工作原理非常复杂，大致可以分为三个阶段（见图18-2），即爬行抓取、预处理和排名，具体介绍如下。

图18-2　搜索引擎工作原理

1）爬行抓取

爬行抓取是搜索引擎第一步工作，也就是在互联网上发现、搜集网页信息，完成数据收集的任务。爬行是指搜索引擎通过一种特殊算法编制的自动程序（这种程序称为蜘蛛），它跟踪网页链接，从一个页面爬到另外一个页面。当搜索引擎发现新的URL，就会把新URL上的内容记录下来存在数据库中，称为抓取。

爬行抓取的作用是访问收集整理互联网上的网页、图片、视频等内容，然后对这些网页分门别类地建立索引数据库，使用户能在搜索引擎中搜索到网站的内容。

2）预处理

蜘蛛对网站进行了爬行和抓取之后，还需要对页面进行预处理，也称"索引"。因为搜索引擎数据库中拥有数以亿计的网页，用户输入搜索后，搜索引擎的计算量太大，很难在极短的时间内返回搜索结果，因此，必须对页面进行预处理，为最后的查询排名做准备。

3）排名

经过搜索引擎蜘蛛抓取页面，索引程序计算得到倒排索引后。搜索引擎程序会对输入的检索信息以及关键词的形式进行分析，并且按照排名规则将用户检索的相关信息检索结果展现出来。

### 3. 搜索引擎分类

搜索引擎可以分为全文索引、目录索引、元搜索、垂直搜索、集合式搜索引擎。

1）全文索引

全文索引是名副其实的搜索引擎，国外全文索引代表有谷歌，国内代表则是百度，它们从互联网提取各个网站的信息（以网页文字为主），建立起数据库，并能检索与用户查询条件相匹配的记录，按一定的排列顺序返回结果。

2）目录索引

目录索引也称分类检索，是因特网上最早提供WWW资源查询的服务，主要通过搜集和整理因特网的资源，根据搜索到网页的内容，将其网址分配到相关分类主题目录的不同层次的类目之下，形成像图书馆目录一样的分类树状结构索引。目录索引无须输入任何文字，只要根据网站提供的主题分类目录，层层单击进入，便可查到所需的网络信息资源。

需要注意的是，目录检索虽然有搜索功能，但从严格意义上讲并不能称为真正的搜索引擎，只是按目录分类的网站链接列表而已。用户完全可以按照分类目录找到所需要的信息，不依靠关键词进行查询。

3）元搜索

元搜索是对分布于网络的多种检索工具的全局控制机制。元搜索是在接收用户查询请求后，通过一个统一的用户界面帮助用户在多个搜索引擎中选中和利用合适的（可以是同时利用若干个）搜索引擎来实现检索操作，并将得到的反馈结果整理后反馈给用户。

4）垂直搜索

垂直搜索是2006年后逐渐兴起的一种搜索引擎。与常见的网页搜索引擎不同，垂直搜索引擎专注于特定的搜索领域和搜索需求（例如生活搜索、小说搜索、购物搜索等），用户体验在其特定的搜索领域更好。相比普通搜索动辄数千台检索服务器，垂直搜索需要的硬件成本低、用户需求特定、查询方式多样。

5）集合式搜索引擎

集合式搜索引擎类似于元搜索引擎，区别在于它并非同时调用多个搜索引擎进行搜索，而是由用户从提供的若干搜索引擎中选择。

## 18.2.2 SEO概述

在互联网行业竞争日趋激烈的21世纪，通过SEO可以提升企业产品在搜索引擎中关键词的排名，吸引更多目标客户访问网站。下面对SEO的相关知识进行讲解。

### 1．什么是SEO

SEO 是英文Search Engine Optimization的缩写，中文译为"搜索引擎优化"。搜索引擎优化是指在了解搜索引擎自然排名机制的基础上，对网站进行内部及外部的调整优化，改进网站在搜索引擎中关键词的自然排名，获得更多流量，从而达到网络营销及品牌建设的目标。

在日常生活中，我们经常使用百度搜索引擎来搜索信息。例如，使用百度搜索"免费素材网"，搜索结果如图18-3所示。

图18-3　百度搜索结果

搜索结果页中第一条信息是来源于包图网，第二条信息是摄图网，通过点击这些页面中的内容，用户可以快速获得免费素材。

从图18-3中可以看出，这两条信息都是通过竞价排名的方式获取靠前的排名，排名靠前的信息更容易得到优先展示的机会，吸引用户点击信息。然而除了竞价排名这种方式，还可以利用SEO提升网站排名，即利用搜索引擎的搜索规则来提高网站在搜索引擎中的排名。

企业的网站必须让用户访问或被用户知道才有价值和意义，而SEO就是为了让企业的网站在搜索引擎上的曝光率达到最高，让用户在众多搜索结果中第一个看到企业信息，点击进入并使客户产生购买行为，企业从中获得盈利。

**2．SEO的优势**

SEO作为重要的搜索引擎营销方式，具备了独特的优势，具体介绍如下。

1）效果好

通过SEO所获得的流量都是高质量的流量，若选择了合适的关键词，这些流量都是转化率极高的有效流量。通过搜索引擎自然排名给出的排名结果更容易获得用户的信任，其中正常网页广告的点击率在2%~5%，而搜索引擎的点击率高达30%~80%。当然，这与关键词排名也有一定关系，但是这说明SEO的效果要比其他网络广告或者营销的方式更好。

2）流量更精准

目前，大多数的推广都是将网站有意无意地摆在用户面前。如果用户根本没有访问网站的意图，那么再多的展示也是徒劳。而通过搜索引擎带来的用户都是主动搜索的，意向明确，这个时候将网站摆在用户眼前，被访问的概率以及转化率都会大大提升。

3）成本低廉

从某个角度看，SEO是一种"免费"的搜索引擎营销方式。对于个人来说，只要站长掌握一定的SEO技术即可。而对于企业而言，SEO的主要成本来自于从事SEO的员工薪酬或雇佣专业的SEO公司所花的费用。

4）适用性更强

相对于普通网络广告而言，SEO的适用性更强，更加灵活和贴近用户。例如，企业希望通过网络广告获取流量，需要考虑到广告投放页面和指向页面的相关性。假如网站要投放很多广告，那么就需要为投放的每一个广告单独设置相应的着陆页，这样会耗费大量时间，且大量的广告投放容易出现相互掣肘的情况，难以控制广告主题完全贴合营销目标，而且也无法拒绝一些恶意点击等行为的发生等。

5）覆盖面广

SEO是根据网络结构、用户需求及搜索引擎原理等进行的整体优化，而不仅仅是针对某一个搜索引擎进行优化。通常来说，企业网站如果在百度搜索引擎中有较好排名，那么在其他搜索引擎中排名也会靠前。因此，SEO的覆盖范围非常广泛，而搜索引擎竞价广告或者其他网络广告，都是局限于某个网站或某个搜索引擎，SEO则是针对整个互联网用户，这个优势是其他推广方式无法比较的。

**3．关键词**

关键词是指单个媒体在制作使用索引时所用到的词汇。在互联网中，关键词指的则是任何一位搜索引擎用户，在搜索框中输入想要通过搜索引擎查找相关信息的短语或词语。关键词可以是中文、英文、数字，或者是中英文和数字的混合体。

关键字的意义在于确保有人搜索、降低优化难度、提高转化率。关键词是网站优化的基础，从优化的角度来看，关键词可以分为目标关键词、长尾关键词和相关关键词。

1）目标关键词

目标关键词是指经过关键词分析确定下来的网站"核心"关键词，通俗地讲是指网站的产品和服务的目标客户可能用来搜索的关键词。目标关键词是网站通过搜索引擎获取流量的最重要的一部分，流量占比非常高。网站优化人员通常会将目标关键词放在网站首页中的标题和描述中。一般情况下，网站标题中会出现一次目标关键词，而网站描述中则会出现两次。

以站酷网站为例，站酷（ZCOOL）是一家促进设计师之间的交流与互动的网站。因此，站酷SEO人员在选择网站目标关键词时，可以将"设计师互动平台"这个关键词作为站酷网站的目标关键词，如图18-4所示。

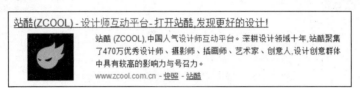

图18-4　目标关键词

2）长尾关键词

长尾关键词是指网站上的非目标关键词，但与目标关键词相关的可以带来搜索流量的组合型关键词，一般长尾关键词都是由两个词语或者三个词语组成，甚至是一句短语。图18-5所示为百度搜索中的一个长尾关键词。

图18-5　长尾关键词

长尾关键词是长尾理论在关键词研究上的延伸。"长尾"具有"细"和"长"两个特点，"细"说明市场份额很少，"长"说明市场虽然小，但数量众多。众多微小市场积累起来就会占据市场中可观的份额，这就是长尾思想。

长尾关键词的目标比较精准，一般搜索这个词的用户意图很明确，那么转化率相对于目标关键词也要高很多。例如，目标关键词是"设计"，其长尾关键词可以是"UI设计""平面设计""室内设计"等，在目标关键词的基础上进一步细分关键词，满足用户群体的个性化需求。

3）相关关键词

相关关键词是指与目标关键词存在着一定联系，能够延伸或者细化目标关键词的定义，以及用户搜索关键词时搜索引擎自动推荐的关键词。挖掘相关关键词的方法主要有两种：一种是搜索引擎下拉框自动提示关键词，如图18-6所示；另一种是搜索引擎页面下方相关搜索关键词，如图18-7所示。

图18-6　搜索引擎下拉框自动提示关键词

**相关搜索**

| | | |
|---|---|---|
| 学设计从何学起 | 想学设计从何学起 | ui设计 |
| 设计分为哪几类 | 设计专业分类 | 宣传册设计制作 |
| 设计专业需要会画画吗 | 初学者设计衣服怎么画 | 室内设计80%的人会转行 |

图18-7　搜索引擎页面下方的相关搜索

在进行SEO时，无论是做目标关键词还是长尾关键词，在网站的文章、产品等信息内容中适当地出现一些相关关键词，能够让搜索引擎更加精准地定位，从而使网站获得更好的排名。

比如目标关键词是"学生"，那么会联想到哪些与学生相关的词呢？如老师、同学、教育、课本等。如果写一篇关于学生的文章，通常会提到教育之类的词，这样使得搜索引擎更容易判断文章的内容，而且通过文章的相关信息也能确定它是切题的。所以，相关关键词的作用就是辅助目标关键词或长尾关键词，让网站的排名更靠前。

### 18.2.3　网站常用优化技巧

网站优化不仅影响网站在搜索引擎的排名，而且对于提高用户体验及网站转化率有着极大的帮助，下面对网站常用的优化技巧进行讲解。

#### 1．内部链接优化

在一个网站中除了首页，还有很多子页面，可通过超链接将本网站的页面相互链接起来，构成一个完整的网站。超链接分为内部链接和外部链接，其中指向本网站其他页面的超链接称为内部链接。以网易为例，首页上大部分的链接，如财经、体育、娱乐等，点开之后均属于网易的子页面，具体如图18-8所示。

内部链接对爬行和收录有非常重要的意义，内部链接对页面关键词相关性也有影响，最主要的是在内部链接中使用锚文本。

从字面上解释，锚文本是指带有文字的超链接。它可以让搜索引擎更加明确地指向页面的主题，有利于网站的排名。锚文本能告诉搜索引擎该超链接指向的页面主要讲什么内容，它涵盖了所指向页面的主题。值得一提的是，锚文本出现的位置不能集中在导航或页脚中，而需要分散在正文中。

图18-8　网易首页

## 2．导航优化

每一个网站都有导航，导航是评价网站专业度、可用度的重要指标，同时对搜索引擎也起到一种提示作用。因此，优化导航也是SEO的重要内容。那么网站导航该如何优化呢？

下面对网站主导航、面包屑导航和底部导航的优化进行具体介绍。

1）主导航

主导航一般位于网页banner上方，是网站子页面的导入链接，如图18-9所示。主导航作为网站的一级目录，可减少链接层次使网站扁平化。网站导航设置多为HTML文字导航，尽量不要用图片、Flash、JavaScript生成导航，因为这些导航对于搜索引擎来说是蜘蛛陷阱（即阻碍蜘蛛爬行网站的障碍物），同时还增加了网页加载时间。

图18-9　主导航

2）面包屑导航

面包屑导航是给用户指路的最好方法，可以快速告诉访问者和搜索引擎当前在网站中所处的位置，如图18-10所示。使用面包屑的网站通常都是架构比较清晰的网站，这样有利于提升网站用户体验和蜘蛛抓取。

图18-10　面包屑导航

3）底部导航

很多时候网站底部也会做一个网站导航，这样既方便访问者浏览网站，对于搜索引擎也很友好。但是，很多站长在底部导航堆砌了大量的关键词，甚至用黑帽的方法。但是近来搜索引擎比较反感这种做法，常常使网站受到某种形式的惩罚。

**3．页面标题、页面描述、页面关键词优化技巧**

1）页面标题优化

页面标题优化在代码中的标记为<title>。<title>标记用于定义HTML页面的标题，即给网页取一个名字。title的主要作用是突出目标关键词，关键词可以用“_”“|”“,”等符号进行分隔。常见的网站标题描述多为“网站名称+关键词”的形式。例如，千图网的页面标题为“千图网_专注免费设计素材下载的网站_免费设计图片素材中国”，如图18-11所示。

```
<meta http-equiv="Content-Type" content="text/html; charset=gbk">
<title>千图网_专注免费设计素材下载的网站_免费设计图片素材中国</title> == $0
<meta name="keywords" content="千图网,免费素材下载,千图网免费素材图库,矢量图,矢量图
库,图片素材,网页素材,免费素材,PS素材,网站素材,设计模板,设计素材,www.58pic.com,网页模板
免费下载,千图,素材中国,素材,免费设计,图片">
<meta name="description" content="千图网(www.58pic.com) 是专注免费设计素材下载的网
站! 提供矢量图素材,矢量背景图片,矢量图库,还有psd素材,PS素材,设计模板,设计素材,PPT素材,
以及网页素材,网站素材,网页图标免费下载">
<meta name="renderer" content="webkit">
```

图18-11　页面标题优化

使用<title>标记设置HTML页面的标题，在网页打开时会显示在浏览器窗口的标题栏上。值得一提的是，一个网站中不同的页面<title>标记的内容文本也不相同。例如，千图网子页面标题标记的文本则是“月正圆，一起吃汤圆_千小悦的收藏夹-千图网”，如图18-12所示。

```
<meta http-equiv="Content-Type" content="text/html; charset=gbk">
<title>月正圆，一起吃汤圆_千小悦的收藏夹-千图网</title> == $0
<meta name="keywords" content="月正圆，一起吃汤圆素材，月正圆，一起吃汤圆图片">
<meta name="description" content="千小悦的收藏夹，为您找到了月正圆，一起吃汤圆图片、
月正圆，一起吃汤圆素材、月正圆，一起吃汤圆背景图等信息，并提供月正圆，一起吃汤圆图片素材
免费下载服务。">
```

图18-12　同一网站不同页面标题标记文本内容不同

2）页面描述优化

页面描述是指网页<meta />元信息标记中name的属性值为description时，紧跟着的content属性提供相对应的内容描述。描述网站内容时，应当突出网站的特色内容，语言描述要通俗易懂。好的内容描述可以提高用户的点击率，即便网站的排名不是在最前面，通过高质量的描述同样可以提高网站点击率。例如，站酷网的描述（见图18-13）主要围绕“站酷（ZCOOL），中国人气设计师互动平台”，后续的内容描述则用通俗易懂的一句话突出网站优点。

```
<meta name="description" content="站酷 (ZCOOL)，中国人气设计师互动平台。深耕设计领域
十年，站酷聚集了470万优秀设计师、摄影师、插画师、艺术家、创意人，设计创意群体中具有较高
的影响力与号召力。"> == $0
```

图18-13　页面描述优化

3）页面关键词优化

页面关键词是指网页<meta />元信息标记中name的属性值为keywords时，紧跟着的content属性提供相对应的网页关键词。关键词要根据网页的主题和内容选择合适的词语，除了要考虑与网页核心内容相关外，还应该是用户易于通过搜索引擎检索的词语，过于生僻的词语不适合作为关键词。

以站酷网为例，它是设计师互动平台，同时也是各类设计师的聚集地。因此，站酷网的设计范围比较广泛，所涉及的关键词也比较多，如图18-14所示。

**图18-14 页面关键词优化**

> **注意**：在页面关键词优化时应注意以下几点。
> 1. 要确保关键词出现在网页文本中。
> 2. 一个网站中不同页面的关键词应该不一样。
> 3. 不要重复使用相同的关键词。

### 4．<h>标记

<h>标记是HTML网页中对文本标题进行着重强调的一种标记。使用<h>标记可以使文章内容更加清晰，让用户快速判断哪里是重点。前面第6章具体已经具体讲解过<h>标记的用法，那么接下来讲解一下<h>标记的作用。

1）对用户的作用

<h>标记可以强调文章主题，从<h1>~<h6>字号依次递减，<h>标记的应用使文章更有层次感和条理性，让用户快速分辨出哪里是文字重点，这样可省用户阅读的时间成本，提高网站内容的可读性，从而提升用户对网站的友好度。

2）对搜索引擎的作用

<h>标记除了可以引导用户阅读，提升用户体验之外，还可以让搜索引擎知道网站的哪些内容比较重要，哪些内容不重要。对于搜索引擎来说，<h>标记的主要作用是告诉搜索引擎哪里是文字的标题，起强调作用。

> **注意**：为了突出关键词，在使用<h>标记时应注意以下几点。
> 1. <h1>和<h2>标记在使用时建议包含关键词，并且一个页面中只能使用一次。其中，<h1>标记常常被用在网站的logo部分。
> 2. <h3>、<h4>、<h5>标记对于SEO作用较小，建议少用。
> 3. <h6>标记可以用在首页友情链接处，以降低友情链接对页面目标关键词的影响。

## 5．图片alt属性

图片alt属性是为了在优化网站时，让搜索引擎蜘蛛识别图片内容的代码。简而言之，就是对网页上的图片进行文字描述。以千图网的banner图为例，按【F12】键打开网页源代码，审查banner图时发现源代码就使用了alt属性，如图18-15所示。

图18-15　千图网图片的alt属性

其中，<img src=" http://pic.qiantucdn.com/images/banner/5a8a5415788a9.jpg " alt="元素-元宵节" width="1200" height="320"/>是一个图片的源码，而alt="元素-元宵节"则是该图片的alt属性。

alt属性之前一直作为图像的替换文本属性，专为网速太慢或者浏览器版本过低时，以及图像无法正常显示时告诉用户该图片的内容。随着互联网的发展，图像无法正常显示的情况已经很少见了，此时的alt属性又有了新的作用。当谷歌和百度等搜索引擎在收录页面时，会通过alt属性的内容来分析网页的内容，方便搜索引擎蜘蛛抓取网站图片。

因此，如果在制作网页时，能够为图像都设置清晰明确的alt属性，就可以帮助搜索引擎更好地理解网页内容，从而更有利于搜索引擎的优化。

## 6．内容文本优化

随着互联网的快速发展，各类网站迅速崛起，然而让用户获取优质的内容文本才是网站生存的根基。网站内容文本优化主要体现在内容原创。

在SEO中，原创内容不一定是网站运营人员撰写的新内容，只要网站上发表的内容没有被搜索引擎收录过，就属于原创内容。在网站发表原创文章是为了让搜索引擎知道网站是活跃的，那些带有网站链接的原创文章被转载、被采集，从而可以让更多人认识并了解网站。

撰写原创文章首先要考虑原创内容与网站主题的相关性，SEO运营人员可以以各个页面目标关键词或相关关键词为核心撰写文章。此外，还可以结合时下搜索量较大的相关热门词汇来撰写文章。

原创文章内容质量好，权重也高，可以为网站带来较多的流量，但是原创难度系数较高。因此，网站运营人员一定要养成阅读习惯，多积累一些优秀作品的写作方式和体例，让创作内容更加丰富。

# 习 题

**一、判断题**

1. 在HTML页面中，<title>标记的主要作用是突出目标关键词。 （ ）
2. 搜索引擎优化目的就是让网站信息在自然搜索结果中靠前显示，从而达到网络营销及品牌建设的目标。 （ ）
3. 页面标题优化在代码中的标记为<alt>。 （ ）
4. 搜索引擎的工作原理大致可以分为三个阶段，即爬行抓取、预处理和排名。 （ ）
5. 内容文本优化分为原创和抄袭两类。 （ ）

**二、选择题**

1. （多选）关于网站推广的描述，下列说法正确的是（ ）。
   A. 提升网站访问量　　　　　　　　B. 提升注册量和排名
   C. 扩大网站的知名度　　　　　　　D. 扩大影响力

2. （多选）从优化的角度，网页中的关键词可以分为（ ）。
   A. 目标关键词　　　　　　　　　　B. 长尾关键词
   C. 相关关键词　　　　　　　　　　D. 粗尾关键词

3. （多选）在网络推广中，SEO具有（ ）的优势。
   A. 效果好　　　　　　　　　　　　B. 成本高
   C. 适应性强　　　　　　　　　　　D. 覆盖面广

4. （多选）下列选项中，属于网站线上推广方式的是（ ）。
   A. 名片推广　　　　　　　　　　　B. QQ推广
   C. 论坛推广　　　　　　　　　　　D. 电子邮件推广

5. （多选）在网站推广过程中，可以通过以下（ ）方法获取目标用户。
   A. 按照年龄划分用户　　　　　　　B. 按照性别划分用户
   C. 按照地域划分用户　　　　　　　D. 按照职位划分用户

**三、简答题**

1. 简要描述网站推广的特点。
2. 简要描述什么是SEO。

# 第⑲章 网站日常维护

**学习目标：**

◎掌握网站安全维护。

◎熟悉网站内容维护。

◎掌握网站数据库维护。

很多公司认为网站建设完成发布后，就可以一劳永逸。但是在实际中，网站建设发布后还需要进行网站维护，如内容维护、安全维护等。只有经过维护的网站才能在瞬息万变的信息社会中获取良好的网络效果，本章将对网站日常维护的相关知识进行具体讲解。

## 19.1 网站日常维护概述

由于企业的情况是不断变化的，网站内容也需要随之调整。对于网站来说，需要定期或不定期地更新内容，才能不断吸引更多浏览者、增加访问量，从而保证网站能够长期稳定地运行。本节将对网站日常维护的基本知识进行讲解。

### 19.1.1 网站维护的内容

从全局上来说，网站维护的内容主要分为5个方面，即服务器软硬件维护、数据库备份与维护、页面内容的更新与调整、制定和规范化网站维护管理制度、网站安全性维护。图19-1所示为网站维护内容的具体步骤。

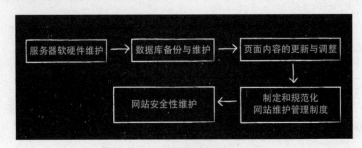

图19-1 网站维护内容的具体步骤

关于图19-1所示的网站维护的内容具体介绍如下。

### 1．服务器软硬件维护

服务器软硬件维护主要用于确保服务器能够每周7天、全天24小时地运行，它包含定期检测服务器硬件设备、制订良好的设备更新计划、定期备份服务器配置，比如定期对服务器操作进行克隆，以便在出现紧急故障时恢复服务器。

### 2．数据库备份与维护

数据库中的内容往往保存了网站重要的内容信息，必须定期备份数据库防止数据丢失，同时也要对数据库定期进行优化和调整，以便数据库具有较快的访问速度。

### 3．页面内容的更新与调整

网站中的内容必须不断地更新，才能留住更多的客户，同时也会不断地吸引潜在客户加入。同时，网站的样式也应该适应潮流，有规律地进行更新，以便能从视觉上带给用户更多良好感受。

### 4．制定和规范化网站维护管理制度

企业应该有一套网站维护和管理规范，并且要不断地完善和规范化，以减少网站维护人员工作变动时的交接时间，预防突发状况的发生。

### 5．网站安全性维护

对于网站来说，安全性是重中之重，目前互联网上的安全威胁层出不穷，网站维护人员必须要了解各种安全性问题，做好病毒和黑客攻击的防范工作。

## 19.1.2　网站维护的必要性

网站维护不是一个立竿见影的工作，因此很多公司误认为花费大量的资金进行维护网站是没有必要的。好的网站维护会随着时间的递增凸显网站营销的效果，下面从4个方面讲解网站维护的必要性。

### 1．吸引用户长期浏览

网站的内容只有经常更新，才能吸引住新老用户。以知乎网为例，知乎每天都会更新内容，那么自然而然就会有很多人天天访问查看。如果知乎网一年半载才更新一次内容，那么网站的人气自然就变得稀少，最后淹没在互联网的众多网站中。

### 2．紧跟时代的潮流

互联网上的潮流趋势变幻莫测，技术日新月异。各种各样的技术和新的风格样式总是吸引用户的眼球，网站应该紧随时代的发展采取具有新意的技术或样式，并且根据用户的反馈合理地调整现有的网站样式。

### 3．确保网站安全稳固

如果网站不稳定，经常出现错误提示或者被入侵，那么这样的网站让用户体验感极差，从而导致用户流失。相反，如果网站安全稳固，用户则会经常浏览该网站。

### 4．提高网站响应速度

响应速度快的网站总是能吸引大批的用户，如果在网页打开3s内没有出现页面内容，那么很多用户就会选择立即关闭网站。哪怕网站内容再新颖别致，一旦响应速度太慢也会让人无法忍受。

### 19.1.3 网站维护的方法

虽然关于网站维护的方法没有唯一的标准，但是一般建议网站成立一个站点管理员来专门打理网站。站点的管理员必须熟悉网站建设技术和服务器管理技术，并且制定一个详细的网站维护管理制度。

在公司设立网络管理员后，就可以从6个方法来进行网站维护，具体如图19-2所示。

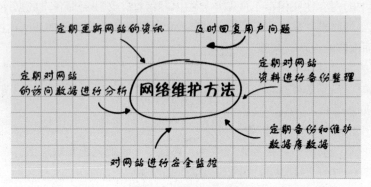

图19-2　网站维护方法

关于图19-2所示的6种维护方法的相关介绍如下。

**1．定期更新网站的资讯**

网站成立初期，很多方面并不能考虑得面面俱到，后期肯定要对网站的内容进行更新、补充，网站管理员要定期组织将更新的内容发布到网站上，增加访问者的兴趣。

**2．及时回复用户问题**

网站提供了网络管理员的联系方式，比如邮箱等。当用户通过联系方式提交问题后，网站管理员能够及时地回答用户的提问，为网站树立良好的形象，进一步增加网站的回头访问量。

**3．定期对网站资料进行备份整理**

网站管理员应该定期备份整个网站或某些访问或更改比较频繁的页面，以便当网站受到黑客攻击或恶意篡改后能够及时恢复。

**4．定期备份和维护数据库数据**

数据库中的数据在使用了一段时间后，会出现数据量增大、访问速度变慢问题，网络管理员要能够对旧的、冗余的数据进行清除，并且定期优化数据库，对数据库中的重要数据进行备份处理。

**5．对网站进行安全监控**

网站管理员要定期检查网站安全性，比如对网站服务器安装补丁程序，添加防火墙设备等，同时要对网站上敏感数据进行加密，避免被恶意用户盗取。

**6．定期对网站的访问数据进行分析**

统计网站页面的浏览量和独立访问数，制作网站访问图表，了解访问量和访问时段，以便制定合适的推广方式。

## 19.2 网站内容维护

对于网站来说，只有不断地更新内容，才能保证网站的生命力；否则网站不仅不能起到推广的作用，反而会对企业自身形象造成不良影响。网站内容维护是网站日常维护的重要一环，网站一般分为静态网站和动态网站，在内容维护上有一定的区别。接下来，本节将对这两类网站的内容维护的知识进行讲解。

### 19.2.1 静态网站的更新

静态网站的内容全部是由HTML、CSS、图片等组合而成，每一个静态网页均有一个固定的URL网址，并且文件名均以htm、html等作为扩展名。静态页面的信息内容相对稳定，更容易被搜索引擎收录。由于每个网页均是一个静态存在的文件，如果要更新整个网站的内容，必须对每个网页的内容进行更新。

例如，静态网站的产品展示页不再需要，将该网页从网页服务器上移除后，必须要更新所有引用该产品展示页的链接。因为一个产品展示页会同时影响多个页面，如果不及时更新链接，很容易造成断链，如图19-3所示。

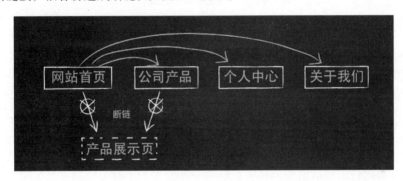

图19-3 断链

静态网站仅适用于规模较小的网站，如果规模较大，就像千图网一样有很多子页面时，维护的工作量会很大，而且很容易出错。静态网站上传发布后，每次维护时需要通过FTP下载网页到本地，在本地进行编辑，然后将编辑好的内容重新上传到服务器上，如图19-4所示。

图19-4 静态网站的维护流程

### 19.2.2 动态网站的更新

动态网站的内容可以自我维护，很多动态网站都会有后台管理页面，允许用户对网站的显示内容进行更新。动态网站所呈现的内容主要存放于数据库中，网站建设人员可通过网站后台程序管理网站内容的设定，动态网站只需要读取数据库的内容即可。在网站的后台，可以对当前已经显示的信息进行管理，比如新增、修改或删除文章，添加完成后，前台就会自动调用并显示出来，因此动态网站的维护如图19-5所示。

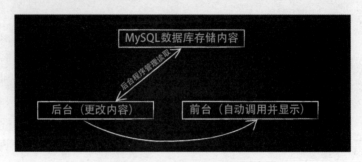

图19-5　动态网站的维护

例如博客网站，内容主要来源于博主的更新，因此博客网站往往会设置功能强大的后台，可以让博主自行添加内容，甚至一些网站还可以定制博客页面的显示。需要注意的是，对于动态网站的维护，必须对数据库进行定期的整理和优化，特别是要定期备份，避免因为数据的丢失而导致网站瘫痪。

## 19.3　网站安全维护

虽然互联网技术发展的成熟给人们的日常生活带来了很多便利，但是随之也产生了一些黑客和入侵软件，网站的安全受到了威胁。比如SQL注入、跨站脚本、文本上传漏洞等。为了保证网站尽可能地安全，需要经常检查网站，并对网站安全进行维护，接下来，本节将针对网站安全维护方面的知识进行讲解。

### 19.3.1 取消文件夹隐藏共享

Windows XP有个特性，它会在计算机启动时自动将所有的硬盘设置为共享，这虽然方便局域网用户，但对于个人用户来说，这样的设置是不安全的。因为只要连接上网，网络上的任何人都可以共享你的硬盘，随意进入你的计算机中，所以有必要关闭一些私密的文件夹共享。

打开"计算机管理"对话框（选中"计算机"图标，右击并选择"管理"命令），如图19-6所示。可以从图19-6看到右侧的硬盘上分区名后面有个"＄"符号。入侵者可以轻易看到硬盘的内容，这就给网络安全带来了极大的隐患。

取消默认共享的方法很简单，具体操作步骤如下。

（1）执行"开始→运行"命令，即可弹出"运行"对话框，在对话框内部输入regedit，如图19-7所示。

图19-6 "计算机管理"窗口

图19-7 "运行"对话框

（2）单击"确定"按钮后，打开"注册表编辑器"窗口，如图19-8所示。

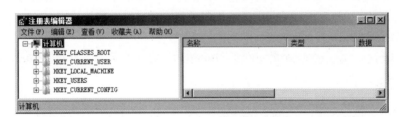

图19-8 "注册表编辑器"窗口

（3）在"注册表编辑器"窗口左侧查找文件夹HKEY_LOCAL_MACHINE→SYSTEM →CurrentControlSet→Sevices→Lanmanworkstation→parameters，并在parameters文件夹中新建一个名为AutoSharewks的二进制值，如图19-9所示。

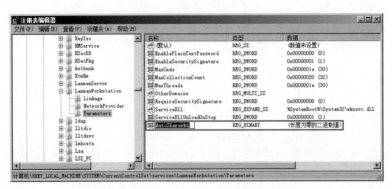

图19-9 新建名为AutoSharewks的二进制值

（4）在"计算机管理"对话框中的左侧分区选择"共享"，然后在右侧分区选中ADMINS$，右击并选择"停止共享"命令，如图19-10所示。

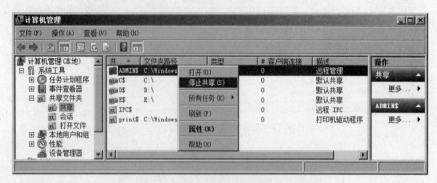

图19-10　ADMINS$停止共享

（5）弹出一个对话框，然后单击"是"按钮即可。

按照以上方法完成操作后，下次重新启动计算机后共享就会取消了。

### 19.3.2　关闭TCP/IP协议的NetBIOS

安装过多的协议，一方面占用系统资源，另一方面为网络攻击提供了便利路径。对于服务器和主机来说，一般只是安装TCP/IP协议就够了。但是，计算机在安装TCP/IP协议时，NetBIOS作为应用程序接口会被默认安装。NetBIOS是很多安全缺陷的根源，因为NetBIOS允许用户通过局域网访问硬盘，为避免安全隐患可以将其关闭。

关闭TCP/IP协议的NetBIOS的具体操作步骤如下。

（1）执行"开始→控制面板→网络和Internet"命令，打开"网络和Internet"窗口，如图19-11所示。

图19-11　"网络和Internet"窗口

（2）单击"网络和共享中心"，即可弹出"网络和共享中心"窗口，如图19-12所示。

（3）单击"更改适配器设置"（如图19-12红框标识所示），则会打开"网络连接"对话框。选中"本地连接"图标右击并选择"属性"命令。

（4）在打开"本地连接 属性"对话框中双击"Internet 协议版本 4（TCP/IPv4）"，如图19-13红框标识所示。

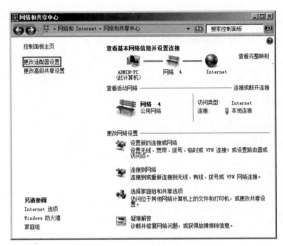

图19-12 更改适配器设置

图19-13 "本地连接 属性"对话框

（5）在"Internet 协议版本 4（TCP/IPv4）属性"对话框中，选择"常规"选项卡中的"高级"按钮，如图19-14红框标识所示。

（6）在新打开的"高级 TCP/IP 设置"对话框中，选择WINS选项卡中的"禁用TCP/IP上的NetBIOS"（如图19-15红框标识所示），单击"确定"按钮。

图19-14 "Internet 协议版本 4
（TCP/IPv4）属性"对话框

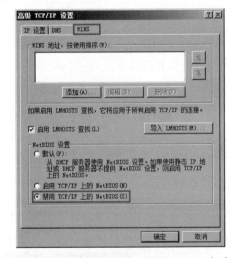

图19-15 禁用TCP/IP上的NetBIOS（S）

至此，关闭TCP/IP协议的NetBIOS已完成，如果需要证实已关闭，只需重复以上打开顺序查看禁用项是否已勾选，单击"取消"按钮退出即可。

### 19.3.3 关闭文件和打印共享

在内部网上共享文件时不安全，很容易被怀有恶意的人利用和攻击。因此，共享文件应该设置密码，一旦不需要共享时立即关闭。

如果确实需要共享文件夹，一定要将文件夹设为只读，不要将整个硬盘设定为共享。

假如，某位访问者将系统文件进行删除，则会导致计算机系统全面崩溃，无法启动。所以在没有使用"文件和打印共享"的情况下，可以将其关闭。

关闭文件和打印共享具体操作步骤如下。

（1）执行"开始→控制面板→系统和安全"命令，并单击"Windows 防火墙"下方的"允许程序通过Windows 防火墙"，如图19-16红框标识所示。

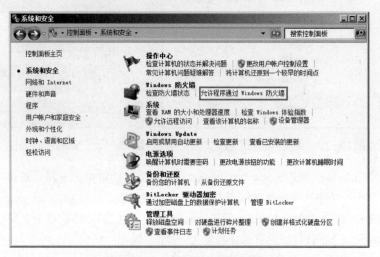

图19-16　"系统和安全"窗口

（2）在弹出的"允许的程序"窗口中，将"允许的程序和功能"列表中的"文件和打印机共享"前复选框中的对钩去掉（见图19-17），单击"确定"按钮即可完成关闭文件和打印共享。

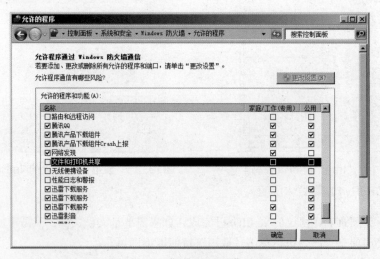

图19-17　"允许的程序"窗口

### 19.3.4　禁用Guest账户

和管理账户相比，Guest账户（也称来宾账户）的权限要低得多，但也可以访问计算机。很多入侵都是通过受限的Guest账户进一步获得管理员密码或者权限。因此，在计算机管理用户里把Guest账户停用掉，任何时候都不允许Guest账户登录系统。

将Guest账户禁用具体操作步骤如下。

（1）打开"计算机管理"窗口，选中"本地用户和组"中的"用户"，如图19-18所示。

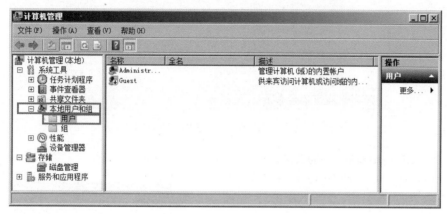

图19-18 "计算机管理"窗口

（2）双击右侧分区上的Guest，在新弹出的"Guest 属性"对话框中将"账户已禁用"前的复选框进行勾选（如图19-19红框标识所示），并单击"确定"按钮即可完成Guest账户的禁用。

### 19.3.5 禁止建立空链接

默认情况下，Windows XP服务器可以通过空链接连上服务器，一旦有人别有用心，就可以通过穷举账户猜测出密码。为了保障服务器安全，应该通过修改注册表来禁止建立空链接，具体操作步骤如下。

图19-19 "Guest 属性"对话框

（1）执行"开始→运行"命令，即可弹出"运行"对话框，在对话框内部输入regedit。

（2）单击"确定"按钮，打开"注册编辑器"窗口。

（3）在"注册表编辑器"窗口左侧查找文件夹HKEY_LOCAL_MACHINE→SYSTEM→CurrentControlSet→Control→Lsa，并在右侧分区查找到名为restrictanonymoussam，如图19-20所示。

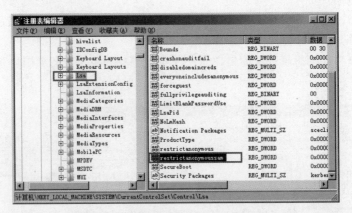

图19-20 查找restrictanonymoussam

（4）双击restrictanonymoussam在弹出的
"编辑 DWORD 值"对话框中，设置"数值数
据"为1（见图19-21），单击"确定"按钮即
可完成禁止空链接的建立。

## 19.3.6 设置NTFS权限

NTFS（New Technology File System）是
Windows NT环境下的文件系统，优点是安全
性和稳定性很好，在使用中不易产生文件碎
片。NTFS分区对用户权限做出了非常严格的

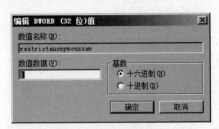

图19-21 编辑"数值数据"为1

限制，每个用户只能按照系统赋予的权限进行操作，任何试图越权的操作都被系统禁止。

下面将介绍如何设置文件夹的权限，解决在编辑、更新或删除操作时，网页出现的
数据库被占用或用户权限不足的问题，具体操作步骤如下。

（1）新建文件夹，右击并选择"属性"命令，即可弹出"新建文件夹 属性"对话
框，如图19-22所示。

（2）选择文件夹的"安全"选项卡（如图19-23红框标识所示），单击"编辑"按钮。

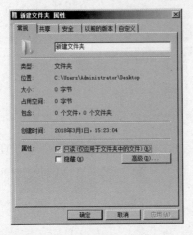

图19-22 "新建文件夹 属性"对话框

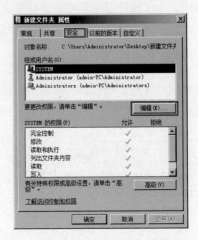

图19-23 "安全"选项卡

（3）在弹出的"新建文件夹 的权限"对话框中，点击"添加"按钮，即可再次弹出"选择用户或组"对话框。

（4）在新弹出的对话框中的内部输入框输入Everyone（见图19-24），单击"确定"按钮。

（5）在"新建文件夹 的权限"对话框，选中Everyone用户组，并在其下方的权限列表中勾选"修改"后的允许选框（见图19-25），单击"确定"按钮即可完成NTFS权限设置。

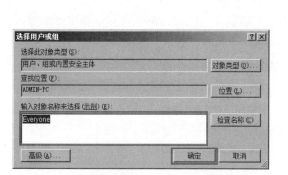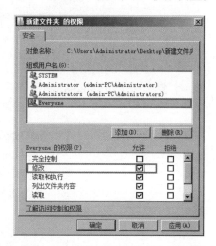

图 19-24　在"选择用户或组"对话框输入内容　图 19-25　勾选"修改"后的"允许"选框

## 19.3.7　设置操作系统账户

Administrator账户拥有最高的系统权限，一旦该账户被人利用，后果不堪设想。黑客入侵常用手段之一就是试图获得Administrator账户的密码。一般情况下，系统安装完毕后，默认条件下Administrator账户密码为空，因此要重新设置Administrator账户。

设置操作系统账户的具体操作步骤如下。

（1）打开"计算机管理"窗口，选中"本地用户和组"中的"用户"。

（2）选择右侧分区中的Administrator，右击并选择"设置密码"命令，如图19-26所示。

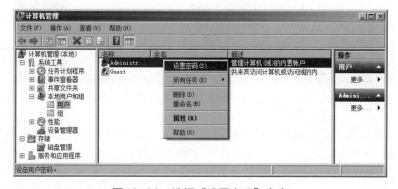

图19-26　选择"设置密码"命令

（3）弹出设置账户密码的警告提示对话框（见图19-27），单击"继续"按钮。

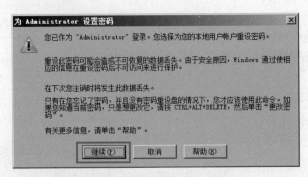

图19-27　设置密码警告提示对话框

（4）弹出"为Administrator 设置密码"对话框（见图19-28），在对话框中分别输入同样的密码，单击"确定"按钮，即可完成账户密码的设定。

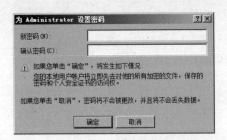

图19-28　为Administrator账户设置密码

（5）选择右侧分区中的Administrator，右击并选择"重命名"命令（见图19-29），即可完成账户的重命名。

图19-29　重命名Administrator

值得一提的是，更改具有管理者权限的Administrator账户名称后，还需创建一个没有管理者权限的Administrator账户来迷惑入侵者。只需在"计算机管理"窗口中的"用户"的右侧分区，右击并选择"新用户"命令，在弹出的"新用户"对话框中输入Administrator（见图19-30），单击"创建"按钮。关闭"新用户"对话框，即可看到没有管理权限的Administrator账户创建成功。

图19-30 创建新用户

### 19.3.8 安装必要的杀毒软件

除了可以各种手动方式来保护服务器操作系统外，还应在计算机中安装并使用必要的防黑软件、杀毒软件和防火墙。在上网时打开杀毒软件，这样即便有黑客进攻服务器，系统的安全还是有保障的。

每周对计算机进行一次全面的扫描、杀毒工作，以便发现并清除隐藏在系统中的病毒。当计算机不慎感染上病毒时，应该立即将杀毒软件升级到最新版本，然后对整个硬盘进行扫描操作，清除一切可以查杀的病毒。

## 19.4 网站数据库维护

目前，网站数据库维护主要针对的是动态网站，动态网站的所有核心的数据资料都存储在后台数据库中，数据库一旦瘫痪，将会导致网站受到严重的损失。本节将对网站数据库维护的基本知识进行讲解。

### 19.4.1 为什么要维护数据库

系统在运行过程中避免不了会产生很多废数据，占着空间却没有实质作用，还有可能出现数据不完整的情况，所以，需要有专业数据库管理员来维护，保证数据库管理系统的稳定性、安全性、完整性和高性能。

数据库系统作为信息的聚集体，是计算机信息系统的核心，其性能在很大程度上影响着企业信息化水平的高低。当一个数据库被创建之后的工作都称为数据库维护，数据库维护的意义重大，关系到企业信息系统的正常运作，乃至整个企业的生死存亡。

### 19.4.2 MySQL数据库维护

MySQL数据库的维护需要制订详细的维护计划，一般分为三部分，即检查数据表、备份数据库、恢复数据库，具体介绍如下。

### 1．检查数据表

MySQL本身提供了很多方法可以检查并修复表中的错误。我们可以使用MySQL提供的一系列SQL语句对表进行检查，以便在表损坏之前发现表中出现的问题并进行修复。phpMyAdmin整合了几个用于检查表的工具，这使得网站管理员不用去记忆太多的SQL语句就能轻松地对表进行维护。

### 2．备份数据库

定期备份和恢复数据库或某些特定的数据表是网站管理员必须定期完成的工作，创建对数据库的备份副本后，当出现任何数据库故障时，可以通过恢复将故障降到最低。

MySQL数据库的备份和恢复方式有多种，可以通过命令行工具mysqldump进行数据库数据的导出，还可以使用mysqlhotcopy.pl这个Perl脚本进行备份。

### 3．恢复数据库

当数据库出现故障时，就必须对数据库数据进行修复，如果存在使用mysqldump命令备份的脚本，则可以使用该命令。

关于备份和恢复的工作还可以借助于一些第三方的自动化工具，定期将数据库数据备份到特定的位置，并且网站管理员要定期对数据库中的数据进行整理，一旦有任何意外，可以立即使用最新的备份进行恢复。

# 习　题

### 一、判断题

1．动态网站的所有核心的数据资料都存储在后台数据库之中。　　　　　　（　　　）
2．将Guest账户禁用有利于网站安全维护。　　　　　　　　　　　　　　（　　　）
3．Guest账户拥有最高的系统权限，黑客入侵常用手段之一就是试图获得Guest账户。　　　　　　　　　　　　　　　　　　　　　　　　　　　　　　（　　　）
4．动态网站在后台更改内容后，前台会自动调用并显示。　　　　　　　　（　　　）
5．创建数据库也是维护数据库的一种方式。　　　　　　　　　　　　　　（　　　）

### 二、选择题

1．（多选）下列选项中，属于网站维护内容的是（　　　　）。
　　A．服务器软硬件维护　　　　　　　　　B．数据库备份与维护
　　C．页面内容的更新与调整　　　　　　　D．网站安全性维护

2．（多选）关于操作系统账户的描述，下列说法正确的是（　　　　）。
　　A．操作系统账户就是Administrator
　　B．操作系统账户拥有最高的系统权限
　　C．系统安装完毕后，一般要重新设置操作系统账户
　　D．默认条件下Administrator账户密码为空

3．（多选）下列选项中，属于MySQL数据库维护操作的是（　　　　）。
　　A．检查数据表
　　B．使用数据定义语言建立多个表，构建数据库总体框架

C. 备份数据库

D. 恢复数据库

4. （多选）关于网站维护的目的，下列说法正确的是（　　）。

A. 吸引用户长期浏览　　　　　　　B. 紧跟时代的潮流

C. 确保网站安全稳固　　　　　　　D. 提高网站响应速度

5. （多选）网站内容维护主要包括（　　）。

A. 静态网站的更新　　　　　　　　B. 动态网站的更新

C. 网站安全性维护　　　　　　　　D. 制定和规范化网站维护管理制度

三、简答题

1. 简要描述静态网站维护的流程。

2. 简要描述为什么要维护数据库。